AF325258

GUIDE DU MAITRE

ET

SOLUTIONS RAISONNÉES

COMPLÉMENT DE TOUS LES TRAITÉS D'ARITHMÉTIQUE

GUIDE DU MAITRE

POUR L'ENSEIGNEMENT DE L'ARITHMÉTIQUE

ET

SOLUTIONS RAISONNÉES DES PROBLÈMES

DE LA NOUVELLE ARITHMÉTIQUE

Par EYSSÉRIC

Ancien professeur de mathématiques
Officier d'Académie
Membre de la Société de géographie de Paris
Auteur de divers ouvrages élémentaires approuvés par le Conseil supérieur
de l'Instruction publique

PARIS

LIBRAIRIE CH. DELAGRAVE

15, RUE SOUFFLOT, 15

1880

INTRODUCTION

I

Pourquoi des solutions raisonnées ?

Un livre de solutions raisonnées est-il bien nécessaire ? ne peut-il pas être remplacé par un recueil de simples réponses ?

Évidemment non. Les solutions raisonnées ont une supériorité incontestable : elles ne donnent pas seulement la réponse finale, elles rappellent, à l'occasion, les principes sur lesquels est fondé le problème à résoudre ; elles déterminent la marche du raisonnement, indiquent l'ordre des opérations et fournissent des résultats partiels qui permettent de contrôler plus rapidement le travail des élèves.

Les solutions raisonnées rendent d'autres services. Assurément, tous les instituteurs sont capables de résoudre un problème d'arithmétique; mais, dans un recueil bien gradué, on rencontre quelquefois des problèmes difficiles. Dans ce cas, on hésite; on ne voit pas d'un coup d'œil les rapports qui existent entre l'inconnue et les données de la question, et ce n'est pas sans peine qu'on trouve la méthode la plus rationnelle pour obtenir le résultat demandé ; de là une perte de temps pour le Maître.

Ces réflexions expliquent pourquoi un livre de solutions raisonnées est toujours si favorablement accueilli.

Un mot maintenant sur nos problèmes et leurs solutions.

En général, les problèmes de chaque série peuvent être divisés en trois parties. Les deux premières sont destinées aux élèves du cours élémentaire et du cours moyen ; la troisième partie est réservée aux élèves du cours supérieur (*).

La solution des problèmes faciles sera simplement indiquée à l'aide de signes et sans développements ; les autres problèmes seront résolus avec les détails que comportent les difficultés de la question.

Enfin, on trouve certaines catégories de problèmes qui, sous les formes les plus variées, appartiennent, pour ainsi dire, à une même famille et dont la solution dépend d'un problème type. Ce problème généralisé conduit à une règle qui s'applique à tous les problèmes du même groupe.

Nous citerons comme exemples remarquables de ces catégories les problèmes sur les questions à deux inconnues et à deux équations (n°s 458, 554, 555, 643) et les problèmes sur les mobiles animés de vitesses différentes (n°s 463, 576, 583, 584).

C'est surtout dans ces problèmes que les solutions raisonnées seront utiles aux Maîtres pour préparer les élèves aux examens du certificat d'études ou du brevet élémentaire.

II

Les problèmes d'examen. — Observations critiques.

En annonçant la publication de la *Nouvelle Arithmétique*, nous disions : « Depuis quelque temps, le ni-

(*) La première édition de la *Nouvelle Arithmétique* contient quelques erreurs typographiques dans plusieurs problèmes ; les énoncés ont été corrigés et marqués d'un *astérisque*.

veau des compositions données dans les examens pour le certificat d'études et les brevets des deux ordres, s'est considérablement élevé. Ces compositions présentent parfois de simples complications ingénieuses, parfois des difficultés réelles. »

C'est là un progrès véritable auquel on ne saurait trop applaudir, à la condition de rester dans les limites des programmes officiels.

A notre avis, on ne doit pas confondre l'examen avec le concours. Dans l'examen, les candidats doivent prouver qu'ils connaissent bien les théories de l'arithmétique élémentaire et leurs applications usuelles. Dans le concours, au contraire, le champ est plus vaste, le but plus haut. Il est permis d'exiger dans les compositions une habileté de calcul ou une sagacité spéciale qui facilite le classement des candidats.

Comment, dans les examens, a-t-on tenu compte de cette différence ?

Sous le rapport théorique, on a souvent proposé les questions suivantes :

Division d'une fraction par une fraction. — Division de deux nombres décimaux. — Conversion d'une fraction ordinaire en fraction décimale et réciproquement. — Fractions périodiques. — Réduction de plusieurs fractions au même dénominateur, etc., etc.

Ces questions théoriques sont irréprochables ; citons encore celle-ci :

Soit la fraction $\frac{7}{8}$; démontrer que si *on ajoute* aux deux termes de la fraction *un même nombre*, la fraction devient plus grande, et sa valeur se rapprochera d'autant plus de l'unité que le nombre ajouté sera lui-même plus grand.

Cette question, complément de la théorie des fractions, peut très bien figurer dans un examen oral ou écrit. — En est-il de même de la question suivante ?

Peut-on transformer une expression fractionnaire en une autre dont le dénominateur soit un nombre donné ? Raisonner sur la quantité $621\frac{3}{7}$, qu'il s'agit de transformer en *treizièmes*, et sur $\frac{17}{75}$

que l'on demande à convertir en *vingt-neuvièmes*. Dans quel cas cette transformation donne-t-elle pour résultat un nombre entier?

Passons aux problèmes d'examen. On propose ce problème :

Un capital augmenté de son propre tiers donne une somme qui, placée pendant 8 mois à 6 % devient en tout 1850 fr.; quel est le capital primitif?

Ce problème que nous avons reproduit dans la *Nouvelle Arithmétique*, sous le n° 727, est une application de la théorie des fractions combinée avec la formule du capital et intérêt compris. (*Nouvelle Arith.* p. 232). Par conséquent, il entre dans le cadre de l'arithmétique élémentaire, mais il touche aux limites extrêmes des applications de l'arithmétique usuelle.

Abordons maintenant une nouvelle série de compositions dans lesquelles les examinateurs nous paraissent avoir forcé la lettre et l'esprit des programmes officiels.

On propose dans une académie le problème qui suit :

Deux personnes employées dans un établissement ont des salaires différents dont la somme s'élève annuellement à 4400 fr. La première ne dépense chaque année que les $\frac{2}{3}$ de son salaire, et la seconde les $\frac{3}{4}$. Le montant de leurs économies s'élève chaque année à 1310 fr. On demande le salaire annuel de chacune d'elles.

Sur 36 candidats, aucun ne put trouver la solution. Quelle est la cause de cet échec? En réalité le problème n'appartient à aucune théorie ni à aucune règle de l'arithmétique; il est du domaine de l'algèbre et conduit à un problème très simple du premier degré à deux inconnues et à deux équations (*).

En effet, soient x et y les deux salaires inconnus. L'énoncé seul du problème donne immédiatement les deux équations :

$$x + y = 4400 \text{ fr.}$$

(*) Voir nos *Éléments d'Algèbre*, 15ᵉ *édition*, page 81.

et
$$\frac{x}{3} + \frac{y}{4} = 1310 \text{ fr.}$$

Si on multiplie la seconde équation par 3 on aura :

$$x + \frac{3\,y}{4} = 3930 \text{ fr.}$$

retranchant alors cette équation de la première (*Méthode par réduction, Algèbre,* page 84) :

on a
$$\frac{1}{4}\,y \text{ ou } \frac{y}{4} = 470\,;$$

d'où
$$y = 1880\,;$$

donc
$$x = 4400 - 1880 = 2520.$$

Ainsi, le premier salaire est de 2520 fr. et le deuxème de 1880 fr. ce qu'il est facile de vérifier.

Ce problème à deux inconnues reproduit, sous d'autres formes, dans un grand nombre d'examens, soulève deux questions :

1° *Les candidats peuvent-ils traiter algébriquement les compositions d'arithmétique?*

2° *Est-il possible de traiter par l'arithmétique ces problèmes à deux inconnues ?*

Nous répondons :

1° Un jour, M. de B. ingénieur en chef, faisant partie d'un jury d'examen, pose à un candidat la question suivante :

Quel est, Monsieur, le nombre qui, augmenté de ses $\frac{2}{3}$ égale 20 ?

Soit x le nombre inconnu, répond le candidat... — x? interrompt brusquement l'ingénieur. Comment x? *Nous voulons des instituteurs modestes et non des savants.*

Sans se déconcerter le candidat reprend :

Si nous désignons par 1 ou par l'unité un nombre quelconque... — A la bonne heure, dit M. de B.....

Il est vrai que beaucoup d'examinateurs se montrent plus indulgents pour les x et les y. Mais est-ce bien là de l'arithmétique élémentaire ?

2° Il est possible de résoudre par l'arithmétique ces problèmes à deux inconnues ; seulement, avons-nous dit, quelque simples que soient ces problèmes, ils doivent être résolus par une méthode de raisonnement que « dans les émotions d'un examen, aucun candidat ne trouvera jamais, s'il n'a résolu des problèmes de même genre, convenablement gradués. » Mais on verra que cette méthode de raisonnement est empruntée à l'algèbre et n'a de l'arithmétique que les apparences.

*
* *

Citons un autre groupe de problèmes qui a pour type le problème suivant, reproduit dans la *Nouvelle Arith.* au n° 584.

La Lune décrit en un jour un arc de $13°10'35''$ sur son orbite supposé circulaire, tandis que le Soleil ne décrit qu'un arc de $58'59''$ sur son orbite aussi supposé circulaire. En supposant que les deux astres se meuvent dans le même plan, on demande quel temps s'écoulera entre deux passages de ces astres sur une même ligne droite les joignant à la Terre.

Ce problème n'est autre que le problème des courriers (*Algèbre*, page 67.) On trouvera, à son numéro d'ordre, la solution arithmétique et algébrique de ce problème.

Au point de vue des programmes, les observations que nous avons faites pour les problèmes à deux inconnues s'appliquent également aux problèmes des mobiles à vitesses différentes.

*
* *

Enfin, on rencontre dans la série des compositions

d'arithmétique des problèmes compliqués à plaisir, sans aucune utilité pratique.

Tel est par exemple celui-ci :

Trouver la formule de l'escompte en dehors et de l'escompte en dedans. Démontrer ensuite que la différence des deux escomptes est égale à l'escompte en dedans de l'escompte en dehors et à l'escompte en dehors de l'escompte en dedans.

Ce problème que nous avons indiqué dans notre *Supplément d'arithmétique*, page 88, ne présente pas de grandes difficultés algébriques ; mais nous demandons encore si c'est là de l'arithmétique élémentaire et usuelle.

*
* *

En résumé nous donnerons les méthodes arithmétiques pour la résolution des problèmes considérés ordinairement comme des problèmes algébriques ; mais, en présence des difficultés toujours croissantes des examens, nous engageons les aspirants au brevet élémentaire à étudier les premières notions d'algèbre comprenant les équations du 1er degré à une ou plusieurs inconnues. Ces notions, fort simples d'ailleurs, leur seront d'un grand secours dans les examens.

Quand même l'énoncé d'un problème exigerait une solution arithmétique, il serait utile d'en chercher rapidement une solution algébrique, laquelle, bien interprétée, indiquera souvent la marche à suivre pour obtenir la solution arithmétique demandée.

III.

De l'Arithmotechnie. — Applications.

L'ARITHMOTECHNIE est l'art d'enseigner l'arithmétique.

Savoir est la première condition pour l'enseignement d'une science. — *Savoir enseigner* est un don naturel que la pratique de l'enseignement développe et un art qu'on acquiert par l'étude des méthodes.

Si vous voulez bien connaître la chimie, disait Lavoisier, *enseignez-la.*

L'enseignement est donc un moyen puissant de perfectionner nos connaissances en les communiquant aux autres. Les études sérieuses ne suffisent pas; il faut surtout de l'expérience.

Mais à défaut d'expérience personnelle ne peut-on pas profiter de celle des autres ? De là est venue l'idée d'écrire ce GUIDE DU MAITRE, incomplet assurément, dont le seul mérite sera d'indiquer aux jeunes instituteurs la route à suivre pour acquérir l'art d'enseigner.

*
* *

APPLICATIONS DE L'ARITHMOTECHNIE.

Comme application de l'arithmotechnie, supposons que les 36 candidats dont il est parlé plus haut, page 8 soient nos élèves et que nous ayons à leur expliquer comment on peut traiter par l'arithmétique le problème qu'ils n'ont pas su résoudre.

Pour bien faire comprendre la méthode de raisonnement qui doit conduire à la solution demandée, il est indispensable de choisir des problèmes dont l'enchaînement amènera comme conclusion une règle applicable à toutes les questions du même genre.

PREMIÈRE QUESTION. — Une personne a dépensé 50 fr. pour une robe et 8 mètres de doublure; si elle avait pris la robe et 5 mètres de doublure seulement, elle n'aurait payé que 44 fr. Quel est le prix de la robe et le prix d'un mètre de doublure ?

Ce problème si simple est un problème à deux inconnues dans lequel nous avons à déterminer le prix de la robe et le prix du mètre de doublure, or l'énoncé du problème peut être mis sous cette forme :

> La robe et les 8^m de doublure valent 50 fr.
> La robe et les 5^m de doublure valent 44 fr.

On voit alors clairement que la différence entre 50 fr. et 44 fr. ne provient pas de la robe puisqu'on la prend dans les deux cas, mais évidemment de la doublure ; en effet, dans le premier cas on en prend 8 mètres et dans le second 5 mètres seulement ; de là cette conséquence que les 3 mètres de différence de la doublure produisent 6 fr. de différence dans la dépense et si 3 mètres valent 6 fr. 1 mètre de doublure vaut 2 fr.

Quand l'une des inconnues est trouvée, rien de plus facile que d'avoir l'autre. En effet, dans le premier achat les 8 mètres valent 16 fr.
donc la robe vaut 50 — 16 = 34 francs.

REMARQUE. — Pour peu qu'on réfléchisse sur cette solution, on voit qu'elle dépend de deux différences déterminées par les deux conditions de l'énoncé :
8 mètres de doublure et 5 mètres de doublure,
  première différence : 3 mètres.
Prix du 1er achat 50 fr. et prix du 2me achat 44 fr.
  deuxième différence : 6 francs.
Or la seconde différence est précisément le prix de la première.

On voit en outre que le prix de la robe (une des inconnues) doit être LE MÊME dans les deux cas, afin que les différences ne portent que sur l'autre inconnue.

DEUXIÈME QUESTION. — On a donné pour l'achat de 3 kilog. de café et de 10 kilog. de sucre une somme de 27 fr. ; et pour un second achat de 1 kilog. de café et de 6 kilog. de sucre, on a payé 13 fr. Quel est le prix du kilog. de sucre et du kilog. de café ?

Ce problème à deux inconnues peut être mis sous cette forme :

1er *achat* : 3 kilog. café et 10 kilog. sucre valent 27 fr.
2e *achat* : 1 kilog. café et 6 kilog. sucre valent 13 fr.

La question est ici moins simple; elle serait tout à fait analogue au premier cas si une des quantités était la même dans les deux expressions, or il est facile de ramener la question au premier problème en triplant le second achat qui devient évidemment :

2e *achat triplé* : 3 kilog. café et 18 kilog. sucre valent 39 fr.
1er *achat* .... 3 kilog. café et 10 kilog. sucre valent **27 fr.**

On résout alors la question comme la première, en disant : la différence de 39 fr. à 27 fr. ou 12 fr. provient de ce que dans le second achat (triplé) **on** prend 18 kilog. de sucre au lieu de 10 kilog., c'est-à-dire 8 kilog. de plus; donc 8 kilog. de sucre valent 12 fr. et 1 kilog. 1^f,50.

On trouve ensuite aisément le prix du café au moyen de la première expression qui donnera :

3 kilog. café valent **27 fr.** moins 15 fr. soit **12 fr.** donc 1 kilog. café vaut 4 fr.

Remarque. — Cet exemple montre que si, pour l'une des deux inconnues il n'y a pas *identité parfaite* dans les deux expressions, on peut, au moyen de la multiplication, obtenir cette identité et ramener ainsi le problème à la simplicité de la première question.

Soit maintenant à traiter arithmétiquement le problème de la page 8 que nous avons résolu par l'algèbre.

Troisième question. — Deux personnes, employées dans un établissement, ont des salaires différents dont la somme s'élève annuellement à 4400 fr. La première ne dépense chaque année que les $\frac{2}{3}$ de son salaire et la seconde les $\frac{3}{4}$. Le montant de leurs économies s'élève, chaque année, à 1310 fr. On demande le salaire annuel de chacune d'elles.

Disposons l'énoncé sous la forme précédente :

Le 1er salaire et le 2me salaire valent 4400 fr.
$\frac{2}{3}$ du 1er salaire et $\frac{1}{4}$ du 2me salaire valent 1310 fr.

Ici, comme dans la 2me question, l'une des inconnues n'est pas exprimée d'une manière identique dans les deux lignes qui indiquent, l'une la somme des salaires, et l'autre la somme des économies.

Pour obtenir cette identité, il suffira dans cet exemple comme dans le précédent de tripler la seconde ligne pour arriver à la solution demandée. En effet, la seconde expression devient :

Le 1er salaire et les $\frac{3}{4}$ du 2me valent 3930.

On voit alors que la différence entre cette dernière expression et la première, c'est-à-dire

$$4400 - 3930 \text{ ou } 470 \text{ fr.}$$

n'est autre que le $\frac{1}{4}$ du 2me salaire.

Donc le 2me salaire égale $4 \times 470 = 1880$ fr.

Le 1er salaire égalera $4400 - 1880 = 2520$ fr., résultat conforme à la solution algébrique.

La solution de ces trois problèmes peut se résumer dans la règle suivante :

RÈGLE. — *Lorsqu'un problème renferme deux inconnues et qu'il donne lieu à deux expressions symétriques, dans chacune desquelles entrent les deux inconnues, il faut :*

1° Écrire l'énoncé sur deux lignes horizontales, comme on l'a vu plus haut;

2° Faire en sorte que l'une des inconnues ait le MÊME FACTEUR *dans les deux expressions (ce qu'on peut toujours obtenir par voie de multiplication).*

3° Retrancher la plus petite expression de la plus grande.

On obtient ainsi deux différences qui conduisent à la valeur de l'une des inconnues. La détermination de l'autre n'offre plus alors de difficulté.

Appliquons cette règle à un quatrième problème, le plus compliqué des problèmes de ce genre.

QUATRIÈME QUESTION. — On a payé 26 fr. pour 4 journées de maçon et 6 journées de manœuvre; une autre semaine, on avait

payé 31ᶠ,50 pour 5 journées de maçon et 7 journées de manœuvre.
Quel est le prix d'une journée de maçon et d'une journée de manœuvre ?

D'après la règle ci-dessus, on écrira :

    4 j. maçon et 6 j. manœuvre valent 26 fr.
    5 j. maçon et 7 j. manœuvre valent 31ᶠ,50.

Aucune des inconnues n'ayant le même facteur dans
les deux expressions, on multiplie la première expression par 5 (*facteur des journées de maçon dans la
seconde ligne*), et la seconde expression par 4 (*facteur
des journées de maçon dans la première ligne*) ; les deux
expressions primitives sont remplacées par les deux
expressions qui suivent :

    20 j. maçon et 30 j. manœuvre valent 130 fr.
    20 j. maçon et 28 j. manœuvre valent 126 fr.

Par cet artifice de calcul, le facteur d'une des inconnues est identique dans les deux expressions. La
question est ainsi ramenée à la simplicité du premier
problème.

Les différences donnent 4 fr. pour 2 journées de
manœuvre, donc la journée de manœuvre vaut 2 fr.

Si on reprend la première expression, on aura :
4 j. de maçon valent 26 fr. moins 12 fr. ou 14 fr.
Une journée de maçon vaut donc 3ᶠ,50.

REMARQUE. — Si on compare la méthode algébrique à la méthode dite arithmétique que nous venons
d'exposer, on reconnaîtra qu'à part les signes, la méthode de raisonnement est exactement la même. Mais
l'artifice de calcul qui consiste à *éliminer* une des inconnues pour déterminer la valeur de la seconde est-
il bien du domaine de l'arithmétique ?

*
* *

UN PRINCIPE D'ARITHMOTECHNIE.

En lisant les problèmes qui nous ont servi à établir la règle pour la solution des problèmes à deux inconnues, on remarquera que les nombres introduits dans l'énoncé sont des nombres très simples, d'un calcul facile, qu'on peut exécuter mentalement.

C'est là un principe d'arithmotechnie très important.

En général, quand le Maître expose une règle, une théorie quelconque, il ne doit pas distraire l'attention des élèves par des difficultés numériques qui risqueraient de leur faire perdre de vue l'enchaînement des idées et le but de la démonstration.

*
**

Citons maintenant une anecdote comme point de départ d'une autre application de l'arithmotechnie.

Un marchand de comestibles reçoit une corbeille contenant 143 douzaines d'œufs qu'il doit payer à raison de 16 *sous* et demi la douzaine.

Ce marchand a un fils, enfant de 11 ans, premier prix d'arithmétique dans sa division. L'enfant chargé de faire le calcul remplace, avec raison, les 16 sous et demi par $0^f,825$ exécute assez prestement ses calculs et dit :

Père, vous devez $1179^f,75$.

On devine comment fut accueillie cette malencontreuse solution.

Que d'élèves, que de candidats imitent chaque jour l'étourderie du jeune calculateur !

Ces faits révèlent un défaut de méthode dans l'enseignement ; il faut que les élèves apprennent à éviter les solutions absurdes, impossibles.

Tous les auteurs d'arithmétique enseignent les diverses preuves des opérations fondamentales ; aucun ne parle de la plus utile de toutes : *la preuve par le sens commun.*

Cette preuve ne remplace aucune des preuves de l'arithmétique, mais elle les complète ; elle met en garde le calculateur contre des distractions qui conduisent à des résultats inadmissibles.

Dans les solutions raisonnées de notre *Traité d'Arithmétique*, nous avons formulé, comme il suit, *la preuve par le sens commun :*

Dans chaque opération, surtout pour la réponse finale, cherchez, soit mentalement, soit par un calcul très simple, mais d'une manière approximative, le résultat que vous devez RAISONNABLEMENT *obtenir, et comparez ce résultat avec celui que donne le calcul. Quelque grossière que soit l'approximation, elle aura toujours pour effet de prémunir contre les solutions absurdes.*

Essayons par quelques exemples de donner une idée de la règle que nous venons de formuler.

1er *Exemple*. — Reprenons le problème de la corbeille contenant 143 douzaines d'œufs à 0^f,825.

On dira : Si la douzaine valait **1 fr.** on aurait à payer 143 fr. et comme le prix est 0^f,825 la somme à payer est inférieure à 143 fr.

Cette simple observation aurait suffi à l'enfant pour éviter une réponse absurde, en plaçant mal la virgule décimale. Il aurait vu d'un coup d'œil que le résultat cherché était 117^f,97 au lieu de 1179^f,75.

REMARQUE. — Avec un peu plus d'habitude du calcul, on dirait : à 1 fr. la douzaine la somme à payer est 143 fr. et à 0^f,50 la somme serait 71^f,50. Le résultat est donc compris entre 143 et 71,50. Cette méthode si rapide pourrait dans ce cas s'appeler la *preuve par les limites.*

2me *Exemple*. — On demande de multiplier **18,326** par **2,47.**

Cet exemple emprunté à la *Nouvelle Arithmétique*, page 97, donne pour produit 45,26522. — Ce produit est-il probable, c'est-à-dire conforme à la preuve par le sens commun ?

Pour le vérifier rapidement, on fait abstraction de

la fraction décimale qui accompagne les deux facteurs, la multiplication est alors ramenée à celle de
18 par 2; et, comme le multiplicateur est compris
entre 2 et 3, on dira 2 fois 18 font 36, *limite inférieure*, et 3 fois 18 font 54, *limite supérieure*. Le résultat est donc compris entre 36 et 54; donc enfin la
partie entière du produit 45 est probable.

Ce produit pourrait être erroné, mais il n'est pas
absurde.

Remarquons en outre qu'une erreur d'un rang dans
le placement de la virgule donnerait à la partie entière, ou 452, ou 4, résultats inacceptables; à plus
forte raison si l'erreur était de plus d'un rang.

3ᵐᵉ *Exemple.* — Soit à multiplier 0,0357 par 0,25 (*Nouvelle
Arith.*, page 98).

L'opération donne pour produit 0,008925. Ce produit est-il admissible ? pour le savoir on dira : au lieu
de multiplier par 25 *centièmes*, multiplions par 100
centièmes, c'est-à-dire par 1. Le produit serait égal
au multiplicande 0,0357; mais comme on a multiplié
par 100, au lieu de multiplier par 25, c'est-à-dire par
un nombre 4 fois trop grand, il faut, pour avoir le
produit véritable, prendre le quart du multiplicande,
ce qui donnera 8 *millièmes* pour premier chiffre signi-
ficatif. Donc le produit ci-dessus 0,008925 est admissible.

4ᵐᵉ *Exemple.* — On demande le quotient de 49,81735 par
3,1416.

Quel est le quotient probable de cette division?
Supprimons dans le dividende et dans le diviseur la
partie décimale en ayant soin d'augmenter d'une unité
la partie entière des nombres donnés *toutes les fois que
le chiffre des dixièmes sera 5 ou plus grand que 5;*
l'opération sera alors ramenée, dans notre exemple, à
la division de 50 par 3 dont le quotient est 16 environ. La partie entière du quotient demandé s'écartera
peu du nombre 16.

Si la preuve par le sens commun ou par les limites est utile pour s'assurer rapidement de la probabilité d'un produit ou d'un quotient, elle est encore plus utile et même indispensable quand on calcule des surfaces ou des volumes.

Pour les surfaces on cherchera le résultat probable, au moyen d'un rectangle convenablement choisi et d'un calcul facile.

Mais c'est surtout dans le calcul des volumes que les erreurs sont fréquentes; on a ici des formules compliquées de nombreux facteurs, de longues divisions, d'extractions de racines etc., etc.; l'unité est tantôt le mètre linéaire, tantôt le décimètre ou le centimètre linéaire, etc. Les causes d'erreur, on le voit, sont nombreuses. Il y a donc une grande utilité à recourir à la preuve par le sens commun pour s'assurer de la probabilité du résultat final.

5me *Exemple.* — Quel est le volume d'une sphère qui a $3^m,50$ de rayon? (*Nouvelle Arith.*, page 308).

Cherchons quel sera le volume probable de cette sphère au moyen de la preuve par le sens commun ou par la méthode des limites.

On remarquera d'abord que la formule de la sphère $\frac{4}{3}\pi R^3$ se réduit à *peu près* à $4\,R^3$ (en faisant $\pi = 3$ au lieu de 3,1416); d'un autre côté, le rayon de la sphère étant dans cet exemple de $3^m,5$ ce rayon est compris entre 3 et 4; le cube du rayon sera donc compris entre 27 (*cube de* 3) et 64 (*cube de* 4).

Prenons entre ces deux nombres (27 et 64) 40 ou 50 si l'on veut; on aura alors pour le volume probable $4 \times 40 = 160$ et $4 \times 50 = 200$. Donc le volume demandé se trouve compris entre 160 mètres cubes et 200 mètres cubes. Le calcul de la vraie formule donne en effet 179 mètres cubes 595 décimètres cubes.

Ici encore, la preuve par le sens commun empêche toute fausse position de la virgule décimale; quand on sait qu'un volume est compris entre 160 et 200 mètres cubes, il est impossible d'accepter comme résultat 1790 mètres cubes ou 17 mètres cubes.

Le peu de temps employé à déterminer les limites par des *nombres ronds* est largement compensé par la certitude d'éviter de grandes erreurs.

6me *Exemple.* — On demande le poids d'un boulet en fonte de 0^m,12 de diamètre, la densité de la fonte étant 7,2.

Prenons le décimètre linéaire pour unité; la formule $\frac{4}{3}\pi R^3$ donnera

Volume du boulet $= 0^{dm^3},9048$.

Si on applique ensuite la formule $P = V \times D$ (*Nouvelle Arith.*, page 312) pour obtenir le poids demandé, on aura :

$$\text{Poids du boulet} = 0^{dm^3},9048 \times 7,2 = 6^{kg},514.$$

Ce résultat est-il probable ?

On dira : le boulet ayant 0^m,12 de diamètre aura un volume qui ne s'écartera pas trop d'un décimètre cube, dont le poids en fonte est de 7^{kg},200 poids très approché de celui que donne le calcul.

On voit, par ces exemples, avec quelle rapidité on peut, dans certains cas, vérifier la probabilité d'une solution.

Résumons en quelques mots tout ce qui précède : 1° — Les preuves ordinaires de l'arithmétique ont pour but de vérifier l'EXACTITUDE d'une opération isolée, tandis que la preuve par le sens commun a principalement pour but de contrôler la PROBABILITÉ du résultat final d'un problème.

2° — La preuve par le sens commun consiste à ramener les données du problème à des nombres ronds, d'un calcul facile et rapide, qu'on peut presque toujours faire mentalement.

L'usage de cette preuve porte l'esprit à réfléchir et l'habitue à cette vue d'ensemble qui donne à tout un sens vrai, clair et précis.

On ne saurait trop populariser cette preuve dans nos écoles primaires.

*
* *

Les applications qui précèdent suffisent, croyons-nous, pour justifier l'utilité de l'arithmotechnie.

Nous continuerons nos avis et nos conseils dans le GUIDE DU MAITRE, en exposant les principes arithmotechniques de la numération et des opérations fondamentales. La solution de certains problèmes donnera lieu également à des observations générales ou à des remarques particulières.

IV

Système des demi-solutions.

Si le simple énoncé d'un problème embarrasse souvent les candidats, il faut reconnaître aussi qu'une solution raisonnée complète ne leur laisse aucune part de travail. Entre ces deux modes extrêmes, n'y a-t-il pas un terme moyen ?

Nous avons répondu à cette question dans nos *Éléments d'Algèbre*, en adoptant le *système des demi-solutions* qui rappelle le sommaire ou le canevas des compositions littéraires.

Ce système a été appliqué aux problèmes d'examen, placés à la fin du volume. Nous considérons ce mode d'enseignement comme un excellent exercice préparatoire aux épreuves écrites pour le brevet simple et pour le brevet supérieur.

GUIDE DU MAITRE

ET

SOLUTIONS RAISONNÉES

OBSERVATIONS

**SUR LA NUMÉRATION DES NOMBRES ENTIERS
ET DES NOMBRES DÉCIMAUX.**

§ I. — Numération parlée et numération écrite.

Il est logique d'exposer d'abord la numération parlée, puis la numération écrite, quand il s'agit d'un cours moyen ou d'un cours supérieur d'arithmétique ; mais dans un cours élémentaire, les élèves suivent difficilement les théories un peu abstraites de la numération parlée. Il est alors utile de faire marcher de front et peu à peu les deux numérations, au moyen de questions très simples comme celles-ci :

Écrivez en lettres et en chiffres les 10 premiers nombres. — Les 20 premiers nombres. — Les 50 premiers nombres. — De 50 à 70. — De 50 à 80. — 80 à 100. — De 50 à 100.

Tous les élèves doivent lire et écrire en toutes lettres et en chiffres les 100 premiers nombres sans aucune hésitation.

Quand un élève sait lire et écrire les 100 premiers nombres, il est facile de lui apprendre à lire et à écrire les nombres jusqu'à 1000.

On lui enseignera alors ce qu'on appelle *classe des unités simples* et on passera à la classe des mille.

Quand on sait lire et écrire les nombres de 1 à 1000 une ou deux leçons suffisent pour apprendre à lire et à écrire un nombre quelconque.

§ II. — Les classes principales.

Rapide accroissement dans la valeur d'un chiffre qui passe d'un rang à l'autre en allant de droite à gauche.

Toutes les classes principales se composent d'unités, de dizaines et de centaines. Cette uniformité de nomenclature a inspiré à quelques auteurs l'idée de représenter les diverses classes par autant de maisons composées d'un rez-de-chaussée et de deux étages ; d'autres comparent les classes aux doigts de la main et représentent les unités, dizaines et centaines de chaque classe par les phalanges de chaque doigt... etc.

Rien ne fausse plus l'esprit et n'est plus contraire à la vérité que ces comparaisons.

A mesure qu'un chiffre parcourt les divers ordres d'unités en allant de droite à gauche, à partir des unités simples, sa valeur devient de 10 en 10 fois plus grande.

En d'autres termes, les nombres successivement représentés par un chiffre quelconque forment une progression géométrique dont la raison est 10. Ainsi, en prenant l'unité, par exemple, on a toutes les puissances de 10 comme on le voit ci après :

$$1 : 10 : 100 : 1000 : 10000 \dots$$
$$\text{c'est-à-dire } 1 : 10^1 : 10^2 : 10^3 : 10^4 \dots$$

Pour donner une idée de la rapidité avec laquelle croissent les valeurs des termes de cette progression, termes représentés par un petit nombre de chiffres, nous prendrons pour unité la pièce de 1 fr. en argent qui pèse 5 grammes ; nous formerons ainsi le tableau suivant :

	NOMBRES.	POIDS.
1re *Classe.*	1 franc pèse.............	5 grammes.
	10....................	50
	100...................	500
2e *Classe.*	1 000.................	5 kilogr.
	10 000...............	50
	100 000..............	500
3o *Classe.*	1 000 000.............	5 000 kilogr. ou 5 tonnes.
	10 000 000.............................	50 tonnes.
	100 000 000.........................	500 tonnes.

Avant d'aller plus loin, nous ferons observer qu'un nombre de francs en argent, représenté par 7 chiffres seulement (1 million de francs) pèse 5 tonnes, c'est-à-dire la charge moyenne d'un wagon ; d'où il résulte que pour transporter 100 millions en argent, il faudrait 100 wagons, et 1000 wagons pour un milliard.

N'oublions pas que nous avons choisi pour unité une petite pièce pesant 5 grammes seulement.

Nous sommes loin, on le voit, des notions que peuvent faire naître les phalanges d'un doigt ou les étages d'une maison.

Et cependant, même avec la comparaison très rigoureuse et très exacte que nous venons d'exposer pour donner une idée de la grandeur d'un milliard on a encore beaucoup de peine à comprendre la grandeur d'un nombre de 10 chiffres seulement.

Quant aux nombres composés de 15, 20, 30 chiffres, l'esprit ne peut avoir qu'une idée très confuse de leur grandeur.

(Voir dans notre *Algèbre* les deux problèmes n° 327 et n° 328.)

Ce que nous disons ici de la grandeur des nombres ne peut être bien compris que par les élèves du cours supérieur.

§ III. — Les divers systèmes de numération.

La numération généralement adoptée est la *numération décimale*, ainsi appelée parce qu'elle a pour BASE le nombre 10.

Dans tout système de numération, la véritable convention réside dans le choix de la base.

L'adoption de la base 10 a eu pour conséquence :

1° De grouper les unités de 10 en 10 pour en faire des *dizaines ;* de grouper ensuite les dizaines de 10 en 10 pour en former des *centaines*, etc.

2° D'écrire les nombres au moyen de 10 caractères ou chiffres composés de 9 chiffres significatifs et du chiffre 0.

Comment aurait-on procédé si au lieu de 10 on eût pris 12 pour base ?

On aurait groupé les unités simples de 12 en 12 pour former des *douzaines ;* 12 douzaines auraient formé une *grosse* ou tout autre nom qu'on aurait donné à ce groupe, etc.

Ensuite, pour écrire les nombres dans ce système, il aurait fallu employer 12 caractères ou chiffres, 11 significatifs et le chiffre 0 indispensable dans tous les systèmes de numération.

A propos du système duodécimal, rappelons que les savants chargés par l'Assemblée nationale de créer le nouveau système de poids et mesures en 1790, eurent l'idée de substituer la numération duodécimale à la numération décimale, parce que la base 10 n'admet pour diviseurs que les nombres 2 et 5, et qu'on ne peut exprimer simplement les fractions vulgaires $\frac{1}{4}$ et $\frac{1}{3}$. — On sait, en effet, qu'il faut deux chiffres décimaux pour $\frac{1}{4}$ qui est représenté par 0,25 et que la fraction $\frac{1}{3}$ est exprimée en décimales par la fraction périodique 0,3333.....

La base 12, au contraire, a quatre diviseurs 2, 3, 4, 6, ce qui permet d'exprimer la fraction $\frac{1}{4}$ par 0,3 qu'on doit lire 3 *douzièmes*, et la fraction $\frac{4}{12}$ par la fraction duodécimale 0,4 qu'on lit 4 *douzièmes*.

Mais la pensée de cette substitution fut abandonnée pour ne pas nuire à l'adoption du système métrique.

Quand la base de numération est 2, le système s'appelle *binaire*. Dans ce système, l'écriture se borne à deux chiffres 1 et 0.

Le système de numération est dit *système ternaire* quand la base est 3. On écrit alors tous les nombres au moyen des caractères 1, 2, 0.

En parlant de ces divers systèmes de numération, nous n'avons d'autre but que de mieux faire comprendre aux candidats les principes sur lesquels repose notre numération décimale.

§ IV. — Numération des nombres décimaux.

Plusieurs auteurs d'arithmétique font suivre immédiatement la numération des nombres entiers de la numération des nombres décimaux. Est-ce là une bonne méthode d'enseignement, quand on s'adresse à de jeunes élèves qui savent à peine lire et écrire un nombre entier ?

Nous n'hésitons pas à répondre, non.

Bien enseigner, c'est simplifier et simplifier toujours. Or, exposer la numération des nombres décimaux et des fractions décimales immédiatement après celle des nombres entiers, c'est compliquer sans nécessité et comme à plaisir les premières leçons d'arithmétique.

En veut-on la preuve. Citons quelques exemples :

Nous trouvons dans un livre destiné au cours élémentaire la manière de former les nombres en ajoutant des boules ou des bûchettes une à une. Nous assistons à une leçon de salle d'asile. Puis, quelques pages plus loin, on apprend à lire les nombres décimaux et voici comment :

Lire le nombre 74,253.

EXPLICATION. — Outre les 74 unités entières, le nombre renferme 2 dixièmes, 5 centièmes et 3 millièmes. Or, un dixième vaut *dix* centièmes ; donc 2 dixièmes valent 2 fois 10 centièmes, ou 20 centièmes ; ces 20 centièmes, avec les 5 centièmes qui occupent la place des centièmes, font 25 centièmes. Or, un centième vaut *dix* millièmes ; donc 25 centièmes valent 25 fois 10 millièmes, ou 250 millièmes ; ces 250 millièmes, avec 3 millièmes, font 253 millièmes. Je lirai donc : 74 unités 253 millièmes.

On voit qu'on a additionné toutes les parties décimales en les *réduisant en millièmes.*

Ainsi, de jeunes élèves qui, dans la leçon précédente, jouaient avec le boulier-compteur, sont initiés le lendemain à l'addition, la multiplication et la réduction de fractions décimales. — Quelle méthode !

Dans un examen pour le certificat d'études, on demande à un candidat la définition du franc. — La réponse de l'élève est irréprochable. — L'examinateur demande alors la définition de la pièce divisionnaire de 1 fr.

L'élève. — C'est une pièce d'argent pesant 5 grammes au titre de 835 millièmes.

L'examinateur. — Qu'entendez-vous par un titre de 835 millièmes ?

L'élève. — Cela signifie qu'il y a 835 parties d'argent.

L'examinateur. — Mais vous n'expliquez pas ce que signifie l'expression *millièmes.*

L'élève. — Cela signifie qu'il y a trois décimales.

Ainsi, pour cet élève, la théorie des fractions décimales se bornait à savoir que la fraction prend le nom de *dixième* quand il y a un chiffre après la virgule, de *centième* quand il y en a deux, de *millième* quand il y en a trois, etc.

Au fond, il n'avait jamais compris ce qu'était une fraction décimale.

Et, quand un candidat au certificat d'études avait une idée si confuse d'une fraction décimale, comment espérer en donner une notion exacte à des enfants qui commencent à peine l'étude de l'arithmétique ?

Rappelons encore un fait, raconté par le *Journal des Instituteurs* :

« Un jour, dans un pensionnat de demoiselles, une grande élève, de 13 à 14 ans (la plus instruite sans doute) à qui un inspecteur demandait lequel était le plus large de deux rubans, dont l'un avait un décimètre, et l'autre dix centimètres de largeur, répondit sans hésiter : c'est celui de 10 *centimètres.* » Et l'auteur de l'article ajoute que « la maîtresse désolée affirmait avoir expliqué un million de fois ce qu'était un décimètre et un centimètre. »

Il est facile d'indiquer la cause de ces insuccès :

Toute expression fractionnaire, décimale ou non, est nécessairement une expression *à deux termes ;* un NUMÉRATEUR et un DÉNOMINATEUR. Or, on ne peut avoir une idée nette d'une expression fractionnaire que lorsqu'on a bien compris le rôle que jouent dans cette expression le numérateur et le dénominateur.

En réalité, si les élèves parviennent à écrire les nombres décimaux, c'est de leur part une affaire de mémoire et de routine.

Les nombres décimaux n'ont qu'une simplicité apparente ; ils ne sont véritablement bien compris que par les élèves qui ont déjà une idée exacte d'une fraction, en général.

Il est donc contraire à une bonne méthode d'embarrasser les premières leçons d'arithmétique de nombres décimaux et de fractions décimales.

Il n'est pas un seul instituteur qui ne reconnaisse, au contraire, les avantages incontestables de l'étude des nombres entiers et des opérations fondamentales, sans mélange de fractions.

Convenablement préparés par les calculs et la théorie des nombres entiers, les élèves seront moins embarrassés en abordant les fractions dont l'étude présente toujours aux commençants des difficultés sérieuses.

Ajoutons que plusiers auteurs fort estimés ne s'occupent des nombres décimaux qu'après une étude complète des fractions ordinaires. C'est là une exagération en sens inverse ; des notions élémentaires sur les fractions ordinaires sont indispensables, mais elles sont suffisantes.

OPÉRATIONS FONDAMENTALES
DE L'ARITHMÉTIQUE.

AVANT PROPOS.

Quand on a deux ou plusieurs nombres, on peut les ajouter ou les retrancher, les multiplier ou les diviser. C'est ce qu'on appelle *calculer, chiffrer* ou faire une opération d'arithmétique.

Ces opérations ont pour but de répondre à des questions ou *problèmes d'arithmétique.*

Trouver la réponse à une question ou la *solution* d'un problème, c'est résoudre la question ou le problème.

Les questions d'arithmétique contiennent presque toutes des *nombres concrets* (8 *francs*, 10 *mètres*, 6 *heures*, etc.), c'est-à-dire des unités (franc, mètre, heure, etc.) dont les élèves doivent avoir une idée exacte, c'est ce que nous allons expliquer ici comme complément des notions préliminaires.

Des diverses espèces d'unités.

En général, on appelle UNITÉ une des choses que l'on compte.

L'unité sert de terme de comparaison ou de mesure à tous les objets ou à toutes les quantités de même nom.

Parmi ces unités, les unes sont simplement de *même nom*, sans être égales entre elles. Quand on dit, par exemple, 15 chevaux, on a des unités de même nom, mais tous les chevaux ne sont pas égaux ; il en est de même quand on parle de 8 soldats, de 12 peupliers, etc.

Les autres unités, au contraire, ont également le même nom, mais elles sont en outre *rigoureusement égales entre elles*. — Ainsi, quand on dit qu'une étoffe a 18 mètres de longueur, tous les mètres sont égaux entre eux. Il en est de même quand on parle d'une capacité de 20 litres, d'une durée de 6 heures, d'une somme de 10 francs, etc.

Dans ce cas, les unités (mètre, litre, heure, franc, etc.) prennent le nom particulier de MESURES. Ces unités ont une grande importance ; il est nécessaire de faire connaître aux élèves les plus usuelles en commençant l'étude des nombres entiers.

1º MESURES DE LONGUEUR.

Mètre. — *Le* MÈTRE *est l'unité de mesure des longueurs.*

(Le professeur montre aux élèves un mètre pour leur donner une idée exacte de cette mesure fondamentale et leur fait observer que cette longueur est à peu près celle d'un grand pas).

Kilomètre. — Le mot *kilo* signifie mille ; par conséquent *un kilomètre est une longueur de* 1000 *mètres.*

(Le professeur citera des exemples locaux bien choisis pour donner aux élèves une idée de la longueur d'un kilomètre.)

2º MESURES DE CAPACITÉ.

Litre. — *Le litre est l'unité de mesure de capacité pour les liquides et les grains.*

(Le professeur met sous les yeux des élèves un litre en étain, en bois ou en carton, pour donner une idée exacte de cette unité.)

Hectolitre. — Le mot *hecto* signifie cent. Par conséquent, *un hectolitre est une capacité de* 100 *litres.*

(Certains tonneaux de moyenne grandeur ont la capacité d'un hectolitre.)

3° UNITÉ DE MONNAIES.

Franc. — *Le franc est l'unité des monnaies.*

(Tous les élèves connaissent la pièce de 1 franc, de 2 francs et de 5 francs en argent.)

4° UNITÉS DE POIDS.

Gramme. — *Le gramme est l'unité de poids.*

(Le professeur montre aux élèves une pièce de un centime en bronze ou de 20 centimes en argent et leur dit que chacune de ces pièces pèse un *gramme*; il fera remarquer que c'est un poids très faible ne servant que pour les petites pesées.)

Kilogramme. — *Le kilogramme est un poids de* 1000 *grammes.* C'est l'unité commerciale des poids.

(Le professeur montre aux élèves le poids d'un kilogramme. C'est le poids d'un litre d'eau.)

5° MESURES DE SURFACE.

Are. — *L'are est l'unité des surfaces agraires* (des champs); c'est un carré qui a 10 mètres de côté.

(Le professeur trace dans la cour un carré de 10 mètres de côté, pour donner l'idée d'un carré de la surface d'un are.)

Hectare. — *Un hectare est la surface d'un carré qui a* 100 *mètres de côté.* L'hectare vaut cent ares.

(Le professeur donnera une idée de la surface d'un hectare en plaçant un jalon ou un élève aux quatre angles d'un carré de 100 mètres de côté. Il est toujours facile de trouver un terrain plat pour faire cette expérience et donner une idée nette d'une surface aussi usitée.)

6° MESURES DU TEMPS.

Jour, heure, minute, seconde. — *Les unités de temps les plus usuelles sont le jour, l'heure, la minute et la seconde.*

Le *jour*, intervalle de temps de minuit à minuit, vaut 24 heures.

L'*heure* se divise en 60 minutes, la *minute* se subdivise en 60 secondes.

(Le professeur doit donner une idée précise de la durée d'une minute et d'une seconde. Ainsi, une petite pierre suspendue à un fil d'un mètre de longueur fait des oscillations qui donnent une idée assez exacte de la seconde, 60 de ces oscillations font la minute.)

Semaine. — Une *semaine* se compose de 7 jours ; le premier jour de la semaine est le dimanche.

Année. — Une *année* ordinaire ou commune se compose de 365* jours et se divise en 12 mois et en 52 semaines.

L'année est de 366 jours quand elle est *bissextile*. Dans ce cas, le mois de février a 29 jours au lieu de 28. (Voir le problème n° 242.)

Siècle. — Le *siècle* est une période de 100 ans.

Remarque sur la durée des mois.

Les mois n'ont pas la même durée : les uns (sauf le mois de février qui a 28 ou 29 jours) ont une durée de 30 jours ; ce sont les mois d'avril, juin, septembre, novembre.

Les autres se composent de 31 jours ; ce sont les mois de janvier, mars, mai, juillet, août, octobre, décembre.

Les élèves ont souvent de la difficulté à retenir quels sont les mois de 30 jours et ceux de 31.

Voici un moyen facile de distinguer les mois les uns des autres.

Fermez les doigts de la main gauche comme le représente la figure 1. Vous remarquerez à la naissance des doigts (le pouce excepté) 4 bosses ou saillies formant par leur séparation 3 creux Convenant alors que les bosses correspondront aux mois de 31 jours et les creux aux mois de 30 jours (ou de 28 j pour février), on commence par la bosse du petit doigt en disant : 1re bosse, *janvier* 31 ; 1er creux, *février*, 28 ; 2e bosse, *mars*, 31 ; 2e creux, *avril*, 30 ;

(*) En réalité, la durée de l'année est de 365^j,242264 ou 365^j 5^{h}48^{m}51^s,6.

2.

3ᵉ bosse, *mai*, 31 ; 3ᵉ creux, *juin*, 30 ; 4ᵉ bosse, *juillet*, 31. — Arrivé là, on recommence à la 1ʳᵉ saillie du petit doigt en disant : 1ʳᵉ bosse, *août*, 31 ; 1ᵉʳ creux, *septembre*, 30 ; 2ᵉ bosse, *octobre*, 31 ; 2ᵉ creux, *novembre*, 30 ; 3ᵉ bosse, *décembre*, 31.

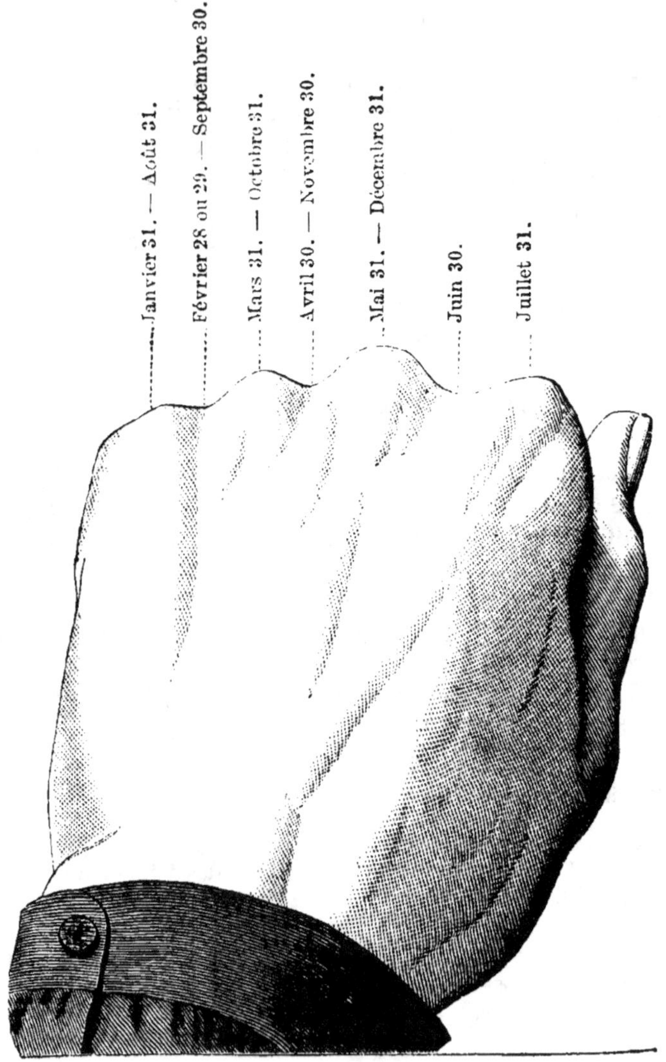

Fig. 1.

Trimestre, Semestre. — Un trimestre est la durée de 3 mois et le semestre, une durée de 6 mois. Les trimestres naturels de l'année commencent le 1er janvier, le 1er avril, le 1er juillet et le 1er octobre.

Observations générales.

Nous avons groupé sous le titre de AVANT-PROPOS les notions indispensables pour l'étude des opérations fondamentales de l'arithmétique et la résolution des problèmes qui s'y rattachent. Il importe que les élèves aient sur ces notions des idées précises; mais il serait contraire à une bonne méthode de donner ces définitions toutes à la fois; nous recommandons au contraire de les faire connaître seulement lorsqu'on les rencontre soit dans le texte, soit dans les problèmes.

ADDITION DES NOMBRES ENTIERS.

L'addition est une opération fondamentale que les élèves apprennent facilement, mais beaucoup ne l'exécutent qu'avec lenteur.

Le Maître doit exiger que les élèves, dans leurs devoirs écrits, fassent des chiffres bien réguliers, de grandeur égale et convenable. Il faut en outre que les chiffres qui doivent être placés les uns sous les autres forment un alignement vertical. En général, les enfants ont une grande tendance à incliner les colonnes dans le sens de l'écriture; cette tendance est fâcheuse et les expose à des erreurs fréquentes.

Pour procéder avec méthode à l'enseignement de cette opération il faut faire dresser aux élèves une *Table d'addition* qui se compose de 9 tableaux formés chacun de trois colonnes : voici un modèle pour le chiffre 4, par exemple.

On dit :

4	et	1	font	5
4		2		6

4	et	3	font	7
4		4		8
4		5		9
4		6		10
4		7		11
4		8		12
4		9		13

Comme on le voit, la colonne du milieu se compose des 9 premiers chiffres, la première colonne est formée du chiffre 4 reproduit 9 fois. Enfin la 3me colonne à droite est la somme des deux chiffres écrits sur la même ligne horizontale.

Donc, rien de plus simple que la formation de ce tableau.

Il faut que non seulement les élèves sachent dresser cette table, mais qu'ils l'apprennent par cœur.

Comme application, nous conseillons de donner au début des additions très simples, composées de quelques nombres.

Citons enfin une application assez intéressante de la Table d'addition qui permet de faire les plus longues additions, avec rapidité, lorsqu'on sait additionner jusqu'à 20 seulement. Cette méthode peut prendre le nom d'*addition pointée*.

Soit, comme exemple, à faire l'addition suivante :

$$
\begin{array}{r}
3\;5\;8.4 \\
9.6\;3 \\
4.1\;6. \\
1\;8\;9.5 \\
7.2\;2. \\
1\;5.9 \\
5.3.3\;7. \\
\hline
\end{array}
$$

Somme. 1 3 0 7 6

On dira : 4 et 3 font 7 et 6 font 13 ; on pointe le chiffre 6 et l'excédant 3 ajouté au chiffre suivant 5 font 8 et 2 font 10, on pointe le 2 ; 9 et 7 font 16, on pointe le 7 et on pose l'excédant 6. Les trois points obtenus indiquent qu'il faut porter trois dizaines à la colonne des dizaines, après quoi on continue l'addition en opérant de la même manière sur chaque colonne.

Le procédé que nous venons de décrire, peu usité dans la pratique, pourrait très bien servir pour faire la preuve d'une addition exécutée d'après la règle ordinaire.

Pour les longues additions, on pointe ordinairement par centaines. On peut aussi couper l'addition en plusieurs additions partielles.

REMARQUE. — Il importe de faire voir aux élèves qu'il est facile pour celui qui sait additionner jusqu'à 20 d'appliquer la Table d'addition à une colonne de chiffres quelque longue qu'elle soit. Il suffit pour cela de faire observer que :

$$
\begin{array}{rccl}
8 & \text{et } 5 & \text{font} & 13 \\
18 & 5 & & 23 \\
28 & 5 & & 33 \\
68 & 5 & & 73 \\
98 & 5 & & 103, \text{ etc.}
\end{array}
$$

En d'autres termes, le chiffre 5 ajouté à un nombre quelconque terminé par 8 donne pour somme un nombre toujours *terminé par 3*.

Soit pour second exemple :

$$
\begin{array}{rcl}
9 + 7 & \text{donnent} & 16 \\
19 + 7 & & 26 \\
49 + 7 & & 56, \text{ etc.}
\end{array}
$$

De même, puisque 7 et 7 font 14, tout nombre terminé par 7 et augmenté de 7 donnera une somme terminée par 4 et ainsi de suite.

Calcul mental de l'addition

La remarque qui précède est d'une grande utilité dans le calcul mental ou oral. — On demande, par exemple, d'additionner mentalement 37 et 28. On décomposera par la pensée le nombre 28 en 10 + 10 + 8 et on dira :

37 et 10. . . 47, et 10. . . 57. . . et 8. . . 65.

Autre exemple. — Additionner 86 et 45.

On décomposera encore le second nombre en 10 + 10 + 10 + 10 + 5, on dira alors :

86. . . 96. . . 106. . . 116. . . 126 et 5. . . 131.

Si on a trois nombres à additionner, on additionne les deux premiers, et on ajoute le troisième, toujours par le même procédé.

(Le Maître doit exercer ses élèves au calcul mental en prenant des exemples dans la première centaine surtout et en variant les nombres.)

Conclusion.

Quelque longue que soit une addition, l'opération se ramène toujours à la somme de deux nombres composés d'un seul chiffre, somme qui n'excède jamais 18.

(*Voir plus loin les exercices et les problèmes sur l'addition.*)

SOUSTRACTION DES NOMBRES ENTIERS.

Les élèves font toujours sans difficulté une soustraction dans laquelle chaque chiffre inférieur est plus petit que le chiffre supérieur correspondant.

Il n'en est pas de même lorsqu'un chiffre supérieur est plus petit que le chiffre inférieur correspondant. Dans ce cas, on connaît trois méthodes pour effectuer l'opération : 1° la méthode par *emprunts,* aujourd'hui abandonnée; 2° la méthode par *compensation* adoptée par tous les auteurs modernes; 3° la méthode par complément ou *par addition.*

Méthode par compensation.

Cette méthode est fondée sur le principe ou l'axiome suivant :

Deux quantités égales augmentées ou diminuées d'une même quantité sont toujours égales entre elles.

Et comme conséquence :

Deux quantités inégales augmentées ou diminuées d'une même quantité conservent toujours entre elles la MÊME DIFFÉRENCE.

Expliquons ce principe au moyen de quelques exemples :

1er EXEMPLE. — On a deux bourses A et B à double compartiment (fig. 2). On met 5 fr. dans le 1er compartiment à droite, de la bourse A et de la bourse B, plus 3 fr. dans le deuxième compartiment à

Fig. 2.

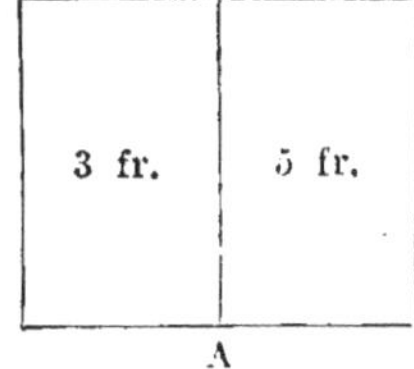

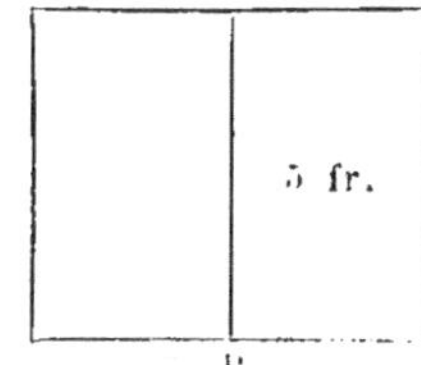

gauche, de la bourse A, c'est-à-dire que la bourse A contient 8 fr. et la bourse B en contient 5, différence 3 fr. On comprend alors très bien que si on ajoute aux 5 fr. des deux bourses une somme quelconque 10, 12, 15 fr. etc., la bourse A contiendra toujours 3 fr. de plus ; la différence reste donc toujours la même.

2e EXEMPLE. — Soient deux cordes inégales AB, CD (fig. 3) placées au-dessus l'une de l'autre de manière que l'extrémité B

Fig. 3.

A   O   B
C   D

de la 1e coïncide avec l'extrémité D de la seconde ; ces cordes auront pour différence, la longueur AO ; or, il est de toute évidence que si on ajoute à la droite des deux cordes en B et en D un *même nombre* de mètres, quel que soit ce nombre, les deux cordes auront toujours entre elles la même différence AO.

3ᵉ EXEMPLE. — Deux frères sont âgés l'un de 12 ans, l'autre de 10 ans; différence des âges, *deux ans*, différence qui restera toujours la même bien que chaque année chacun des frères ait un an de plus.

(Parmi ces exemples, qu'il serait facile de multiplier, le Maître choisira celui qui lui paraîtra le mieux convenir à l'intelligence de ses élèves.)

Donc, *lorsque deux nombres sont inégaux, leur différence ne change pas quand on augmente chacun de ces nombres d'une dizaine, d'une centaine,... etc. (*).*

La règle de cette méthode de soustraction, nous a montré que, suivant le cas, les chiffres du nombre supérieur

0, 1, 2, 3, 4, 5, 6, 7, 8, 9

peuvent être remplacés par

10, 11, 12, 13, 14, 15, 16, 17, 18, 19.

Cela posé, pour opérer facilement la soustraction, les élèves doivent dresser et apprendre par cœur la table suivante :

(*) Le principe posé pour l'addition et la soustraction est vrai pour la multiplication et la division; ainsi *lorsque deux quantités sont égales, si on multiplie chacune d'elles par un même nombre les produits obtenus sont égaux* ou bien *lorsque deux quantités sont égales, si on divise chacune d'elles par un même nombre les quotients obtenus sont égaux entre eux.*

On fait un fréquent usage de ces principes ; soit par exemple à résoudre cette question :

Quelle est l'épaisseur d'un bloc de marbre qui a $2^m,55$ *de long,* $1^m,18$ *de large et dont le poids est* $5074^{kg},40$ *sachant que la densité du marbre est 2,72 ?*

En désignant par e l'épaisseur du bloc, on aura (*Arith.* p. 312) : $2^m,55 \times 1^m,18 \times e \times 2,72 = 5^{\text{tonnes}},0744$; si on divise alors les deux quantités égales par $2^m,55 \times 1^m,18 \times 2,72$, il vient :

$$e = \frac{5^t,0744}{2^m,55 \times 1^m,18 \times 2,72} = 0^m,62$$

(Voir comme application le problème 551.)

TABLE DE SOUSTRACTION.

1 ôté de 1 il reste 0			2 ôté de 2 il reste 0			3 ôté de 3 il reste 0		
1	2	1	2	3	1	3	4	1
1	3	2	2	4	2	3	5	2
1	4	3	2	5	3	3	6	3
1	5	4	2	6	4	3	7	4
1	6	5	2	7	5	3	8	5
1	7	6	2	8	6	3	9	6
1	8	7	2	9	7	3	10	7
1	9	8	2	10	8	3	11	8
1	10	9	2	11	9	3	12	9
4 ôté de 4 il reste 0			5 ôté de 5 il reste 0			6 ôté de 6 il reste 0		
4	5	1	5	6	1	6	7	1
4	6	2	5	7	2	6	8	2
4	7	3	5	8	3	6	9	3
4	8	4	5	9	4	6	10	4
4	9	5	5	10	5	6	11	5
4	10	6	5	11	6	6	12	6
4	11	7	5	12	7	6	13	7
4	12	8	5	13	8	6	14	8
4	13	9	5	14	9	6	15	9
7 ôté de 7 il reste 0			8 ôté de 8 il reste 0			9 ôté de 9 il reste 0		
7	8	1	8	9	1	9	10	1
7	9	2	8	10	2	9	11	2
7	10	3	8	11	3	9	12	3
7	11	4	8	12	4	9	13	4
7	12	5	8	13	5	9	14	5
7	13	6	8	14	6	9	15	6
7	14	7	8	15	7	9	16	7
7	15	8	8	16	8	9	17	8
7	16	9	8	17	9	9	18	9

Méthode par complément ou par addition.

Cette méthode est la plus expéditive de toutes; voici en quoi elle consiste.

De la définition et de la preuve de la soustraction, résulte évidemment la définition suivante : *étant donnés la somme de deux nombres et l'un de ces nombres, la soustraction a pour but de trouver l'autre nombre.*

Cette seconde définition conduit à un procédé rapide, généralement adopté dans les écritures de commerce ; nous allons le faire connaître par un exemple.

Soit à soustraire le nombre 37484 de 90637 :

Opération.

$$\begin{array}{r} 90637 \\ 37484 \\ \hline \end{array}$$

Différence. . . . 53153

Après avoir écrit le plus petit nombre au-dessous du plus grand, il faut chercher un nombre qui, ajouté à 37484, donne pour somme 90 637. Pour cela, on considère chaque chiffre supérieur comme provenant de la somme des deux chiffres inférieurs dont l'un est connu ; alors, procédant par addition, on dira: 4 et 3 (que j'écris au-dessous) font 7 ; 8 et... font 3, mais il n'y a pas de chiffre qui ajouté à 8 donne 3 pour somme, il a donc fallu que la somme des deux chiffres fût 13 pour avoir un 3 au rang des dizaines. On dira donc : 8 et 5 (que j'écris au-dessous) font 13 et je retiens 1 ; 1 de retenue et 4 font 5 ; 5 et 1 (que je pose au-dessous) font 6 ; 7 et 3 (que je pose au-dessous) font 10, ce qui donne 1 de retenue qui ajouté à 3 font 4, et enfin je dis 4 et 5 (que je pose) font 9.

Comme on le voit, cette règle diffère très peu du procédé que l'on suit quand on fait la preuve d'une soustraction effectuée. On pourrait même dire que l'on fait ici à la fois et l'opération et la preuve. Avec un peu d'exercice, on acquiert bientôt l'habitude d'effectuer rapidement une soustraction par ce procédé ; il suffit pour cela de savoir trouver le chiffre qui, ajouté à un chiffre connu, donne une somme connue; or, ce petit problème peut fournir dans la soustraction les 20 résultats suivants : 0, 1, 2, 3, 4, 5, 6, 7, 8, 9, 10, 11, 12, 13, 14, 15, 16, 17, 18, 19.

Calcul mental de la soustraction.

Soustraction des nombres entre 1 *et* 100. — 1° Si le nombre à soustraire est un nombre exact de dizaines, l'opération est très simple ; soit, par exemple, à soustraire 30 de 53. On dira de 30 à 50 il y a 20 et 3 font 23.

2° Soit à soustraire 38 de 87. — On ramène ce cas au précédent en ajoutant deux unités à chaque nombre (ce qui ne change pas la différence) on dit alors 38 et 2 font 40 ; 87 et 2 font 89, or, 40 ôté de 89 il reste 49.

Soit, pour 2° exemple, à soustraire 16 de 41 ; on dira 16 et 4 font 20 ; 41 et 4 font 45 et 20 ôté de 45 il resté 25.

Soustraction entre 100 *et* 1000. — Soit à soustraire 267 de 821. Cherchons le complément à 100 du nombre à soustraire et ajoutons ce complément aux deux nombres, nous aurons 267 et 33 font 300 ; 821 et 33 font 854 ; donc la différence cherchée s'obtient en calculant la différence de 300 à 854, c'est-à-dire que cette différence est 554.

Au delà de 1000 l'opération mentale devient en général trop difficile.

Conclusion.

Quelle que soit la méthode de soustraction qu'on adopte, l'opération est toujours ramenée à la recherche de deux nombres dont la somme est égale à un des nombres compris entre 1 et 19.

MULTIPLICATION DES NOMBRES ENTIERS.

On a vu (pages 38 et 43) que dans l'addition et la soustraction, la somme et la différence de deux nombres quelconques étaient ramenées à la somme ou à la différence de deux nombres très simples, compris entre 1 et 18 ou 19.

Dans la multiplication, le calcul est un peu plus difficile. Il faut ici savoir par cœur tous les produits qu'on obtient par la multiplication *des facteurs composés d'un seul chiffre;* ces produits sont compris entre une fois 1 ou 1 et 9 fois 9 ou 81. La Table de multiplication est donc plus étendue que celle de l'addition et de la soustraction.

Les élèves n'apprennent pas tous facilement par cœur la Table de multiplication. Le Maître doit insister d'une manière absolue pour que *tous* les élèves, sans exception, sachent parfaitement cette Table. Ce n'est pas en effet une leçon ordinaire, qu'on peut plus ou moins oublier; la Table de multiplication est d'une telle utilité pratique qu'on doit toujours la savoir, et répondre sans hésitation à toutes les questions qui s'y rapportent.

Il faut reconnaître toutefois que ce n'est pas sans peine que les élèves arrivent à ne plus confondre ces divers produits; ils n'y parviennent que par une assez longue habitude du calcul; il importe donc dans le principe de faciliter cette étude par des observations et par des procédés qui permettent aux élèves de fixer plus sûrement dans leur mémoire les divers produits de la Table.

Quand l'élève aura lu et étudié la Table de multiplication, le Maître fera les remarques suivantes :

1° *Produits pairs et produits impairs.* — On dit qu'un nombre est pair lorsqu'on peut en prendre *la moitié* SANS FRACTION. On reconnaît qu'un nombre est pair quand il est terminé à droite par un des chiffres, 0, 2, 4, 6, 8.

Ainsi, 2, 4, 6, 8, 10, 12, 14, etc., sont des nombres pairs.

Mais 1, 3, 5, 7, 9, 11, 13, etc., sont des nombres impairs, car on ne peut en prendre la moitié sans fraction.

Cela posé, le produit est toujours pair, si l'un des facteurs est pair, ou si les deux facteurs sont pairs.

Exemples : 2 fois 7...14 ; 4 fois 8...32, etc.

Au contraire, le produit est impair quand les deux facteurs sont impairs.

Exemples : 3 fois 9...27 ; 5 fois 7...35, etc.

2° *Produits par* 5. — Les produits par 5 sont toujours terminés par un zéro ou par un 5. Ils sont terminés par 0, si l'autre facteur est pair.

Exemples : 4 fois 5...20 ; 8 fois 5...40.

Les produits sont terminés par 5, si l'autre facteur est impair.

Exemples : 3 fois 5...15 ; 9 fois 5...45.

3° *Produits par* 9. — Pour bien faire comprendre ce que les produits par 9 offrent de remarquable, le Maître écrira ces produits sur le tableau en les disposant comme il suit :

Le produit de	9	par	2	est	18
de	9	×	3	....	27
de	9	×	4	....	36
de	9	×	5	....	45
de	9	×	6	....	54
de	9	×	7	....	63
de	9	×	8	....	72
de	9	×	9	....	81

A l'inspection de ce tableau, on reconnaît :

1° Que *la somme des deux chiffres des divers produits est toujours égale à* 9. En effet, dans 18 on a $1 + 8 = 9$; dans 27 on a $2 + 7 = 9$, etc.

2° Le premier chiffre du produit par 9 *est égal à l'autre facteur diminué d'une unité.*

Ainsi le produit de 9 par 4 commence par 3 ; le produit de 9 par 7 commence par 6 ; celui de 9 par 9 commence par 8, etc.

Or, *comme la somme des deux chiffres du produit est*

égale à 9 et que l'on connaît le premier, il est facile d'avoir le second par complément.

Si on demande, par exemple, combien font 8 fois 9, l'élève saura que le 1ᵉʳ chiffre est un 7 et que le complément de 7 pour aller à 9 étant 2, le produit demandé est 72.

Il résulte de là que les produits de 9 par un chiffre quelconque sont en réalité les plus faciles à retenir.

On verra plus loin que les observations qui précèdent serviront de base à la théorie de la preuve par 9.

Moyen de former et d'apprendre les produits élevés de la table
de Pythagore (*).

On sait par expérience que les élèves apprennent facilement les produits inférieurs de la Table de multiplication, depuis 2 fois 2 jusqu'à 5 fois 5.

Les difficultés commencent pour eux à partir de là jusqu'à 9 fois 9... 81.

Pour connaître ces produits élevés de la Table à partir de 5 fois 5, il existe un moyen assez curieux digne de l'attention du Maître, comme un correctif à l'aridité de cette étude.

Ce moyen consiste à remplacer les deux facteurs par les doigts de la main droite et de la main gauche, en procédant comme il suit, à partir de 5 fois 5.

On demande, par exemple, le produit de 7 par 7 ou de 7 fois 7.

L'élève regarde ses deux mains, les doigts étendus, les pouces en dehors (*fig.* 4 et 5).

Ensuite, pour le facteur 7, il cherche combien il y

(*) Il ne faut pas confondre la Table de multiplication telle que nous l'avons donnée, avec la Table dite de Pythagore, en forme de *damier* que tous les instituteurs connaissent. Nous avons donné la préférence à la Table de multiplication parce qu'elle est plus commode. La Table de Pythagore se compose de 64 produits à apprendre, tandis que la Table de multiplication n'en a que 36. Il suffit de faire remarquer à l'élève que 3 fois 7 par exemple est égal à 7 fois 3, c'est-à-dire que dans une multiplication, le produit ne change pas quand on intervertit l'ordre des facteurs.

a d'unités de 7 à 10 ; il trouve 3 et il abaisse 3 doigts de la main gauche (*fig.* 6). Pour le second facteur 7.

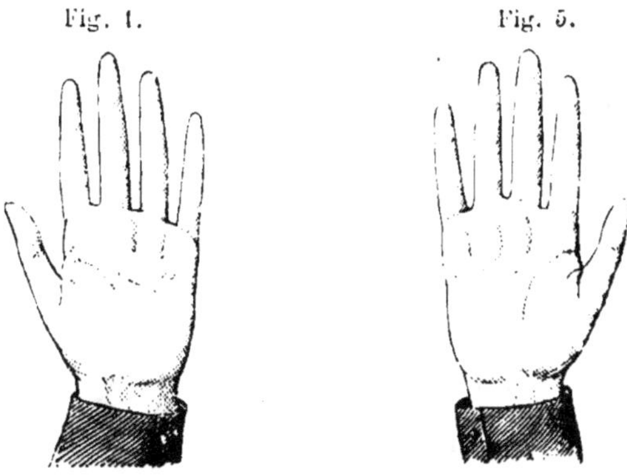

10 fois 10 = 100.

il dit aussi : de 7 à 10, c'est 3 ; et il abaisse 3 doigts de la main droite (*fig.* 7).

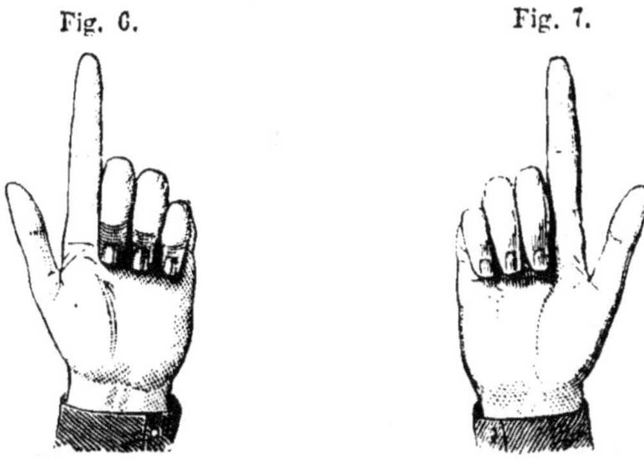

7 fois 7 = 49.

Alors la somme des doigts étendus indique combien le produit aura de dizaines ; on a ainsi 4 dizaines ou 40. Pour connaître les unités du produit, on multiplie les doigts abaissés de la main droite par les doigts abaissés de la main gauche, ce qui donne 3 fois 3 ou 9. Le produit demandé est donc 49.

Soit pour 2ᵉ exemple à trouver le produit de 7 par 8.

Tous les doigts étant étendus (*fig.* 4 et 5), on dit pour le 1ᵉʳ facteur 7 : de 7 à 10, c'est 3; on abaisse 3 doigts de la main gauche (*fig.* 8). Pour le second facteur 8, on dit : de 8 à 10, c'est 2 ; on abaisse 2 doigts de la main droite (*fig.* 9).

Fig. 8.   Fig. 9.

7 fois 8 = 56.

Cela fait, les doigts étendus indiquent les dizaines du produit cherché et on a ainsi 5 dizaines ou 50.

Enfin, pour trouver les unités du produit l'élève multiplie les doigts abaissés d'une main par les doigts abaissés de l'autre main; il trouve ainsi 2 fois 3 ou 6 unités ; le produit demandé est donc 56.

Cherchons pour 3ᵉ exemple le produit de 8 par 9.

1ᵉʳ *facteur* 8. On dira : de 8 à 10, c'est 2; on abaisse 2 doigts de la main gauche (*fig.* 10).

2ᵉ *facteur* 9. De 9 à 10 c'est 1, on abaisse 1 doigt de la main droite (*fig.* 11).

On a alors 7 doigts étendus ; donc le produit a 7 dizaines ou 70 ; les doigts abaissés donnent 1×2 ou 2, pour les unités. Le produit cherché est donc 72.

Les produits obtenus ne sont pas toujours aussi simples ; il arrive quelquefois que le produit des doigts abaissés contient des dizaines qu'il faut ajouter aux dizaines indiquées par les doigts étendus.

Cherchons par exemple le produit de 5 par 7.

1er *facteur* 5. On dit : de 5 à 10, c'est 5. On abaisse les 5 doigts de la main gauche (*fig.* 12).

Fig. 10.

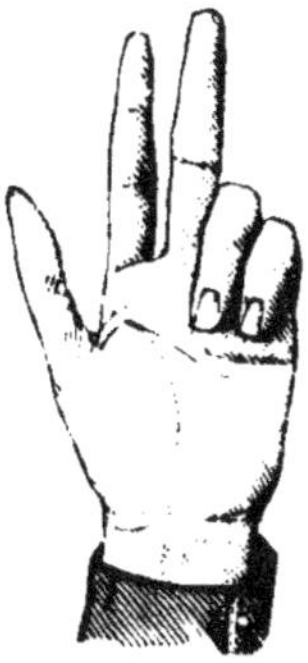

Fig. 11.

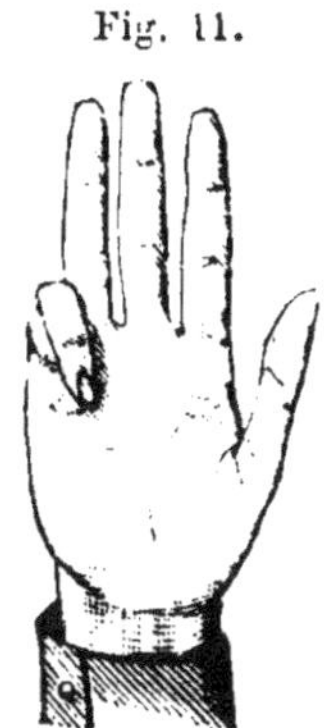

8 fois 9 = 72.

2e *facteur* 7. On dit : de 7 à 10, c'est 3. On abaisse 3 doigts de la main droite (*fig.* 13).

Fig. 12.

Fig. 13.

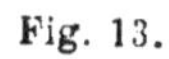

5 fois 7 = 35.

On a alors 2 doigts étendus, c'est-à-dire 2 dizaines ou 20 ; mais le produit des doigts abaissés étant 3 fois 5... 15 il faut ajouter les 15 unités à 20 ce qui donne 35 pour le produit demandé.

3

Il en est de même pour le produit de 5 fois 5, où tous les doigts sont abaissés à droite comme à gauche ; il suffit donc, suivant la règle, de multiplier 5 par 5 , ce qui donne 25.

On trouverait également que le produit de 10 par 10 laisse tous les doigts étendus, comme l'indiquent les figures 4 et 5. Le produit demandé est donc égal à 10 dizaines ou 100.

On voit par là que les produits 25 et 100 sont les limites entre lesquelles se trouvent les produits qu'on peut obtenir par cette méthode.

Théorie du procédé.

La Table de Pythagore fait connaître les produits deux à deux des nombres entiers plus petits que 10, c'est-à-dire des nombres 1, 2, 3, 4, 5, 6, 7, 8, 9. Or ces nombres peuvent être mis sous la forme de (10 — 9) ou 1 ; (10 — 8) ou 2; (10 — 7) ou 3 etc. Sous cette forme, il sera facile de nous rendre compte de la méthode ex·périmentale qui précède.

En effet, supposons qu'on veuille trouver le produit de 7 par 8, nous aurons $7 \times 8 = (10 - 3) \times (10 - 2)$. Si on effectue *algébriquement* cette dernière multiplication, on trouvera.

Multiplicande	10	— 3		
Multiplicateur	10	— 2		
Produit	100	— 30	— 20	+ 6

Essayons d'interpréter les quatre termes de ce produit. On verra d'abord que :

1° Les deux facteurs donnés n'ayant qu'un seul chiffre, la décomposition ci-dessus donnera toujours pour premier terme 100 ou 10 dizaines.

2° Le second et le troisième terme sont négatifs (ou soustrac·tifs) et expriment un nombre exact de dizaines ; or, le premier de ces termes 30 ou 3 dizaines provient de la différence du facteur 7 à 10, et le second 20 ou 2 dizaines, de la différence du facteur 8 à 10.

3° Enfin, le 4e terme 6 est le produit des deux différences 3 et 2.

Cela posé, voici comment la théorie explique le procédé pratique.

Les dix doigts étendus (fig. 4 et 5) représentent les 10 dizaines du 1er terme.

En abaissant ensuite les trois doigts de la main gauche (fig. 8) on retranche les 3 dizaines du second terme.

De même , en abaissant les 2 doigts de la main droite (fig. 9), on retranche les 2 dizaines du 3ᵉ terme.

Il ne reste plus alors que 5 doigts étendus représentant 5 dizaines ou 50.

Enfin la multiplication des 3 doigts abaissés de la main gauche par les 2 doigts abaissés de la main droite donne le produit 6 des unités ; ce qui conduit en définitive au produit 56 de 7 par 8.

Remarque. — Si on cherche le produit de 5 par 5 et qu'on remplace 5 par 10 — 5 on aura :

$$(10 - 5) \times (10 - 5) = 100 - 50 - 50 + 25.$$

On voit clairement d'après cela que les 3 premiers termes se détruisent, et il ne reste plus que 25, produit de 5 par 5 ; d'où cette conséquence que le produit de 5 par 5 est la limite inférieure pratique du procédé ci-dessus.

OBSERVATION ESSENTIELLE.

Quels que soient les procédés plus ou moins ingénieux pour étudier la Table de multiplication, le Maître doit insister jusqu'à ce qu'il obtienne des réponses faites rapidement, sans hésitation, nous osons même dire sans réflexion ; *il faut habituer l'esprit à voir instantanément le produit, à l'énoncé de ses deux facteurs.*

Le Maître doit varier les interrogations ; il citera par exemple un produit et l'élève devra donner immédiatement les deux facteurs qui l'ont formé, exercice préparatoire pour la division. Il pourra demander aussi la suite des carrés depuis 1 fois 1 ; 2 fois 2, jusqu'à 9 fois 9 et 10 fois 10 etc., etc.

Enfin, le Maître doit surtout veiller à ce que les élèves ne fassent pas, par paresse, des multiplications et des divisions, ayant la Table de multiplication sous les yeux.

Calcul mental de la multiplication.

De petits exercices et problèmes de calcul mental sur la multiplication avec des nombres très simples ont une grande utilité pratique. On demandera par exemple aux élèves, si le kilog. de café coûte 4 fr., combien coûteront 8 kilog. ? 10 kilog. ? 20 kilog. ? 50 kilog. ? 100 kilog. ? 150 kilog. ? 1 000 kilog. etc., etc.; il est facile de varier ces exercices.

Preuve par 9 de la multiplication.

La théorie de cette preuve, appliquée à la multiplication, est exposée après la division des nombres entiers.

DIVISION DES NOMBRES ENTIERS.

§ I. — Définition de la division.
— Caractères d'une bonne définition.

On a donné plusieurs définitions de la division ; citons les plus usuelles.

1re DÉFINITION. — *La division est une opération par laquelle on cherche combien de fois un nombre appelé* DIVIDENDE *en contient un autre appelé* DIVISEUR.

Le résultat de l'opération s'appelle QUOTIENT.

2me DÉFINITION. — *La division est une opération par laquelle on partage un nombre en plusieurs parties égales.*

On appelle *dividende* le nombre à partager.

On appelle *diviseur* le nombre qui indique en combien de parties égales le dividende doit être partagé.

Le résultat de l'opération se nomme *quotient*.

3mo DÉFINITION. — *La division est une opération qui a pour but, étant donnés le produit de deux facteurs et un de ces facteurs, de trouver l'autre facteur.*

Le produit donné s'appelle *dividende*.

Le facteur connu est le *diviseur*.

Et le facteur inconnu, le *quotient*.

Laquelle de ces trois définitions faut-il adopter ?

Pour répondre à cette question, il est indispensable d'examiner à quels caractères on reconnaîtra qu'une opération d'arithmétique est bien définie.

Ces caractères sont les suivants :

1° Les termes de la définition d'une opération fondamentale, rapprochés des conditions d'un problème à résoudre, doivent indiquer nettement à quelle opération se rattache la solution du problème proposé.

2° La définition doit être générale, c'est-à-dire convenir à tous les problèmes qui exigent la même opération.

3° La définition doit servir de base à la théorie de l'opération.

Cela posé, voyons quelle est celle des trois définitions (*) qui réunit les trois caractères que nous venons d'indiquer.

Soit à résoudre la question suivante :

1re QUESTION. — *On veut partager 45 fr. entre 9 personnes; quelle est la part de chacune d'elles ?*

La première définition convient-elle à ce problème ? Peut-on chercher combien 45 fr. contiennent de fois 9 personnes ? Y a-t-il une division à faire ? Voit-on bien où est le dividende et où est le diviseur ?... N'arrive-t-il pas souvent que le dividende est plus petit que le diviseur ? Comment un élève peut-il se reconnaître.

(*) Nous ne parlons pas ici d'une quatrième définition donnée comme conséquence de la définition suivante de la multiplication :

La multiplication est une opération dans laquelle étant donnés deux nombres, on en compose un troisième qui soit à l'égard du premier ce que le deuxième est à l'égard de l'unité.

Les livres élémentaires dans lesquels on trouve de pareilles définitions n'ont d'élémentaire que leur titre et leur format. Ces définitions d'ailleurs pèchent contre une des conditions essentielles d'une bonne définition.

On demande par exemple le prix de 28 m. de drap à 15 fr. le mètre. La définition qu'on vient de lire nous conduit à ce raisonnement : *étant donnés deux nombres 28 m. et 15 fr. il faut pour trouver le prix demandé composer un nombre qui soit à l'égard du premier 28 m.* (non de 15 fr.) *comme le second 15* (non 28) *est à l'égard de l'unité.* Quel raisonnement !

La seconde définition, au contraire, répond parfaitement à l'énoncé du problème. En effet, la somme proposée doit être divisée en autant de parties égales qu'il y a de personnes; il faudra donc diviser les 45 fr. par 9 et le quotient exprimera une des parts demandées ou la 9° *partie de* 45 fr.

Mais la seconde définition elle-même est-elle générale ? S'applique-t-elle au problème suivant ?

2ᵐᵉ QUESTION. — *Combien y a-t-il d'heures dans* 180 *minutes, l'heure valant* 60 *minutes ?*

Pour trouver le nombre d'heures demandé, faut-il, d'après la seconde définition, partager 180 minutes en 60 parties égales ? Qu'est-ce que cela signifie ? — Si la seconde définition est en défaut, la première répond parfaitement au problème, car elle permet de dire : on aura autant d'heures que 180 contient de fois 60 minutes.

Donc à son tour la seconde définition n'est pas générale.

Ainsi, les deux définitions ci-dessus ne réunissent pas les deux premiers caractères exigés pour une bonne définition.

Justifions maintenant le choix que nous avons fait de la troisième.

Pour la première question, on dira :

On veut partager 45 fr. entre 9 personnes; si on connaissait la part qui revient à chacune d'elles, en prenant ou en répétant cette part 9 fois, on aurait 45 fr.; donc ce dernier nombre est le produit de 9 par un facteur inconnu. On a donc une division à faire; 45 est bien le dividende, 9 le diviseur et le facteur inconnu, 5, le quotient cherché, puisque $5 \times 9 = 45$.

Pour la seconde question, on dira :

Si nous connaissions le nombre d'heures demandé, en répétant 60 minutes autant de fois qu'il y a d'heures, on obtiendrait 180 minutes; 180 est donc le produit de 60 par le nombre d'heures. On a encore ici une division à faire; le produit 180 est le dividende, le facteur connu 60 est le diviseur, et le facteur inconnu le quotient qui exprime le nombre d'heures demandé. La division donne 3 heures, car 60 min. $\times$ 3 = 180 minutes.

Le même raisonnement s'appliquerait à tout autre problème exigeant une division.

Ainsi, les deux premiers caractères d'une bonne définition se trouvent dans la définition que nous avons adoptée.

Le troisième caractère s'y trouve également, comme il est facile de s'en convaincre par notre théorie de la division. (*Nouvelle Arithmétique*, p. 57.)

Il résulte de la discussion qui précède que la 3me définition seule est une vraie définition; la 1re et la 2me n'en sont que des conséquences et ne répondent qu'à certains cas particuliers; elles n'en sont pas moins utiles à connaître comme facilitant la solution d'un assez grand nombre de problèmes.

Supposons, par exemple, qu'on demande *la moitié, le tiers, le quart, le huitième, la* 20me *partie d'un nombre*, on saura qu'il faut simplement diviser ce nombre par 2, 3, 4, 8, 20 etc. (2me définition).

Supposons encore qu'on demande *combien on aura de mètres d'étoffe pour une somme de* 84 *fr. à raison de* 12 *fr. le mètre*. On pourra dire qu'on aura autant de mètres que la somme 84 fr. contiendra de fois 12 fr. Le quotient sera 7 mètres etc. (1re définition.)

§ II. — Nombre des chiffres du quotient.

Avant d'effectuer une division, le Maître exigera que l'élève indique par des *points* le nombre de chiffres que doit avoir la partie entière du quotient, d'après la méthode indiquée (*Nouvelle Arithmétique*, page 49.) Cette détermination, à la fois simple et rapide, mettra les élèves en garde contre les oublis et les erreurs matérielles de calcul.

§ III. — Division par la méthode des produits.

Les règles que nous avons données pour l'addition, la soustraction et la multiplication conduisent directement au résultat cherché. Dans la division, au contraire, le quotient n'est obtenu qu'après des essais ou des tâtonnements qui rendent l'opération lente et difficile.

Nous allons voir comment les tâtonnements peuvent être évités à l'aide d'une méthode de division appelée *Méthode des produits.*

Soit, par exemple, à diviser 127 325 par 463.

Disposition du calcul.

OPÉRATION.

```
127325 | 463
  926  | ‾‾‾‾
       |  275
 ‾‾‾‾
 3472
 3241
 ‾‾‾‾
  2315
  2315
 ‾‾‾‾
  . . . .
```

TABLE DES PRODUITS.

par		
par	1	463
par	2	926
par	3	1389
par	4	1852
par	5	2315
par	6	2778
par	7	3241
par	8	3704
par	9	4167
par	10	4630

Table des produits. — Avant de commencer l'opération, il faut dresser la Table des produits ; on appelle ainsi les divers produits qu'on obtient en multipliant successivement le diviseur par les facteurs 1, 2, 3, 4, 5, 6, 7, 8 et 9.

Or, rien de plus facile que de former cette table par de *simples additions*, en ajoutant chaque fois le diviseur (placé en tête) au dernier nombre obtenu.

Ainsi le produit par 1 est simplement le diviseur 463 ; par 2 c'est le diviseur ajouté à lui-même ; par 3 c'est la somme des deux premiers nombres ; par 4 c'est le produit par 3 ou 1389 auquel on ajoute le diviseur 463 ; par 5 c'est le produit par 4 auquel on ajoute le diviseur et ainsi de suite, en procédant toujours par addition.

On pourrait s'arrêter au produit par 9 qui est 4167; mais, comme moyen de vérification, on ajoute encore une fois le diviseur 463 au dernier produit; la somme doit égaler 10 fois le diviseur, c'est-à-dire 4630; c'est, en effet, le produit qu'on obtient; *les autres produits sont donc exacts.*

Cela fait, on détermine combien il y aura de chiffres au quotient. On trouve qu'il y aura trois chiffres et, par conséquent, trois dividendes partiels.

Comparant alors chacun de ces dividendes partiels avec la Table des produits, on déterminera sans tâtonnements chacun des chiffres du quotient. En effet, le premier dividende partiel est 1273. On prend dans la Table des produits, et *en descendant, le plus grand produit qui puisse se soustraire du dividende partiel* 1273. Un coup d'œil suffit pour reconnaitre que ce produit est 926, ce qui donne *avec certitude* le chiffre 2 pour le chiffre des centaines du quotient. On pose 926 sous 1273 et la soustraction donne pour reste 347 à côté duquel on abaisse le chiffre 2; on a pour second dividende partiel le nombre 3472.

On cherche de nouveau dans la Table le plus grand produit qui puisse se soustraire de 3472. Ce produit est 3241; le chiffre 7 correspondant est le second chiffre du quotient. — On soustrait le produit 3241 de 3472 et on a pour reste 231; on abaisse le chiffre 5 et on a le 3ᵉ dividende partiel 2315; l'inspection de la Table fait voir que le 3ᵉ chiffre cherché est 5. La soustraction donne en effet 0.

REMARQUE. — La *méthode des produits* est peu usitée dans la pratique, mais elle peut être utilement appliquée dans le cas où le diviseur et le quotient ont plus de 4 ou 5 chiffres. La certitude du résultat compense alors une lenteur plus apparente que réelle.

§ IV. — Reste d'une division.

Pour simplifier l'enseignement et la pratique de la division, nous avons supposé que le dividende est le produit exact du diviseur par le quotient. Presque tous les exercices et tous les problèmes sur la division des nombres entiers donnent des quotients exacts.

Il importe de faire remarquer aux élèves qu'il n'en est pas toujours ainsi. Il arrive souvent, au contraire, que tous les chiffres du dividende étant abaissés, la division donne un reste. Dans ce cas, le quotient n'est

3*

plus un nombre entier, mais un nombre fractionnaire dans lequel les chiffres obtenus forment la partie entière. Quant à la fraction qui complète le quotient, nous la déterminons n°ˢ 100 et 132.

Une nouvelle observation doit être faite sur le reste final d'une division.

Nous avons démontré, page 63, ce principe important :

Le quotient d'une division ne change pas quand on multiplie ou quand on divise à la fois le dividende et le diviseur par le même nombre.

Comme cas particulier de ce principe, nous avons donné la règle suivante :

Lorsque le dividende et le diviseur sont terminés par des zéros, on peut avant l'opération supprimer LE MÊME NOMBRE DE ZÉROS *dans le dividende et dans le diviseur, sans altérer le quotient.*

La suppression d'un nombre égal de zéros divise en effet le dividende et le diviseur par une même puissance de 10, c'est-à-dire par 10, 100, 1000, etc.; mais si, dans le principe que nous venons de rappeler, le quotient ne change pas, il n'en est pas de même du reste de la division.

En effet, le principe ci-dessus doit être complété comme il suit :

Le quotient d'une division ne change pas quand on multiplie ou quand on divise à la fois le dividende et le diviseur par le même nombre; mais le reste de la division est alors multiplié ou divisé par ce même nombre.

Soit à diviser 39 000 par 7000.
En divisant 39 000 par 7000, on aura 5 au quotient et 4000 pour reste.

Si, avant l'opération, on supprime les 3 zéros du dividende et du diviseur, ce qui revient à diviser les deux nombres par 1000, l'opération est ramenée à la division de 39 par 7, laquelle donne le même quotient 5; le reste est 4 seulement au lieu de 4000. Ce reste 4 est donc 1000 fois *plus petit;* en d'autres termes, le véritable reste de la division 4000 a été divisé par 1000, comme le dividende et le diviseur.

On pourrait dire aussi : il est évident que 39 *mille* contiennent 7 *mille* autant de fois que 39 *unités* contiennent 7 *unités ;* mais si le quotient reste le même, le reste de la division est 4 *mille* dans le premier cas et 4 *unités* dans le second.

D'une manière générale, en appelant D le dividende, d le diviseur, q la partie entière du quotient et r le reste de la division, on aura

$$D = q \cdot d + r$$

et si on multiplie l'égalité par un nombre quelconque, m, on a

$$Dm = q \cdot dm + rm$$

Sous cette forme, on voit que le quotient q ne change pas ; mais le dividende D, le diviseur d et le reste r sont multipliés par m.

§ V. — Nouvelle théorie de la division.

La théorie de la division, exposée dans la *Nouvelle Arithmétique*, page 57, est simple, complète, générale. Quelques auteurs ont cru devoir en donner une autre que nous allons appliquer à notre 2me exemple de division (page 52).

Soit donc à diviser 63 450 par 25.

Opération.

```
Dividende.......      63450  | 25 diviseur.
                        50    | ————————————
                       ————   | 2538 quotient.
2ᵉ dividende partiel..  134
                        125
                       ————
3ᵉ dividende partiel..  ..95
                        75
                       ————
                        200
                        200
                       ————
                        ...
```

DÉMONSTRATION. — Considérons le dividende comme une somme de 63 450 fr. à partager entre 25 personnes. La somme à partager peut être regardée comme contenant 63 billets de banque de 1000 fr., 4 billets de 100 fr. et 5 pièces de 10 fr. Cela posé, nous dirons : les 63 billets de 1000 fr. divisés entre 25 personnes donnent pour chacune d'elles 2 billets de 1000 fr. et il reste 13 billets ; le premier chiffre du quotient est 2, c'est-à-dire 2000 fr. Les 13 billets de 1000 fr. valent par l'échange 130 billets de 100 fr. lesquels ajoutés aux 4 billets de 100 fr. du dividende font 134 billets de 100 fr. à partager entre les 25 personnes, ce qui donne à chacune d'elles 5 billets de 100 fr., ou 500 fr.; le second chiffre du quotient est 5 et il reste 9 billets.

Convertissons les 9 billets de 100 fr. en 90 pièces de 10 fr. et ajoutons les 5 pièces de 10 fr. du dividende, nous aurons 95 pièces de 10 fr. à partager entre les 25 personnes, ce qui donne 3 pièces de 10 fr. à chacune d'elles ; 3 est donc le troisième chiffre du quotient et il reste 20 pièces de 10 fr. ou 200 fr. qui partagés entre les 25 personnes, donnent 8 fr. pour chacune d'elles.

Chaque personne recevra donc 2 billets de 1000 fr., 5 billets de 100 fr., 3 pièces de 10 fr. et 8 pièces de 1 fr., soit une somme de 2538 fr.

Cette démonstration est-elle bien sérieuse? Comment un élève pourrait-il l'appliquer, par exemple, à cette question : *Combien y a-t-il d'heures dans 3540 minutes?*

Preuve par 9.

§ I. — Preuve par 9 de la multiplication.

La plus simple et la plus rapide des preuves de la multiplication et de la division est sans contredit la *preuve par* 9 dont nous avons donné la règle dans la *Nouvelle Arithmétique,* page 65.

La théorie de cette preuve repose sur des principes que les commençants ne connaissent pas, mais que doivent connaître les candidats au brevet élémentaire. Nous allons donner la théorie arithmétique et la théorie algébrique de cette preuve.

1° — Démonstration arithmétique.

Nous avons démontré (*Nouvelle Arith.*, p. 284) qu'un nombre est divisible par 9 *lorsque la somme de ses chiffres* (considérés dans leur valeur absolue) *égale 9 ou un multiple de 9.*

Ce qui revient à dire que *si dans un nombre donné la somme des chiffres* (avec leur valeur absolue) *n'est pas égale à 9 ou à un multiple de 9, le nombre proposé n'est pas divisible par 9.* La division du nombre par 9 donne alors un reste ; or, *ce reste est le même que celui qu'on obtient en divisant par 9 la somme des chiffres du nombre proposé.*

Soit par exemple le nombre 17 564 dont la somme des chiffres est égale à 23 ; d'après le principe ci-dessus, le nombre 17 564 n'est pas divisible par 9 ; mais d'après la décomposition que nous avons faite en démontrant la divisibilité des nombres par 9 (page 284) nous aurons :

$$17\,564 = \text{multiple de } 9, + 23$$
$$\text{ou } 17\,564 = \text{multiple de } 9, + 18 + 5$$
$$\text{ou bien } 17\,564 = \text{multiple de } 9, + \text{ multiple de } 9, + 5$$
$$\text{ou } 17\,564 = \text{multiple de } 9, + 5$$

donc enfin le reste 5 de la division de 17 564 par 9 *est égal au reste qu'on obtient en divisant par 9 le nombre* 23 (somme des chiffres du dividende 17 564).

C'est sur cette propriété remarquable qu'est fondée la théorie de la preuve par 9.

Cela posé, soit à multiplier 356 par 48....

Disposition du calcul.

356₀₀₀	1ᵉʳ reste........	5
·48. ₀	2ᵉ reste...	3
2848	produit des restes. 15 3ᵉ reste. 6	
1424		
17088.₀.	reste du produit............... 6	

En appliquant la règle du n° 89, on trouve 5 pour le reste du multiplicande et 3 pour le reste du multiplicateur; le produit de ces deux restes est 15, lequel divisé par 9 donne le 3ᵉ reste 6.

Le produit demandé est exact, si en divisant également ce produit par 9, on trouve un reste égal au 3ᵉ reste 6; c'est, en effet, ce qui a lieu.

Pour comprendre ce procédé, il faut démontrer que le produit 17 088 est égal à un multiple de 9 augmenté du produit 3×5 des deux restes donnés par les facteurs 356 et 48.

En effet, multiplier 356 par 48, c'est faire l'addition de 48 nombres égaux à 356; mais en vertu du principe (p. 284) on sait que 356 est un multiple de 9 plus 5 : donc l'addition ci-dessus pourra se faire des deux manières suivantes :

$$
\begin{array}{ll}
356 \text{ ou} & \text{un multiple de } 9, + 5 \\
356 \ldots\ldots & \text{un multiple de } 9, + 5 \\
356 \ldots\ldots & \text{un multiple de } 9, + 5 \\
\ldots\ldots & \ldots\ldots\ldots\ldots \\
\ldots\ldots & \ldots\ldots\ldots\ldots \\
\ldots\ldots & \ldots\ldots\ldots\ldots
\end{array}
$$

Produit $\overline{17088}$ ou 48 fois un multiple de $9, + 48 \times 5$.

Mais attendu que 48 est lui-même un multiple de $9, + 3$ le produit 48×5 égalera 5 fois un multiple de $9, + 5 \times 3$; donc le produit demandé se compose : 1° de 48 fois un multiple de 9; 2° de 5 fois un multiple de 9; 3° de 3×5. Or les deux premières parties étant des multiples de 9 sont (2ᵉ *principe, Arith.* page 283) exactement divisibles par 9 et le reste (s'il y en a un) ne peut provenir que de la 3ᵉ partie 3×5; mais 3×5 étant le produit des deux restes des facteurs, on voit enfin que le produit de 17 088, soumis à la preuve par 9, doit donner le même reste 6 que celui qui est fourni par les deux facteurs.

REMARQUE.Cette démonstration s'appliquerait à tout autre diviseur, 7 par exemple; mais alors les restes ne pourraient plus être connus par l'addition des chiffres considérés avec leur valeur absolue, comme on le fait pour le diviseur 9, et il faudrait effectuer réellement la division de chaque facteur par 7. C'est pourquoi la preuve par 9 a obtenu la préférence.

2° *Démonstration algébrique.*

Quelque soin qu'on apporte dans la rédaction, il est souvent difficile d'éviter certaines longueurs; on regrette alors de ne pouvoir s'aider de quelques notions d'algèbre qui rendent le raisonnement plus clair, plus simple et plus général. Pour faire apprécier la différence, nous allons traiter algébriquement la preuve par 9.

Les facteurs d'une multiplication peuvent toujours être remplacés par un multiple de 9 plus un reste. Ainsi représentons le multiplicande par $m + r$ et le multiplicateur par $m' + r'$ (m et m' étant des multiples de 9; r et r' étant plus petits que 9). En effectuant la multiplication, on aura :

$$\begin{array}{r} m + r \\ m' + r' \\ \hline mm' + m'r + mr' + rr'. \end{array}$$

Le produit obtenu se composera donc de quatre parties dont les trois premières mm', $m'r$, mr' sont des multiples de 9 et par conséquent divisibles par 9 ; en sorte que si le produit total divisé par 9 donne un reste, ce reste ne pourra provenir que de la quatrième partie rr', qui est précisément le produit des restes que donnent les deux facteurs proposés. Ainsi pour que l'opération soit présumée bien faite, il faut que ce produit rr' divisé par 9 donne le même reste que le produit total divisé aussi par 9.

§ 2. — Preuve par 9 de la division.

Si la division se fait exactement sans reste, on doit considérer le dividende comme un produit dont le diviseur et le quotient sont les facteurs. La preuve par 9 revient à celle d'une multiplication.

Mais lorsque la division donne un reste, on fait la preuve par 9 comme il suit.

Disposition du calcul.

$$7\dots\dots\dots 26143 \mid 539\dots 8$$
$$2156 \mid 48\dots 3$$
$$4583 \qquad 24\dots 6$$
$$4312$$

reste de la division .271$\dots\dots\dots\dots$1
$$7$$

En opérant sur le diviseur et le quotient, on trouve pour restes 8 et 3 dont le produit 24 donne pour reste 6. On opère ensuite sur le reste de la division 271 comme on l'a fait pour le diviseur et le quotient; le reste obtenu 1 s'ajoute à 6 et donne pour somme 7.

Il faut alors que le reste de la division par 9 du dividende soit aussi égal à 7; c'est ce qui a lieu en effet; donc l'opération est bonne. Si la somme des deux derniers restes (qui est dans notre exemple 6 + 1 ou 7) est supérieure à 9, il faut toujours ôter 9 pour avoir le véritable reste que l'on doit retrouver au dividende.

Démonstration. — Désignons par R le reste 7 de la division du dividende par 9 ; par R' le reste 6 du produit 24 donné par les deux restes 3 et 8 ; par r le reste 1, du reste de la division.

D'un autre côté, si on se rappelle que le dividende est égal au produit du diviseur par le quotient plus le reste de la division (*Arith.* p. 64)

on pourra poser :

Dividende $=$ diviseur $\times$ quotient $+$ reste de la division
ou multiple de 9 $+$ R $=$ multiple de 9 $+$ R' $+$ multiple de 9 $+$ r;
ou bien multiple de 9 $+$ R $=$ multiple de 9 $+$ R' $+$ r;
donc $R = R' + r$.

REMARQUE. — Nous avons dit que la preuve par 9 ne donne pas la certitude mais la probabilité que l'opération est exacte. On comprend en effet que si dans un produit, par exemple, on trouve les deux chiffres 7 et 3, dont la somme est 10, et que ces chiffres soient remplacés par 6 et 4 dont la somme est également 10, la preuve par 9 n'avertira pas de l'erreur. Mais il faut pour cela deux erreurs qui se compensent, ce qui arrive bien rarement. (Le Maître doit exercer ses élèves à la pratique de la preuve par 9 au moyen de nombreux exemples ; il exigera toujours cette preuve dans la solution des problèmes.)

Calcul mental de la division.

Il est utile d'exercer les élèves à résoudre mentalement un grand nombre de petits problèmes *en nombres ronds,* tels que les suivants :

A 4 fr. le kilog. combien aura-t-on de café avec une somme de 24 fr. ; de 60 fr. ; de 100 fr. ; de 200 fr.; de 700 fr. ; de 1200 fr. ; de 3600 fr.? etc., etc. — Un mètre de drap vaut 15 fr.; combien pourra-t-on en acheter avec une somme de 60 fr. ; de 90 fr.; de 450 fr. ; de 1200 fr. ; de 3000 fr. ? etc., etc.

(Ces exercices doivent être variés suivant l'âge et l'intelligence des enfants.)

Observations.

Dans le calcul mental de la multiplication et de la division, on fait souvent usage du principe important qui suit, et qui a de nombreuses applications en arithmétique.

Multiplication ou division par un nombre composé de plusieurs facteurs.

Prenons, par exemple, le nombre 12 qui est égal à 4×3 ou qui est composé des facteurs 4 et 3 ; nous disons qu'au lieu de multiplier un nombre par 12, on peut multiplier ce nombre d'abord par 4 et multiplier ensuite par 3 le produit obtenu. Ces deux multiplications très simples donneront le produit par 12.

Démonstration. Soit à multiplier 259 par 12 ; le produit est 3108. — On obtiendrait le même résultat en multipliant d'abord 259 par 4, ce qui donne 1036, puis 1036 par 3, ce qui reproduit le nombre 3108.

En effet, multiplier le nombre 259 par 12 revient à additionner 12 fois ce nombre, comme on le voit dans le tableau suivant ·

$$
\begin{array}{ll}
\left.\begin{array}{l}259\\259\\259\\259\end{array}\right\} & \ldots\ 1036 \\[2ex]
\left.\begin{array}{l}259\\259\\259\\259\end{array}\right\} & \ldots\ 1036 \\[2ex]
\left.\begin{array}{l}259\\259\\259\\259\end{array}\right\} & \ \cdot\ 1036 \\[1ex]
\hline
3108 & \ldots\ 3108
\end{array}
$$

La somme des 12 nombres donne 3108 ; mais cette somme de 12 nombres égaux à 259 peut se diviser en 3 groupes de 4 fois 259 ; chaque groupe donne 1036 et 3 fois 1036 doit nécessairement reproduire la somme ou le produit 3108 ; ce mode d'opérer revient à la décomposition d'une addition en plusieurs additions partielles et égales.

De même, diviser 3108 par 12 revient à diviser 3108 par 3, ce qui donne pour 1er quotient 1036 et à diviser ce 1er quotient par 4, ce qui donne 259, quotient de 3108 par 12.

La démonstration est une conséquence de la décomposition qui précède et dans laquelle on voit clairement que 3108 divisé par 3 donne pour 1er quotient 1036, lequel est 4 fois le vrai quotient 259.

De même, le nombre 360 étant égal au produit des 3 facteurs $6 \times 6 \times 10$, on pourra multiplier ou diviser un nombre par 360 au moyen de trois multiplications ou de trois divisions successives, par 6, par 6, par 10. (*Voir comme applications les règles d'intérêt et d'escompte*).

Aux observations qui précèdent sur les opérations fondamentales, nous ajouterons les deux principes suivants d'arithmotechnie.

1° NOMBRES ABSTRAITS ET CONCRETS.

Les données d'un problème sont presque toutes exprimées en *nombres concrets*. Plusieurs de ces données conservent dans le raisonnement leur nature concrète, et d'autres deviennent de véritables nombres abstraits. Supposons par exemple qu'on achète 8 mètres de drap à 14 fr. le mètre, le montant de cet achat est égal à 8 fois 14 fr. Ici les 14 fr. restent concrets, mais les 8 mètres sont remplacés par un nombre abstrait 8. On achève ensuite l'opération comme si les deux facteurs 14 et 8 étaient abstraits. En définitive, on opère toujours sur des nombres abstraits.

Sous le bénéfice de ces observations, nous croyons qu'il est utile d'indiquer les nombres qu'on soumet au calcul par des *initiales*; lorsque les opérations sont nombreuses, il arrive souvent qu'il y a nécessité de reprendre les calculs pour vérifier la solution. Les initiales servent alors de points de repère et rendent la vérification plus commode et moins confuse.

2° LES ERREURS DE CALCUL.

Tout le monde sait, par expérience, combien il est facile de se tromper en faisant une opération d'arith-

métique; les plus habiles calculateurs eux-mêmes ont
des distractions; c'est ainsi qu'une erreur de calcul
empêcha Kepler de publier 20 ans plus tôt ses lois
astronomiques sur les orbites des planètes.

Pour diminuer les chances d'erreurs, nous conseillons :

1° Dès qu'une opération est terminée, quelque
simple qu'elle soit, d'en faire toujours la preuve arithmétique avant de passer à une autre opération.

2° D'appliquer à l'opération et surtout au résultat
final la preuve *par le sens commun.*

Quand on s'habitue à faire la preuve d'une addition
en recommençant l'opération de bas en haut, celle
d'une soustraction par une addition et la preuve d'une
multiplication ou d'une division par la preuve par 9,
on parvient à exécuter ces preuves très rapidement.
Qu'on ne croie pas d'ailleurs que ce soit là du temps
perdu ; le véritable temps perdu consiste à faire étour-
diment une erreur qui vicie et rend inutiles toutes
les opérations qui suivent l'erreur commise.

SOLUTIONS RAISONNÉES

NUMÉRATION.

—

Exercices sur la numération.

1. 2. 3. 4. 5. 6. 7. 8. 9. La lecture et l'écriture des nombres contenus dans ces numéros ne présentent pas de difficultés. Il suffit d'appliquer les règles des n°ˢ 25 et 26. (*Nouvelle Arithmétique*, p. 17 et 18.)

10. La fin de cet exercice est une introduction à l'écriture des nombres du système métrique : 807 083 ; 1 000 417 ; 2 340 000 ; 6 764 720 ; 9 000 307 ; 3 000 005 018.

237 ; 1804 ; 7090 ; 1 450 802.

CHIFFRES ROMAINS.

Observations.

Les chiffres romains dont nous avons donné la valeur à la page 8 sont encore usités pour l'inscription des dates, l'ordre des chapitres d'un livre, la succession des souverains de même nom, etc.

La lecture et l'écriture des nombres en chiffres romains reposent sur les principes suivants :

1° *Les lettres placées l'une à la suite de l'autre, qu'elles soient seules ou répétées* s'ajoutent, *pourvu que leur valeur se présente dans un ordre descendant, de gauche à droite;*

Ainsi, VIII signifie 8 ; LXVII = 67 ; MDCCCLXXXVI = 1886, etc.

2° *Lorsque deux lettres se suivent et que la première à gauche a moins de valeur que la seconde, la valeur de la première* SE RETRANCHE *de la valeur de la se-conde.*

Ainsi IV = 4; IX = 9; XL = 40; XC = 90; CD = 400.

3° *Une lettre placée entre deux autres plus fortes* SE RETRANCHE *de celle de droite.*

Ainsi LIV = 54; CIX = 109; MXC = 1090.

4° *Un trait horizontal placé au-dessus d'un chiffre ou d'un nombre multiplie ce chiffre ou ce nombre par mille. Deux traits les multiplient par un million;*

Ainsi $\overline{\text{V}}$ = 5000; $\overline{\overline{\text{VII}}}$DC = 7 000 600. Appliquons ces principes aux deux exercices suivants :

11. On lira : Les rois Louis 9, Henri 4, Louis 14, les papes Grégoire 7, Léon 10, Pie 9, Léon 13, l'empereur *Charles Quint* et le pape *Sixte Quint.* Cette montre marque *midi* ou *minuit.* L'Amérique a été découverte le 12 octobre 1492. Les plus grandes inventions du 19ᵉ siècle sont les bateaux à vapeur, les chemins de fer et le télégraphe électrique.

12. On écrira : 13 = XIII; 19 = XIX; 24 = XXIV; 30 = XXX; 39 = XXXIX; 41 = XLI; 65 = LXV; 73 = LXXIII; 87 = LXXXVII; 106 = CVI; 114 = CXIV; 203 = CCIII; 411 = CDXI ou CCCCXI; 605 = DCV; 872 = DCCCLXXII; 2049 = MDDXLIX ou MMXLIX ou encore $\overline{\text{II}}$XLIX; 5400 = $\overline{\text{V}}$CD; 7001 = $\overline{\text{VII}}$I.

Exercices sur l'addition des nombres entiers.

13. La somme des nombres proposés égale 11 573.

14. Le total demandé = 14095.

15. Somme = 48 609.	**16.** Somme = 28 948.
17. Somme = 234 341.	**18.** Somme = 66 911.
19. Somme = 66 329.	**20.** Somme = 61 779.
21. Somme = 156 435.	**22.** Somme = 177 434.

PROBLÈMES

SUR L'ADDITION DES NOMBRES ENTIERS.

23. Quelle somme obtient-on en additionnant les nombres 4735, 948 et 25 409 ?

R. Cette somme est égale à 31 092.

24. Quand on ajoute 1254 litres à 2540 litres, quel est le total ?

R. Le total est $1254 + 2540 = 3794$.

25. Faire la somme des trois nombres : 187 238, 78 049 et 3 508 930.

R. La somme des trois nombres est 3 774 217.

26. Une école est divisée en quatre classes : on compte 37 élèves dans la première, 45 dans la seconde, 29 dans la troisième et 68 dans la quatrième ; combien y a-t-il d'élèves dans l'école ?

R. Le nombre des élèves est $37 + 45 + 29 + 68 = 179$.

27. On a creusé trois fossés, l'un de 137 mètres de longueur, l'autre de 68 m., et le troisième de 174 m. ; quelle est la longueur totale des trois fossés ?

R. La longueur cherchée $= 379$ mètres.

28. Une famille dépense par mois 36 fr. de pain, 58 fr. de viande, 19 fr. de légumes et 15 fr. pour frais divers ; à combien s'élèvent ces diverses dépenses ?

R. La dépense de la famille s'élève à 128 fr.

29. On a employé dans une usine 2583 briques, une autre fois 1175, et la troisième fourniture est de 1562 ; combien de briques en tout ?

R. On a employé 5320 briques.

30. Trois vaches laitières donnent par jour, l'une 17 litres de lait, l'autre 14 litres et la troisième 18 litres ; combien a-t-on de litres de lait par jour ?

R. On a $17 + 14 + 18 = 49$ litres.

31. Pour réparer une maison on a payé 1954 fr. au maçon,

285 fr. au serrurier, 720 fr. au menuisier, 1163 fr. au peintre et 548 fr. au tapissier ; quelle est la dépense totale ?

R. La dépense totale est de 4670 fr.

52. Une compagnie de *tramways* (*) a quatre tronçons ayant pour longueur : 1256 mètres, 2647 m., 1704 m. et 989 m. ; quelle est la longueur totale de ces voies ferrées ?

R. La longueur totale est 6596 mètres.

53. Dans un budget communal les dépenses ordinaires sont évaluées à 47 358 fr., les dépenses extraordinaires à 18 967 fr. et les dépenses imprévues à 1550 fr. ; quel est le total des dépenses ?

R. Le total des dépenses $= 67\,875$ fr.

54. Un train *omnibus* transporte 42 voyageurs de 1re classe, 187 de 2me classe et 225 de 3me classe ; combien y a-t-il de voyageurs en tout ?

R. Il y a en tout $42 + 187 + 225 = 454$ voyageurs.

55. La Seine a une longueur de 776 kilomètres, le Rhône de 812 kilom., la Garonne de 605 kilom. et la Loire de 980 kilom. ; quelle est la longueur totale des quatre grands fleuves de la France ?

R. Les longueurs réunies des quatre fleuves $=$ 3173 kilomètres.

RemARQUE. — Le Maître doit donner ici aux élèves une idée de la longueur d'un kilomètre.

56. On a remis à la gare un objet pesant *net* 113 kilogrammes ; l'emballage pèse 28 kilog. ; quel est le poids *brut* de cet envoi ?

R. Le poids *brut* se compose du poids *net* augmenté du poids de l'emballage ; on a donc $113 + 28 = 141$ kilogrammes.

RemARQUE. — Le Maître doit définir ici le kilogramme et en donner une idée précise.

57. Un fermier a récolté 64 hectolitres de froment, 38 hectol. d'orge, 19 hectol. de seigle, 47 hectol. d'avoine ; quelle est sa récolte en *céréales* ?

R. Sa récolte est de 168 hectolitres.

(*) Le Maître doit définir tous les mots italiques qui sont dans les énoncés des problèmes.

REMARQUE. — Le Maître doit définir ici l'hectolitre et en donner une idée précise.

38. La France a 2030 kilomètres de côtes sur l'Océan et la Manche, et 690 kilom. sur la Méditerranée ; combien a-t-elle de côtes maritimes ?

R. La longueur totale des côtes maritimes de la France est de $2030 + 690 = 2720$ kilomètres.

39. Une propriété rurale se compose de 26 hectares de terres de labour, 8 hectares de prairies, 4 hectares de bois et 11 hectares de vignes ; quelle est sa superficie totale ?

R. La superficie demandée est de 49 hectares.

REMARQUE. — Le Maître définit ici l'hectare et en donne une idée sur le terrain.

40. On demande à quelle époque une personne née en 1847 a eu 25 ans.

R. A 1847 ajoutez 25, vous aurez 1872 pour l'époque demandée.

41. Il y a de Paris à Calais 297 kilom., de Paris à Lyon 512 kilom. et de Lyon à Marseille 352 kilom.; quelle est la distance de Calais à Marseille ?

R. La distance de Calais à Marseille est de $297 + 512 + 352 = 1161$ kilom.

42. Quel est le nombre qui surpasse de 51 328 le nombre 162 497 ?

R. Le nombre cherché $= 51\,328 + 162\,497 = 213\,825$.

43. Un employé gagne 1850 fr. par an ; il possède en outre 325 fr. de rentes sur l'État et 10 obligations rapportant ensemble 146 fr.; quel est son revenu annuel ?

R. Ce revenu égale 2321 francs.

44. La comète de Halley, vue en 1835, ne reparaîtra qu'après une période de 75 ans ; quelle sera l'année de son retour ?

R. Son retour aura lieu en $1835 + 75 = 1910$.

45. Une longue addition a été partagée en deux additions partielles dont l'une a donné le nombre 17 549 et l'autre 8 917 ; on demande le vrai total.

R. Le vrai total est $17\,549 + 8917 = 26\,466$.

46. Quelle somme avait empruntée une personne qui a remboursé 1475 fr. et qui doit encore 925 fr.?

R. La somme empruntée $= 1475 + 925 = 2400$ fr.

47. Trois tonneaux contiennent l'un 268 litres, le second 113 litres et le troisième 88 litres de plus que les deux premiers réunis; combien y a-t-il de litres en tout?

R. Les trois tonneaux contiennent ensemble $268 + 113 + (268 + 113 + 88) = 850$ litres.

48. Combien compte-t-on d'heures de minuit 1er janvier, au 5 janvier 9 heures du matin?

R. Minuit d'un jour est la 24e ou dernière heure de ce jour. Donc minuit 1er janvier indique que le 1er janvier finit et que le 2 janvier commence. On aura ainsi : (2 janv.) 24 heures $+$ (3 janv.) 24 h. $+$ (4 janv.) 24 h. $+$ (5 janv.) 9 h. $= 81$ heures, pour le temps demandé.

49. Une forte locomotive à marchandises pèse 40 300 kilog., son *tender* 12 200 kilog., la provision d'eau 8300 kilog., celle de charbon 2000; quel est le poids total de la machine et du tender chargé?

R. Ce poids total est 62 806 kilogrammes.

50. Le maréchal de Villars, né en 1653, était âgé de 59 ans quand il gagna la bataille de Denain; quelle est la date de cette bataille célèbre?

R. La date demandée est $1653 + 59 = 1712$.

51. On compte en Asie 784 millions d'habitants, en Europe 307 millions, en Afrique 207 millions, en Amérique 85 millions et en Océanie 36 millions; quelle est la population du globe?

R. La population du globe est de 1419 millions d'habitants.

52. On veut entourer d'un fossé une terre dont la forme est un *carré long* qui a 157 mètres de longueur sur 95 mètres de largeur; quelle sera la longueur totale du fossé?

R. Cette longueur est $157 + 157 + 95 + 95 = 504$ mètres.

53. Le prix *moyen* d'un kilomètre de voie ferrée se compose de 82 500 fr. de terrassement, 27 000 fr. de travaux d'art et 150 500 fr. d'achat de terrains, rails, etc.; quel est ce prix moyen ?

R. La somme de ces divers prix donne 260 000 fr. pour le prix moyen demandé.

54. On décompose ainsi le prix d'une locomotive : foyer 14 834 fr., chaudière et machine 16 462 fr., roues, châssis, etc., 16 316 fr., tuyaux, robinets, outillage 2579 fr.; à combien revient cette locomotive?

R. On a $14\,834 + 16\,462 + 16\,316 + 2579 = 50\,191$ fr. pour le prix de la locomotive.

55. Combien y a-t-il de jours dans le premier trimestre d'une année commune ou ordinaire et d'une année *bissextile* ?

R. Année commune : janv. $31 +$ fév. $28 +$ mars $31 = 90$ jours.

Année bissextile : janv. $31 +$ fév. $29 +$ mars $31 = 91$ jours.

56. Tous les trois mois on extrait d'une mine 1 855 000 kilog. de charbon ; quel est le rendement de la mine par semestre et par an?

R. Le rendement est $1\,855\,000 + 1\,855\,000 = 3\,710\,000$ kilog. par semestre, et de $3\,710\,000 + 3\,710\,000 = 7\,420\,000$ kilog. par an.

57. On a quatre chambres à carreler : la première exige 875 carreaux ; la deuxième 1380 ; la troisième le double de la première, et la quatrième autant que la seconde et la troisième réunies ; combien faut-il de carreaux en tout?

R. Il faut : $875 + 1380 + (875 + 875) + (1380 + 875 + 875) = 7135$ carreaux.

58. Un ouvrier dépose 15 fr. à la Caisse d'épargne ; il continue ses versements mois par mois en augmentant chaque fois de 1 fr. le versement qui précède ; quelle somme a-t-il déposée au bout d'un an?

R. La somme des 12 versements est égale à $15 + 16 + 17 + 18 + 19 + 20 + 21 + 22 + 23 + 24 + 25 + 26 = 246$ fr.

59. On reçoit cinq caisses d'oranges : la première en contient 368 ; la seconde 137 de plus que la première ; la troisième et la quatrième chacune 87 de plus que la seconde ; et la cinquième autant que les deux premières réunies ; combien a-t-on reçu d'oranges ?

R. On a reçu : $368 + (368 + 137) + (368 + 137 + 87) + (368 + 137 + 87) + (368 + 368 + 137) = 2930$ oranges.

60. Calculer la somme des revenus agricoles de la France, d'après le tableau suivant :

Céréales (paille comprise).	4875 millions de fr.
Fourrages	1890
Vignes	1387
Légumes, pommes de terre, etc	1082
Betteraves	84
Soie	78
Plantes textiles et oléagineuses	283
Cultures diverses	100
Animaux de ferme.	4500
Réponse	14 279 millions de fr.

Exercices sur la soustraction des nombres entiers.

61. $583 - 241 = 342.$
$4875 - 2134 = 2241.$
$5682 - 3211 = 2471.$

62. $6043 - 5032 = 1011.$
$872 - 418 = 454.$
$5553 - 1467 = 4086.$

63. $5738 - 2869 = 2869.$
$2356 - 672 = 1684.$
$470 - 145 = 325.$

64. $5000 - 641 = 4359.$
$3500 - 1325 = 2175.$
$6609 - 3417 = 3192.$

65. $22003 - 7462 = 14541.$
$5040 - 1807 = 3233.$
$40061 - 5052 = 35009.$

66. $60104 - 17083 = 43021.$
$30040 - 2076 = 27964.$
$90071 - 11063 = 79008.$

PROBLÈMES

SUR LA SOUSTRACTION DES NOMBRES ENTIERS.

67. Que faut-il retrancher du nombre 45 207 pour avoir le nombre 8326 ?

R. Pour répondre à la question, il faut retrancher 8326 de 45 207, ce qui donne 36 881. On a en effet $45\,207 - 36\,881 = 8326.$

68. De combien d'unités le nombre 103 425 surpasse-t-il le nombre 85 790 ?

R. L'excès de 103 425 sur 85 790 est égal à 103 425 — 85 790 = 17 635.

69. Quelle somme faut-il ajouter à 2575 fr. pour avoir 4000 fr.?

R. Il faut ajouter 4000 — 2575 = 1425 fr.

70. En additionnant deux nombres on a obtenu 918 ; l'un des nombres est 563 ; quel est l'autre ?

R. D'après la définition de la soustraction, on aura pour réponse 918 — 563 = 355.

71. Une personne qui doit 860 fr. ne peut donner que 175 fr.; que doit-elle encore ?

R. Elle doit 860 — 175 = 685 fr.

72. Sur une pièce de toile de 55 mètres de longueur on a pris 29 m. pour quatre draps de lit ; combien reste-t-il de mètres à la pièce ?

R. Il reste 55 — 29 = 26 mètres.

73. On achète une propriété qui, tous frais payés, coûte 12 580 fr.; on la revend 15 600 fr.; combien a-t-on gagné ?

R. On a gagné 15 600 — 12 580 = 3020 fr.

74. Un hectare de terre semée en maïs donne un produit brut de 247 fr.; les frais de toute nature sont de 129 fr.; quel est le produit net ?

R. Ce produit est égal à 247 — 129 = 118 fr.

75. Sur 1286 naissances, 814 individus seulement atteignent leur 20ᵉ année ; combien en meurt-il dans les vingt premières années ?

R. Il en meurt 1286 — 814 = 472.

76. Une personne qui doit une facture de 1730 fr. n'a pour la solder que 1345 fr. ; que lui manque-t-il ?

R. Il lui manque 1730 — 1345 = 385 fr.

77. L'*actif* d'un commerçant est de 131 408 fr. ; son *passif*, de 47 817 fr. ; quelle est la situation ou la fortune réelle de ce commerçant ?

R. Cette fortune est la différence entre l'actif et le

passif, elle est donc égale à 131 408 — 47,817 = 83 591 fr.

78. Un chariot chargé de bois pèse 1126 kilogrammes, le chariot vide pèse 437 kilog.; quel est le poids net du bois?

R. Le poids net est 1126 — 437 = 689 kilog.

79. Les recettes d'un hospice ont été de 18 376 fr. et ses dépenses de 20 216 fr. ; calculer le *déficit*.

R. Ce déficit est égal à 20 216 — 18 376 = 1840 fr.

80. La période des *croisades* est comprise entre les années 1055 et 1291 ; quelle a été sa durée?

R. Cette durée a été de 1291 — 1055 = 236 ans.

81. Pour relier télégraphiquement deux ports éloignés de 842 kilomètres l'un de l'autre, il faut un câble sous-marin de 1125 kilom.; on en a immergé 587 kilom.; quelle longueur reste-t-il à poser?

R. Il reste à poser 1125 — 587 = 538 kilomètres de câble.

82. Une locomotive à marchandises pèse 40 300 kilog. Si l'on diminue ce poids de 13 275 kilog., on a celui d'une locomotive pour *train express*; quel est ce poids?

R. Le poids cherché égale 40 300 — 13 275 = 27 025 kilog.

83. La mer a des profondeurs de 15 000 mètres, tandis que la plus haute montagne du globe, le Gaurisankar, dans l'Himalaya (Asie), n'a que 8840 mètres d'altitude; de combien la profondeur des mers l'emporte-t-elle sur les reliefs du sol?

R. La différence demandée est 15 000 — 8840 = 6160 mètres.

84. Corneille mourut en 1684, à l'âge de 78 ans ; en quelle année naquit le grand poète?

R. 1684 — 78 = 1606, date cherchée.

85. Dans les régions les plus chaudes du globe, à 4150 mètres de hauteur, la neige cesse de fondre. Or, la cime du Kénia (Afrique) s'élevant à 6100 mètres, on demande quelle est, pour ce pic, la partie toujours couverte de neige.

R. 6100 — 4150 = 1950 mètres exprime en hauteur la partie toujours couverte de neige.

86. Il y a 52 et quelquefois 53 dimanches dans une année commune de 365 jours, quelle est la somme des autres jours ?

R. Dans le 1er cas on a 365 — 52 = 313 jours ; dans le 2e cas, 365 — 53 = 312 jours.

REMARQUE. — L'année a 53 dimanches, lorsque le 1er janvier et le 31 décembre sont des dimanches.

87. L'invention de l'imprimerie date de 1450 ; combien s'est-il écoulé d'années depuis cette époque ?

R. Il faut chercher la différence entre l'année courante et l'année 1450.

88. Un navire allant de Marseille aux Indes aurait 5400 lieues à faire en passant par le cap de Bonne-Espérance, tandis que le parcours se réduit à 2160 lieues par le canal de Suez ; quelle est la différence des deux trajets ?

R. La différence de parcours est de 3240 lieues.

89. Un agriculteur qui avait déposé 785 francs à la Caisse d'épargne a retiré d'abord 125 fr., puis 90 fr.; combien la Caisse lui doit-elle encore ?

R. Il a retiré 125 + 90 = 215. La Caisse lui doit encore 785 — 215 = 570 fr. (intérêts non compris).

90. Quelle quantité de farine obtient-on avec 100 kilog. de blé, sachant que la mouture donne 22 kilog. de son et 3 kilog. de déchet ?

R. De 100 kilog. retranchez 22 + 3, ou 25 kilog., vous aurez 75 kilog. de farine.

91. Un propriétaire met en perce un tonneau de vin de 568 litres ; il en remet 213 litres à un voisin et 151 litres à un autre ; combien lui en reste-t-il ?

R. Il a remis 213 + 151 = 364 litres ; il lui en reste 568 — 364 = 204 litres.

92. Le diamètre de la Terre (supposée sphérique) est de 12732 kilom. ; celui de la Lune de 3476 kilom. et celui du Soleil de 1 382 135 kilomètres ; quelle est la différence de ces diamètres ?

R. Terre et Lune 12 732 — 3476 = 9256 km.

Soleil et Terre 1 382 135 — 12 732 = 1 369 403 km.
Soleil et Lune 1 382 135 — 3476 = 1 378 659 km.

93. Un voyageur, parti par l'*express* à 5 heures du matin, est arrivé à 2 heures après midi ; quelle a été la durée du trajet ?

R. De 5 heures à midi la différence est 12 — 5 = 7 ; donc la durée du trajet est 7 + 2 = 9 heures.

94. En 1878, le Canada avait exposé une tranche de sapin sur laquelle on comptait 566 couches concentriques, correspondant chacune à une année d'existence de l'arbre ; à quelle époque remonte le semis de cet arbre, abattu 5 ans avant l'Exposition ?

R. De 1878 ôtez (566 + 5), vous aurez 1307 pour la date du semis.

95. La ligne de Paris à Cherbourg a 371 kilom. de longueur ; la distance de Paris à Évreux est de 108 kilom. ; celle de Cherbourg à Caen de 132 kilom. ; quelle est la distance d'Évreux à Caen ?

R. De la distance totale 371 kilom. ôtez les deux distances connues 108 + 132, vous aurez 131 kilom. pour la distance d'Évreux à Caen.

96. Un fermier vend un cheval 715 fr. et un mulet 385 fr. ; le cheval lui avait coûté 538 fr. et le mulet 480 fr. ; dire ce qu'il a gagné ou perdu, à fin de compte.

R. Cheval et mulet ont coûté 538 + 480 = 1018 fr., ils sont vendus 715 + 385 = 1100 fr. ; donc le fermier a gagné la différence 82 fr.

97. En échange d'un *mandat* de 3857 fr. et d'un *billet* de 1763 fr. ; un négociant reçoit d'un banquier 5500 fr. en espèces ; combien doit encore le banquier, s'il retient 28 francs pour sa commission ?

R. Le négociant a donné 3857 + 1763 = 5620 fr.
Il a reçu du banquier 5500 + 28 = 5528 fr.

            Le banquier lui doit...   92 fr.

98. Un paquebot à vapeur parti de Marseille le 24 juillet, arrive à Shanghaï (Chine) après 46 jours de traversée ; quel est le jour de son arrivée ?

R. Du 24 au 31 juillet le paquebot a marché 7 jours ; pendant le mois d'août 31 jours, soit 38 jours de marche au 31 août; il lui reste encore $46 - 38 = 8$ jours de traversée; donc il arrivera à Shanghaï le 8 septembre.

Exercices sur la multiplication des nombres entiers.

Les produits demandés sont :

99. *R.* 1874; 212 478; 364 936; 307 706.

100. *R.* 438 095; 34 842; 593 088; 604 827.

101. *R.* 1560; 71 800; 13 020; 100 000.

102. *R.* 576 300; 408 000; 386 000; 1 270 000.

103. *R.* 836 544;   1 607 122;   154 058 322; 513 046 332.

104. *R.* 253 454 ;   21 492 107 ;   11 303 028 ; 29 571 612 885.

105. *R.* 21 546; 101 700; 668 933; 61 195 680.

106. *R.* 88 560; 39 339 000; 7 744 000; 119 500 000.

107. *R.* $(18)^2 = 324$; $(254)^2 = 64 516$; $(309)^2 = 95 481$; $(5743)^2 = 32 982 049$.

108. *R.* $(36)^3 = 46 656$; $(15)^3 = 3375$; $(309)^3 = 29 503 629$; $(8092)^3 = 529 867 914 688$.

109. *R.* $647 \times 35 \times 904 = 20 471 080$.

110. *R.* $5008 \times 68 \times 490 \times 7 = 1 168 065 920$.

PROBLÈMES

SUR LA MULTIPLICATION DES NOMBRES ENTIERS.

111. Faire le produit de 23 059 par 408.

R. Ce produit est 9 408 072.

112. On demande un nombre 87 fois plus grand que 634.

R. Ce nombre est égal à $634 \times 87 = 55 158$.

113. Une personne achète 18 kilogrammes de café à 4 fr. le kilog.; combien doit-elle?

R. Elle doit $4 \times 18 = 72$ fr.

114. Il faut 7 mètres d'étoffe pour un vêtement ; combien faudra-t-il de mètres de la même étoffe pour 16 vêtements semblables ?

R. Il en faut 16 fois plus, ou $7 \times 16 = 112$ mètres.

115. Dans une construction, on emploie 28 poutres en fer coûtant chacune 96 fr. ; à combien s'élève cette dépense ?

R. Elle s'élève à $96 \times 28 = 2688$ fr.

116. Pour soutirer un baril de bière, il a fallu 138 bouteilles ; combien en faudrait-il pour 15 barils de même capacité ?

R. 15 fois plus ou $138 \times 15 = 2070$ bouteilles.

117. Quelle est la valeur d'un ballot de soie de 120 kilog. à 57 fr. le kilogramme ?

R. Cette valeur est $120 \times 57 = 6840$ fr.

118. Pour carreler un salon, il a fallu 452 carreaux ; combien en faudra-t-il pour une salle 12 fois plus grande ?

R. Il faudra $452 \times 12 = 5424$ carreaux.

119. Un propriétaire a récolté 209 hectolitres de vin qu'il a vendu 37 fr. l'hectol. ; quelle somme a-t-il retirée ?

R. Il a retiré 209 fois 37, ou 7733 fr.

120. Un éleveur vend un troupeau de 17 bœufs au prix moyen de 475 fr. ; quel est le produit de cette vente ?

R. Cette vente s'élève à $475 \times 17 = 8075$ fr.

121. Il a fallu 15 journées à 8 ouvriers pour défricher un terrain ; quel temps aurait mis un seul ouvrier pour faire le même travail ?

R. Il aurait mis 8 fois plus de temps ou $15 \times 8 = 120$ journées.

122. Un train omnibus faisant 29 kilomètres par heure, arrêts compris, a marché pendant 14 heures ; quelle distance a-t-il parcourue ?

R. Il a parcouru $29 \times 14 = 406$ kilomètres.

123. Le prix d'un couvert d'argent est de 45 fr. ; combien coûtera la douzaine ?

R. La douzaine coûtera $45 \times 12 = 540$ fr.

124. Une famille dépense 19 fr. par jour ; combien dépense-t-elle par an?

R. Elle dépense 365 fois 19 fr., ou 6935 fr.

125. Trouver le double, le triple, le quadruple et le quintuple du nombre 631 ?

R. Doubler, tripler, quadrupler... un nombre, c'est multiplier ce nombre par 2, par 3, par 4...; on aura donc pour résultats : $631 \times 2 = 1262$; $631 \times 3 = 1893$; $631 \times 4 = 2524$; $631 \times 5 = 3155$.

126. On construit une fontaine à 158 mètres d'un réservoir d'alimentation ; combien coûtera l'établissement de la conduite en poterie à raison de **3 fr.** le mètre courant?

R. La conduite coûtera $158 \times 3 = 474$ fr.

127. Un ouvrier reçoit 67 fr. par quinzaine ; quelle somme aura-t-il gagnée dans 3 mois?

R. Il y a 6 quinzaines dans trois mois; il recevra donc $67 \times 6 = 402$ fr.

128. Combien y a-t-il d'heures et de minutes dans le mois de janvier?

R. Janvier a 31 jours; un jour vaut 24 heures; donc janvier a $31 \times 24 = 744$ heures. Une heure valant 60 minutes, il y a en janvier $744 \times 60 = 44\,640$ minutes.

129. Un wagon transporte 6500 kilog. de houille ; quel est le chargement de 26 wagons semblables ?

R. Le chargement $= 6500 \times 26 = 169\,000$ kilog.

130. On demande quelle somme aura versée, dans un an et demi, un père de famille qui dépose à la Caisse d'épargne 43 francs par mois ?

R. Un an et demi $= 18$ mois ; la somme versée est donc égale à $43 \times 18 = 774$ fr.

131. Combien y a-t-il de plants de vigne dans un hectare de terrain où l'on compte 127 rangées de 38 plants chacune ?

R. Il y a 127 fois 38 plants, ou $38 \times 127 = 4826$ plants.

132. Une société industrielle est fondée au moyen de 1250 *actions* de 500 fr : quel est le capital de la société ?

R. Ce capital égale $500 \times 1250 = 625\,000$ fr.

133. On a vendu deux pièces de drap mesurant l'une 45 mètres, l'autre 36 m.; la première à 18 fr. et la seconde à 15 fr. le mètre ; quel est le montant de cette vente ?

R. La 1re vente donne $18 \times 45 = 810$ fr.; la 2^e $15 \times 36 = 540$ fr.; ces deux ventes donnent $810 + 540 = 1350$ fr.

134. Lire et vérifier l'expression suivante :
$$215 \times 9 \times 14 \times 7 = 189\,630.$$

R. La lecture de l'expression est facile, et le produit $189\,630$ des quatre facteurs est exact.

135. Combien coûtera un embranchement de chemin de fer ayant 34 kilomètres de longueur, si le kilomètre coûte en moyenne $235\,000$ fr. ?

R. L'embranchement coûtera $235\,000 \times 34 = 7\,990\,000$ fr.

136. Un bateau à vapeur fait 6 voyages par jour, transportant chaque fois 138 personnes à raison de 2 fr. par voyageur; quelle est la recette d'une journée ?

R. La recette égale $138 \times 2 \times 6 = 1656$ fr.

137. On achète 16 obligations valant chacune 329 fr. et rapportant 14 fr. par an, impôt déduit; quel est le montant de cet achat et quel sera le revenu annuel ?

R. L'achat s'élève à $329 \times 16 = 5264$ fr., et le revenu à $14 \times 16 = 224$ fr.

138. Un boulanger reçoit 109 hectolitres de blé qu'on lui a vendu à raison de 23 fr. l'hectolitre pesant 78 kilog.; combien a-t-il de kilog. de blé et que doit-il payer pour cet achat ?

R. Il a reçu $78 \times 109 = 8502$ kilog.; il doit payer $23 \times 109 = 2507$ fr.

139. Dans son mouvement de translation autour du Soleil, la Terre parcourt 30 kilomètres par seconde ; quel est le trajet de la Terre en une heure ?

R. La Terre parcourt par minute $30 \times 60 =$

1800 kilom. et par heure $1800 \times 60 = 108\,000$ kilom.

140. Semé en maïs, un hectare de terre produit 24 hectolitres de grains; quelle somme retirera un cultivateur s'il ensemence 3 hectares et s'il vend le maïs 12 fr. l'hectolitre?

R. Sa récolte sera $3 \times 24 = 72$ hectolitres qui à 12 fr. donnent une recette de $72 \times 12 = 864$ fr.

141. Quelle est la 5e puissance de 34 ?

R. La 5e puissance de 34 est $34 \times 34 \times 34 \times 34 \times 34 = 45\,435\,424$.

142. Pourquoi ne faut-il pas confondre le double, le triple, et, en général, les *multiples* d'un nombre avec le carré, le cube et, en général, avec les *puissances* de ce nombre? (Prendre pour exemple le nombre 10.)

R. Les *multiples* d'un nombre sont les produits qu'on obtient en multipliant ce nombre par 1, par 2, par 3, par 4..... tandis que les *puissances* de ce nombre sont les produits qu'on obtient en prenant pour facteur le nombre proposé autant de fois que l'indique le degré de la *puissance* (*Arith.* n° 64).

C'est ainsi qu'on a pour le double, le triple, le quadruple... de 10, les nombres 20, 30, 40..., tandis que pour la 2e, la 3e, la 4e... puissance de 10, on a 100, 1000, 10 000.

143. Une source qui alimente une ville fournit 920 litres par minute en hiver et 255 litres en été ; combien donne-t-elle de litres en 24 heures dans les deux saisons ?

R. La source fournit en hiver $920 \times 60 \times 24 = 1\,324\,800$ l. ; en été, $255 \times 60 \times 24 = 367\,200$ l. par jour.

144. Le viaduc sur le Rhône, entre Beaucaire et Tarascon, se compose de 7 arches de 60 mètres d'ouverture et de 6 piles de 9 mètres de largeur ; quelle est la longueur de ce viaduc ?

R. Longueur des 7 arches $= 60 \times 7 = 420^m$; longueur des 6 piles $= 9 \times 6 = 54^m$; longueur totale $= 420 + 54 = 474$ mètres.

145. Un chef d'atelier emploie 17 ouvriers à raison de 4 fr. par jour, et 32 à 3 fr. ; quelle somme lui faut-il par semaine pour le salaire de ses ouvriers ?

R. Pour 17 ouvriers il faut $4 \times 17 = 68$ fr. par jour ; pour 32 ouvriers il faut $3 \times 32 = 96$ fr. soit $68 + 96 = 164$ fr. par jour ; pour une semaine il faut $164 \times 6 = 984$ fr.

146. Il faut 165 kilog. de raisin pour un hectolitre de vin ; combien faudra-t-il de raisin pour remplir 14 tonneaux de 3 hectolitres chacun ?

R. La capacité des tonneaux $= 3 \times 14 = 42$ hectol. ; il faut donc $165 \times 42 = 6930$ kilog. de raisin.

147. Une bougie électrique, système Jablockhoff, éclaire autant que 125 becs de gaz dont chacun équivaut à 16 bougies ordinaires ; combien faudrait-il de ces dernières pour remplacer une bougie électrique ?

R. Un bec Jablockhoff égale $16 \times 125 = 2000$ bougies ordinaires.

148. Dans une rame de papier il y a 20 mains, chaque main a 25 feuilles ; combien la rame contient-elle de feuilles et combien y a-t-il de feuilles dans 57 rames ?

R. La rame contient $25 \times 20 = 500$ feuilles ; 57 rames contiennent $500 \times 57 = 28\,500$ feuilles.

149. Sur un chemin de fer de 168 kilom. on établit une ligne télégraphique, à deux fils, coûtant 360 fr. le kilomètre ; il y a, en outre, 19 postes intermédiaires coûtant chacun 655 fr. et 2 postes tête de ligne à 525 fr. chacun : à quel prix revient l'installation de cette ligne ?

R. 168 kilom. à 360 fr. $= 360 \times 168 = 60\,480$ fr.
19 postes à 655 fr. $= 655 \times 19 = 12\,445$ fr.
2 postes à 525 fr. $= 525 \times 2 = 1\,050$ fr.

L'installation coûte donc. . . . . $73\,975$ fr.

Exercices sur la division des nombres entiers.

Les quotients demandés sont :

150. *R.* 27 ; 1265 ; 585 ; 134.

151. *R.* 182 ; 357 ; 5768 ; 3512.

152. *R.* 7234 ; 4312 ; 713 ; 574.

153. *R.* 1111 ; 2453 ; 54 ; 48.

154. *R.* 52 ; 713 ; 2194 ; 812.

155. *R.* 738 ; 263 ; 341 ; 73.

156. *R.* 2601 ; 1504 ; 801 ; 7006.

157. *R.* 300 ; 3106 ; 3700 ; 40 107.

158. *R.* 473 ; 7402 ; 3940 ; 89.

159. *R.* 48 ; 309 ; 273 ; 3080.

PROBLÈMES

SUR LA DIVISION DES NOMBRES ENTIERS.

160. Lire et vérifier l'expression suivante :

$$15\,466 : 418 \text{ ou } \frac{15466}{418} = 37.$$

R. 15 466 *divisé par* 418, ou 15 466 *sur* ou bien *divisé par* 418 égale 37 ; ce qui est exact.

161. Combien de fois 25 est-il contenu dans 36 275 ?

R. La division de 36 275 par 25 donne 1451 fois.

162. Quel est le nombre qui, multiplié par 285, donne 144 495 ?

R. Ce nombre est égal au quotient de 144 495 : 285 = 507.

163. Le nombre 101 052 est le produit de 1604 par un facteur inconnu. Quel est ce facteur ?

R. La définition de la division donne 101 052 : 1604 = 63.

164. Lire et vérifier l'expression $\dfrac{360 \times 25 \times 7}{15 \times 6} = 700.$

R. 360 $\times$ 25 $\times$ 7 *sur* ou *divisé par* 15 $\times$ 6 = 700 ; ce qui est exact.

165. On a dépensé 476 fr. pour 28 mètres de drap. Quel est le prix du mètre ?

R. Le prix demandé est 476 : 28 = 17 fr.

166. La nourriture d'un bon cheval de ferme exige 4 litres d'avoine par jour ; à quel nombre de jours correspondra une provision d'avoine de 428 litres ?

R. 428 : 4 = 107 jours de provision.

167. On a distribué par égales parts, à 46 familles victimes d'une inondation, une somme de 31.050 fr. ; quelle est la part de chaque famille ?

R. Il revient à chaque famille la 46ᵉ partie de 31 050, ou 31 050 : 46 = 675 fr.

168. Pour aller de Marseille à Monaco, dont la distance est de 240 kilomètres, un train direct met 8 heures, arrêts compris ; combien fait-il de kilomètres à l'heure ?

R. La 8ᵉ partie de 240, ou 240 : 8 = 30 kilom. par heure.

169. Quelle est la 34ᵐᵉ partie de 136 272 ?

R. La partie demandée est égale à 136 272 : 34 = 4008.

170. Partager le nombre 7650 en 18 parties égales ; faire connaître une de ces parties.

R. 7650 : 18 = 425, partie demandée.

171. On demande un nombre 42 fois plus petit que 9534 ; quel est ce nombre ?

R. Ce nombre est la 42ᵉ partie de 9534, ou 9534 : 42 = 227.

172. On a remis une somme de 7638 fr. à un courtier pour acheter de la soie coûtant 67 fr. le kilogramme. Combien pourra-t-on en acheter ?

R. Autant de fois 67 sera contenu dans 7638 fr., autant de kilog. on aura ; 7638 : 67 = 114 kilog.

173. Une personne qui doit 630 fr. se libère en donnant 35 fr. chaque mois ; dans combien de temps aura-t-elle acquitté sa dette ?

R. Il faudra autant de mois que 630 fr. contient de fois 35. La division donne 18 mois.

174. Il a fallu 2834 litres de blé pour ensemencer 13 hectares de terre ; combien faut-il de blé pour un hectare ?

R. Il faut la 13ᵉ partie de 2834, ou 218 litres.

175. On demande la moitié, le tiers, le quart et la cinquième partie de 17 280 ?

R. Pour trouver la *moitié*, le *tiers*, le *quart*, la 5ᵉ *partie*... d'un nombre, il faut diviser ce nombre par 2, par 3, par 4, par 5... ce qui est conforme à la définition de la division. Ainsi la moitié de 17 280 = 8640 ; le tiers = 5760 ; le quart = 4320 ; la 5ᵉ partie = 3456.

176. On emploie 11 mètres de toile pour une demi-douzaine de chemises. Combien pourra-t-on tailler de chemises sur une pièce de toile de 55 mètres de longueur ?

R. Autant de fois 11 est contenu dans 55, autant de fois il y aura 6 chemises. La division donne 5 fois ; il y aura donc $6 \times 5 = 30$ chemises.

✶ 177. Lire et expliquer les expressions suivantes :

$$\frac{2800}{400} = 7 \text{ et } \frac{43 \times 12}{12} = 43.$$

R. La lecture ne présente pas de difficulté. Les deux quotients obtenus 7 et 43 rappellent ce principe : *On ne change pas la valeur d'un quotient quand on multiplie ou qu'on divise à la fois le dividende et le diviseur par le même nombre.* Dans la 1ʳᵉ expression on divise le dividende et le diviseur par 100, et dans la 2ᵉ par 12 ; il suit de là qu'*on peut simplifier la division de deux nombres en supprimant, dans le dividende et le diviseur, les facteurs communs.*

Cette simplification importante est très usitée.

178. La distance du pôle à l'équateur est de 10 000 kilomètres ; combien une locomotive faisant 50 kilomètres à l'heure mettrait-elle de temps pour parcourir cette distance ?

R. Elle mettrait autant d'heures que 50 est contenu dans 10 000. La division donne 200 heures ; les 200 heures valent 8 jours et 8 heures.

179. Une pierre suspendue à l'extrémité d'un fil forme *un pendule* qui fait 1380 oscillations en 23 minutes ; combien fait-il d'oscillations par minute ?

R. La division de 1380 par 23 donne 60 oscillations.

180. Un canal d'irrigation donne 864 000 litres d'eau en 3 minutes ; quel est le débit du canal par seconde ?

R. 3 minutes valent $60 \times 3 = 180$ secondes; donc le débit est $864\,000 : 180 = 4800$ litres par seconde.

181. Un chef d'atelier gagne 5110 fr. par an. Combien pourrait-il dépenser par jour, s'il manquait de prévoyance?

R. Il pourrait dépenser la 365ᵉ partie de 5110 fr., ou 14 fr. par jour.

182. Le tunnel de Saint-Cloud a 504 mètres de longueur; il a coûté 1 098 720 fr. Quel est le prix du mètre courant?

R. La division de 1 098 720 par 504 donne 2180 fr. pour le prix du mètre courant.

183. Une coupe de bois comprend la 20ᵉ partie d'une forêt de 2380 hectares. Quelle est l'étendue de cette coupe?

R. L'étendue de la coupe $= 2380 : 20 = 119$ hectares.

184. Une fontaine fournit 176 litres d'eau par minute, et son réservoir contient 14 960 litres; quel temps faut-il pour le remplir?

R. Il faut $14\,960 : 176 = 85$ minutes, ou $1^{\mathrm{h}} 25^{\mathrm{m}}$.

185. On veut planter des peupliers sur les bords d'une route qui a 4131 mètres de longueur. Combien en faudra-t-il si on les place à 3 mètres de distance l'un de l'autre?

R. La division de 4 131 par 3 donne 1377 pour un bord, et $1377 \times 2 = 2754$ pour les deux bords. Si, à chaque bord on ajoute un peuplier comme point de départ, on aura pour réponse $2754 + 2 = 2756$ peupliers.

186. La machine d'un bateau à vapeur consomme 11 400 kilog. de charbon par jour; combien en faut-il par heure?

R. La 24ᵉ partie de 11 400, c'est-à-dire 475 kilog.

187. Si les *soutes* à charbon (probl. précédent) contiennent 193 800 kilog. de houille, cette provision suffira-t-elle pour une traversée de 15 jours?

R. A 11 400 kilog. par jour, la provision durera $193\,800 : 11\,400 = 17$ jours; la provision est donc suffisante.

188. Un observateur, placé à 2359 mètres d'un canon, constate qu'il s'écoule 7 secondes entre l'apparition de la lumière et la détonation. Quelle est la vitesse du son par seconde? (On admet ici que la lumière est aperçue à l'instant même où elle se produit.)

R. La vitesse du son = 2359 : 7 = 337 mètres par seconde.

189. De 6 ans accomplis jusqu'à la 13ᵉ année, le nombre des enfants en âge de fréquenter l'école primaire est égal au 8ᵉ environ de la population. D'après cela, combien, dans une commune de 3456 habitants, y a-t-il d'enfants qui doivent fréquenter l'école primaire?

R. Le 8° de 3456 = 432 enfants qui doivent fréquenter l'école.

190. Un hospice possède 22 752 fr. de revenu dont un tiers est absorbé par les frais généraux. Combien cet hospice pourra-t-il recevoir de pauvres, la dépense de chacun d'eux étant évaluée à 237 fr.

R. Le tiers de 22 752 = 7584, et 22 752 — 7584 = 15 168; enfin 15 168 : 237 donne 64 pauvres à secourir.

191. Un ouvrier a besoin de 560 francs, au moins, pour compléter son outillage, et la plus grande économie qu'il puisse faire par mois est de 35 fr., qu'il dépose à la Caisse d'épargne. Quel temps lui faut-il pour réaliser la somme nécessaire?

R. Il lui faudra autant de mois que 35 est contenu dans 560, soit 16 mois.

192. Faire la division de 19 465 par 328, et indiquer la partie entière du quotient ainsi que le reste de la division.

R. La division effectuée donne 59 pour quotient et 113 pour reste.

193. Diviser le nombre 18 359 par 743, et indiquer les deux nombres entiers entre lesquels est compris le véritable quotient.

R. Le quotient est compris entre 24 et 25 ; il est donc égal à 24 plus une *fraction*. (On sait que cette fraction a le reste de la division pour numérateur et le diviseur pour dénominateur, *Arith.* page 81).

194. Le département de la Seine a une superficie de 4755 kilomètres carrés, et une population de 2 410 849 habitants. Combien y a-t-il d'habitants par kilomètre carré?

R. En divisant 2 410 849 par 4755, on a 507 hab. par kilom. carré.

195. La superficie de la Lozère est de 5169 kilomètres carrés et sa population de 138 319 habitants. Combien de fois la population de la Seine est-elle plus *dense* que celle de la Lozère?

R. La division de 138 319 par 5169 donne un quotient compris entre 26 et 27 hab. par kilom. carré pour la Lozère; si on cherche alors combien de fois le nombre 507 hab. (densité de la Seine) contient le nombre 26 ou 27 (densité de la Lozère), on trouvera 18 ou 19 pour quotient en nombre entier, c'est-à-dire qu'il y a dans le département de la Seine de 18 à 19 fois plus d'habitants par kilom. carré que dans celui de la Lozère; c'est ce qu'on exprime en disant que la population de la Seine est 18 à 19 fois plus *dense* que celle de la Lozère.

196. La Terre exécute son mouvement de rotation sur elle-même en 24 heures; dire de combien de mètres un point quelconque de l'équateur se déplace en une heure, la circonférence de la Terre à l'équateur étant de 40 074 000 mètres?

R. Le déplacement demandé est égal à la 24ᵉ partie de 40 074 000, soit 1 669 750 mètres.

197. A son décès, une personne laisse une somme de 80 700 fr. à répartir comme il suit : 15 000 fr. pour une école, 4500 fr. pour divers legs, et le reste, par égales parts, à ses 8 nièces ou neveux. Quelle est la part de chacun d'eux?

R. La somme des legs est 15 000 + 4500 = 19 500 fr.; il reste à partager 80 700 — 19 500 = 61 200 fr.; cette dernière somme divisée par 8 donne 7650 fr. pour chaque neveu ou nièce.

198. Un tonneau de vin de Bourgogne, à 2 fr. le litre, coûte 297 fr., y compris 27 fr. pour frais de port, droits de régie et d'octroi. Combien ce tonneau contient-il de litres?

R. Franc de tous frais, le vin revient à 297 — 27 = 270 fr. Cette somme divisée par 2 donne 135 litres.

199. Une *lampe modérateur* garnie d'huile pèse 1724 grammes ; elle ne pèse plus que 1609 grammes, après avoir brûlé 5 heures. Combien brûle-t-elle d'huile par heure ?

R. La différence des deux pesées 1724 — 1609 = 115 gr. = le poids de l'huile brûlée pendant 5 heures ; le 5ᵉ de 115 = 23 gr.

200. Dix-huit obligations de chemins de fer ont coûté 6243 fr., y compris 15 fr. de frais ; à quel *cours* ont-elles été achetées ?

R. Frais déduits, les 18 obligations ont coûté 6243 — 15 = 6228 fr. Une obligation a donc coûté 6228 : 18 = 346 fr.

201. Deux trains partent de Lyon en sens inverse, à 3 heures du soir, l'un pour Paris, avec une vitesse de 46 kilomètres à l'heure, l'autre pour Marseille, avec une vitesse de 34 kilom. A quelle heure seront-ils à 400 kilomètres l'un de l'autre ?

R. Dans une heure les deux trains s'éloignent de 46 + 34 = 80 kilom. ; or 400 : 80 = 5 heures ; ils seront donc à 400 kilom. l'un de l'autre à 3 + 5 = 8 h. du soir.

202. Un éleveur achète en bloc un troupeau de 54 moutons, au prix de 1425 fr. ; il en revend le tiers à raison de 31 fr. la pièce, et le reste à 34 fr. Combien a-t-il gagné ?

R. Le tiers de 54 = 18 qui, à 31 fr., donne 558 fr. Les 54 — 18 ou 36 moutons restants à 34 fr. font une recette de 1224 fr. La vente a produit 558 + 1224 = 1782 fr. dont il faut retrancher le prix d'achat 1425, ce qui donne 357 fr. de bénéfice net.

203. Au départ d'un train omnibus, on fait une recette de 1620 fr. Les billets de 1ʳᵉ classe, à 6 fr. chacun, représentent la neuvième partie de la recette ; ceux de 2ᵉ classe, à 5 fr., en forment le quart ; les billets de 3ᵉ classe, à 3 fr., complètent la recette. Combien y avait-il de voyageurs dans le train ?

R. La 1ʳᵉ classe donne 1620 : 9 = 180 fr., et 180 : 6 = 30 voyageurs.

La 2ᵉ classe donne 1620 : 4 = 405 fr., et 405 : 5 = 81 voyageurs.

La recette des deux classes étant 180 + 405 = 585 fr.

La 3ᵉ classe a donné une recette de $1620 - 585 = 1035$ fr. et $1035 : 3 = 345$ voyageurs.

Il y avait donc $30 + 81 + 345 = 456$ voyageurs.

PROBLÈMES DE RÉCAPITULATION
SUR LES QUATRE RÈGLES DES NOMBRES ENTIERS.

204. Sous l'influence d'une pluie d'orage, le thermomètre est descendu de 31 degrés à 19 degrés ; de combien de degrés s'est abaissée la température ?

R. Elle s'est abaissée de $31 - 19 = 12$ degrés.

205. Un agriculteur a déposé à la Caisse d'épargne, en quatre versements : 167 fr., 85 fr., 238 fr. et 170 fr. ; combien faut-il qu'il verse encore pour avoir une économie de 1000 fr. ?

R. Il a déposé $167 + 85 + 238 + 170 = 660$ fr. ; pour avoir 1000 fr., il faut qu'il dépose encore $1000 - 660 = 340$ fr.

206. Les paquebots à vapeur qui font le service de Marseille à Shanghaï, par le canal de Suez, mettent : de Marseille à Naples, 2 jours ; de Naples à Port-Saïd, 4 jours ; de Port-Saïd à Suez, 1 jour ; de Suez à Aden, 6 jours ; d'Aden à Pointe-de-Galles (Ceylan), 10 jours ; de Pointe-de-Galles à Singapore, 7 jours ; de Singapore à Saïgon (Cochinchine), 4 jours ; de Saïgon à Hong-Kong, 5 jours ; de Hong-Kong à Shanghaï, 6 jours. Quelle est la durée du voyage ?

R. La durée du voyage est de 45 jours.

207. En diminuant un certain nombre de 13 216, on obtient pour reste 8609 ; quel est ce nombre ?

R. Le nombre demandé est $13\,216 + 8609 = 21\,825$, car $21825 - 13\,216$ donne pour reste 8609.

208. Dans une manufacture on compte 234 ouvriers dont 128 gagnent 5 fr. par jour et les autres 3 fr. ; quelle somme faudra-t-il pour le paiement d'un mois comprenant 26 jours de travail ?

R. 128 ouv. à 5 fr. $= 640$ fr. ; $234 - 128$ ou 106 ouv. à 3 fr. $= 318$ fr. ; il faut donc par jour une somme de $640 + 318 = 958$ fr., et pour 26 jours $958 \times 26 = 24\,908$ fr.

209. Un *phare* de 1er ordre est visible en mer à environ 23 *milles marins* valant chacun 1852 mètres ; exprimer en mètres cette distance.

R. Cette distance égale $1852 \times 23 = 42\,596$ mètres.

210. Un terrassier a mis 9 jours pour creuser un fossé de drainage d'une longueur de 189 mètres ; combien a-t-il fait de mètres par jour ?

R. Il a fait par jour $189 : 9 = 21$ mètres.

211. On admet que dans l'intervalle d'une pulsation du pouls à une autre le son parcourt 300 mètres. D'après cela, à quelle distance se trouve-t-on de la foudre, si l'on compte 7 pulsations entre l'apparition de l'éclair et le bruit du tonnerre ?

R. On se trouve à 7 fois 300^m ou 2100 mètres.

212. Il faut à un industriel 432 fr. par semaine pour payer ses 18 employés ; combien gagne chaque employé par semaine et par jour ?

R. Chaque ouvrier gagne par semaine $432 : 18 = 24$ fr., et par jour $24 : 6 = 4$ fr.

213. Combien faut-il de tuyaux en fonte de 3 mètres de longueur pour conduire à une habitation l'eau d'une source qui est à 327 mètres de distance ?

R. Il faut $327 : 3 = 109$ tuyaux.

214. Les roues motrices d'une locomotive ont 6 mètres de circonférence ; combien doivent-elles faire de tours pour parcourir la distance de Paris à Fécamp, qui est de 222 000 mètres ?

R. Les roues feront autant de tours que 6 est contenu de fois dans 222 000 mètres. La division donne $222\,000 : 6 = 37\,000$ tours.

215. On a remis 2943 fr. aux ouvriers d'un atelier ; chacun d'eux a reçu 109 fr. ; combien y avait-il d'ouvriers ?

R. Il y avait $2943 : 109 = 27$ ouvriers.

216. Un wagon de 2e ou de 3e classe vaut 4700 fr. de moins qu'un wagon de 1re classe qui coûte 11 500 fr. Quel est le prix d'un de ces wagons ?

R. Le prix demandé $= 11\,500 - 4700 = 6800$ fr.

217. On donne le nom de *cheval-vapeur* à une force équivalente à celle de 3 chevaux ordinaires ; cela posé, que veut-on dire
quand on parle d'une machine de 165 *chevaux-vapeur* ?

R. On veut dire que cette machine a la force de
$3 \times 165 = 495$ chevaux ordinaires.

218. Une machine à vapeur bien construite consomme 1 kilog. de houille par heure et par cheval-vapeur ; on demande combien il faudrait de charbon à une machine de 25 chevaux fonctionnant pendant 12 heures.

R. Il faudrait 12 fois $25 = 300$ kilog. de charbon.

219. Un paquebot à vapeur de la force de 475 chevaux met
38 heures pour aller de Marseille à Alger (800 kilom.) ; combien
ce paquebot brûle-t-il de charbon dans cette traversée ?

R. Il brûle $475 \times 38 = 18\,050$ kilog. de charbon.

220. Trente-six ouvriers associés ont à se partager 22 000 fr.,
mais avant le partage ils versent la 100e partie de la somme à
une *Caisse de secours*. Combien chaque ouvrier retire-t-il ?

R. La 100e partie de $22\,000 = 220$; et $22\,000 -$
$220 = 21\,780$ fr., somme qui divisée par 36 donne
605 fr. pour la part de chaque ouvrier.

221. Il a fallu pour des cloisons 4200 briques dont le septième
a été payé à raison de 6 fr. le cent et le reste à raison de 5 fr. le
cent ; combien doit-on ?

R. Le 7e de $4200 = 600$ briques à 6 fr. le cent
$= 36$ fr. ; le reste $4200 - 600 = 3600$ ou 36 centaines, lesquelles à 5 fr. valent 180 fr. ; on doit
donc $36 + 180 = 216$ fr.

222. Un marchand a reçu 14 pièces de vin qu'il paie 132 fr. la
pièce ; après le paiement, il lui reste 1268 fr. ; quelle somme avait-
il en caisse ?

R. Il a payé $132 \times 14 = 1848$ fr. ; il reste en caisse
1268 fr. ; il avait donc $1848 + 1268 = 3116$ fr.

223. Un fermier vend 37 hectolitres de blé à 23 fr. l'hectolitre,
56 hectol. d'avoine à 9 fr., et 34 hectol. de maïs à 12 fr. ; ces
ventes suffisent-elles pour payer son fermage qui est de 1650 fr. ?

R. 37 hectol. blé à 23 fr. $= 851^f$; 56 hectol. avoine

à 9 fr. $= 504$ fr. ; 34 hectol. maïs à 12 fr. $= 408$ fr. Ces trois ventes suffisent puisque leur somme 1763 fr. moins le prix du fermage 1650 donne 113 fr. d'excédant au profit du fermier.

224. Le plus long rayon du globe terrestre, ou le rayon de l'équateur est de 6 378 233 mètres ; le plus court, ou le rayon du pôle est de 6 356 558 m. ; on demande la différence des deux rayons, ou, en d'autres termes, l'aplatissement de notre globe à chaque pôle.

R. La différence demandée $= 6\,378\,233 - 6\,356\,558$ $= 21\,675$ mètres.

225. Le nombre 11 803 est-il un multiple de 29 ; en d'autres termes, 29 est-il un diviseur de 11 803 ?

R. On dit qu'*un nombre est diviseur ou sous-multiple d'un autre nombre lorsqu'il divise cet autre nombre exactement ou sans reste;* ainsi 3 est un diviseur de 12, de 15, etc.

Donc, pour savoir si 29 est un diviseur de 11 803, il suffit de voir si la division de 11 803 par 29 se fait sans reste, ce qui a lieu, puisqu'elle donne 407 pour quotient exact ; 29 est donc un diviseur de 11 803.

Dans ce cas, on dit encore que le nombre 11 803 est un *multiple* de 29, puisqu'il est le produit exact de 29 par 407. (*Voir probl.* 142.)

226. On évalue à 111 millions d'hectolitres la quantité de blé consommé annuellement en France, dont la population est de 37 millions d'habitants ; combien faut-il de blé à chaque habitant ?

R. Il faut à chaque habitant la 37 millionième partie de 111 millions, c'est-à-dire 3 hectol. de blé.

227. Un agriculteur a récolté 22 hectol. de blé ; on demande (problème précédent) pendant combien de mois cette récolte suffira pour nourrir les 8 personnes qui exploitent la propriété ?

R. Il faut, par an, aux 8 personnes $3 \times 8 = 24$ hectol. ou 2 hectol. par mois. On aura donc 22 : 2 $= 11$ mois de nourriture.

228. La charge d'un wagon est de 5 tonnes ; combien faudrait-il de wagons pour transporter le blé nécessaire à la nourriture d'une ville de 12 000 habitants, sachant que la tonne vaut 1000 kilog., et qu'un hectolitre de blé pèse 80 kilog.?

R. 12 000 hab. consomment $12\,000 \times 3 = 36\,000$ hectol. lesquels, à raison de 80 kilog. l'hectol. pèsent 2 880 000 kilog. ou 2880 tonnes; ce dernier poids divisé par 5 donne 576 wagons.

229. Une fontaine donne 97 litres d'eau en 20 minutes; on demande le temps qu'il faudra pour remplir un bassin contenant 9894 litres?

R. Autant de fois 97 sera contenu dans 9894, autant de fois il faudra 20 minutes pour remplir le bassin; la division donne 102 fois; le temps demandé est donc égal à $20 \times 102 = 2040$ minutes ou 34 heures.

230. Combien y a-t-il de tonnes de sucre dans 20 wagons, sachant qu'un wagon contient 500 pains pesant chacun 11 kilog.?

R. Un wagon portant 500×11 ou 5500 kilog., les 20 wagons porteront 5500 kilog. $\times 20 = 110\,000$ kilog. ou 110 tonnes.

231. Quelle retenue doit subir un employé qui gagne 3600 fr. par an et qui fait une absence de 5 mois?

R. L'employé gagne $3600 : 12 = 300$ fr. par mois; il perdra donc $300 \times 5 = 1500$ fr.

232. Une personne a dépensé 43 fr. pour achat de sucre et de café; elle prend pour 15 fr. de sucre et achète 7 kilog. de café. Quel est le prix d'un kilog. de café?

R. De 43 fr. ôtez 15 fr. il reste 28 fr. pour le café, donc $28 : 7 = 4$ fr. pour 1 kilog. de café.

233. Deux maisons d'école ont coûté 25 600 fr. et on a payé pour l'une d'elles 3000 fr. de plus que pour l'autre; quel est le prix de chaque maison?

R. Si on retranche 3000 fr. du prix total 25 600 fr. le reste 22 600 représentera le double du prix de la maison qui a le moins coûté; on aura donc $22\,600 : 2 = 11\,300$ fr. pour le prix de cette dernière maison; le prix de l'autre sera $11\,300 + 3000 = 14\,300$ francs.

234. Un objet placé dans le plateau d'une balance ne fait équilibre à deux poids de 500 grammes que si on ajoute 138 grammes du côté de l'objet; quel est le poids de l'objet?

R. L'objet plus 138 gr. équilibre 1000 gr.; il pèse donc 1000 — 138 = 862 grammes.

235. Combien s'est-il écoulé de jours du 24 mars au 7 juin de la même année inclusivement?

R. Du 24 (exclus) au 31 mars 7 j.; avril 30 j.; mai 31 j.; juin (7 inclus) 7 j., total 75 jours.

236. Un tombereau a fait 28 voyages de charbon, transportant chaque fois 1150 kilog.; que doit-on payer pour cette fourniture si le charbon coûte 4 fr. les 100 kilog., charroi compris?

R. On doit payer (1150 × 28 × 4) : 100 = 1288 fr.

237. Les réparations d'un monument sont évaluées à 14 790 fr. de main-d'œuvre; quel temps faudra-t-il pour exécuter ces travaux, si on emploie 17 ouvriers à 5 fr. par jour?

R. On dépense par jour 5 × 17 = 85 fr. il faudra donc 14 790 : 85 = 174 jours.

238. Un nombre étant donné, 18 par exemple, cherchez par *quels nombres* ce nombre 18 sera exactement divisible (ces nombres sont appelés les *diviseurs* ou *sous-multiples* de 18).

R. Remarquons d'abord que tout nombre est divisible par lui-même et par l'unité.

Pour connaître les autres diviseurs, il faut successivement essayer la division du nombre proposé par la série naturelle des nombres entiers 2, 3, 4, 5, 6... *jusqu'à ce qu'on retrouve pour quotient un diviseur déjà employé* (Voir *Nouvelle Arith.,p.* 282, 287).

Ainsi la division de 18 par 2 = 9; par 3 = 6; par 4 = ...; par 5 = ...; par 6 = 3, diviseur déjà trouvé; l'opération est donc finie.

18 est donc divisible par lui-même, par l'unité et par 2, 3, 6, 9.

239. Qu'appelle-t-on nombres *pairs* et nombres *impairs?* — Indiquez les nombres pairs et les nombres impairs de 1 à 25.

R. On appelle nombres *pairs* ceux qui sont exactement divisibles par 2, et nombres *impairs* ceux qui ne peuvent être divisés en deux parties égales qu'avec une fraction.

Ainsi les nombres pairs de 1 à 25 sont : 2, 4, 6, 8, 10, 12, 14, 16, 18, 20, 22, 24, et les nombres impairs sont : 1, 3, 5, 7, 9, 11, 13, 15, 17, 19, 21, 23, 25.

On reconnaît qu'un nombre est pair, lorsque le chiffre de ses unités est égal à 0, 2, 4, 6, 8 et qu'un nombre est impair, lorsque le chiffre de ses unités est égal à 1, 3, 5, 7, 9. (*Voir la démonstration, Nouvelle Arith*, *p*. 283.)

240. Quels sont les *diviseurs* ou les *sous-multiples* de 36 et de 100 ?

R. En appliquant la méthode indiquée au probl. 238, on trouve que les diviseurs de 36 sont 2, 3, 4, 6, 9, 12, 18 ; et que les diviseurs de 100 sont : 2, 4, 5, 10, 20, 25, 50.

241. On appelle *nombre premier* un nombre qui n'est divisible que par lui-même ou par l'unité ; on demande quels sont les *nombres premiers* compris entre 1 et 30.

R. Ces nombres premiers sont : 1, 2, 3, 5, 7, 11, 13, 17, 19, 23, 29.

242. On reconnaît qu'une année est *bissextile* ou de 366 jours lorsque les deux derniers chiffres à droite (dizaines et unités) font un nombre divisible par 4 ; d'après cela, quelles sont les années bissextiles dans les dates : 1712, 1789, 1796, 1815, 1830, 1848, 1852 et 1870 ?

R. Les années 1712, 1796, 1848, 1852 sont bissextiles. (Voir la *Cosmographie Pascal*, p. 164.)

243. Pour payer le fermage de ses prairies, un éleveur vend 43 moutons au prix moyen de 32 fr. ; combien doit-il vendre de foin à 7 fr. les 100 kilog. pour compléter le prix de son fermage qui est de 1740 fr. ?

R. Le fermage est de 1740 fr.; les 43 moutons à 32 fr. donnent 1376 fr.; il lui manque 1740 — 1376 = 364 fr., donc 364 : 7 = 52 c'est-à-dire qu'il doit vendre 52 fois 100 kg. ou 5200 kilog. de foin.

244. La différence de deux nombres est 315, le plus grand est 753 ; quel est le plus petit ?

R. 753 — 315 = 438, nombre demandé.

245. Le Soleil est 1 million 280 mille fois plus gros que la Terre ; si on représente la Terre par un grain de blé, combien faudra-t-il de litres de blé pour représenter le volume du Soleil, un litre de blé contenant environ 10 mille grains ?

R. Le Soleil est représenté ici par 1 280 000 grains de blé ; ce nombre divisé par 10 000 donnera 128 litres de blé pour figurer le volume du Soleil.

246. Un fossé de 378 mètres de longueur doit être fait en 9 jours par 14 terrassiers ; combien chaque ouvrier fera-t-il de mètres par jour et pendant les 9 jours que durera le travail ?

R. 378 m. faits en 9 jours donnent 42 m. par jour ; 42 m. : 14 = 3 m. par jour et par ouvrier, soit 27 mètres pendant les 9 jours.

247. La fête de Pâques, qui est une fête *mobile*, arrive le plus tôt le 22 mars et le plus tard le 25 avril ; d'après cela, quel est le *minimum* et le *maximum* des jours écoulés du 1er janvier au jour de Pâques ?

R. Pour le *minimum* on a 31 + 28 + 21 = 80 jours ; pour le *maximum* on a 31 + 28 + 31 + 24 = 114 jours. Il y aurait 1 jour de plus si l'année était bissextile.

248. Un compteur indique qu'une machine à vapeur a donné 12 600 coups de piston ; chaque coup de piston prend 2 secondes : pendant combien de temps la machine a-t-elle marché ?

R. Elle a marché pendant $2^s \times 12\,600 = 25\,200^s$ ou 25 200 : 60 = 420 minutes, et 420 : 60 = 7 heures.

249. Une locomotive à grande vitesse fait le kilomètre à la minute ; un cheval au trot le fait en 5 minutes, et un bon marcheur en 12 minutes. Quel temps faudra-t-il (arrêts non compris) à la locomotive, au cheval et à l'homme pour parcourir les 180 kilomètres que l'on compte de Nantes à la Rochelle ?

R. Il faut à la locomotive 180 minutes, c'est-à-dire 180 : 60 = 3 heures ; au cheval, 5 × 180 = 900 minutes ou 900 : 60 = 15 heures; à l'homme 12 × 180 = 2160 ou 2160 : 60 = 36 heures.

250. On a 1200 volumes à faire relier. Pour exécuter ce travail, un ouvrier demande 24 jours, un autre ouvrier 30 jours, et un troisième 40 jours. Quel temps faudrait-il aux trois ouvriers travaillant ensemble pour faire ce travail, et combien chaque ouvrier ferait-il de volumes ?

R. Le 1er ouv. seul ferait par jour 1200 : 24 = 50 vol.; le 2e ouv. ferait en un jour 1200 : 30 = 40 vol.; le 3e ouv. 1200 : 40 = 30; ensemble et en un jour, ils feraient 50 + 40 + 30 = 120 vol., donc ensemble ils mettraient 1200 : 120 = 10 jours, et, pendant ces 10 jours, le 1er ferait 500 vol.; le 2e 400 vol.; et le 3e 300 vol.

251. Un navire à voiles, parti du Havre le 28 octobre 1879, arrive en Californie le 14 mars 1880, après avoir doublé le cap Horn ; quelle a été la durée du voyage ?

R. Le voyage a duré oct. 3 j.; nov. 30 j.; déc. 31 j.; janvier (1880) 31 j.; fév. 29 j.; mars 14 j.; total : 138 jours.

252. Le nombre 58 est-il un diviseur de 406, et 42 l'est-il de 380 ?

R. La division de 406 par 58 étant exacte, 58 est un *diviseur* de 406 ; mais 42 n'est pas un *diviseur* de 380, car 380 : 42 donne 9 pour quotient et 2 pour reste.

253. La durée réelle de l'année, ou *année tropique*, est de 365 jours 5 heures 49 minutes ; combien l'année comprend-elle de minutes ?

R. 365 j. = 24 × 365 = 8760 heures; ajoutant 5 h. on a 8765 h. et 60 × 8765 = 525 900 minutes ; donc l'année contient 525 900 + 49 = 525 949 minutes.

254. Guttemberg inventa l'imprimerie au milieu du XVme siècle et 42 ans plus tard Christophe Colomb découvrit l'Amérique; quelles sont les dates de ces deux grandes découvertes ?

R. Le milieu du XVe siècle est l'année 1450; donc

la découverte de l'Amérique fut faite en 1450 $+$ 42 $=$ 1492.

255. Un marchand, qui avait vendu 12 mètres de drap à 17 fr. le mètre, consent à reprendre ce drap en le remplaçant par de la toile à 2 fr. le mètre ; combien doit-il livrer de mètres de toile ?

R. Le drap valait $17 \times 12 = 204$ fr.; il faut donc $204 : 2 = 102$ mètres de toile.

256. Un ouvrier a versé 420 fr. à la Caisse des retraites pour la vieillesse ; cette somme représente la cinquième partie de ce qu'il gagne pendant 300 jours de travail ; combien gagne-t-il par jour ?

R. L'ouvrier gagne $420 \times 5 = 2100$ fr. dans 300 j.; il gagne donc $2100 : 300 = 7$ fr. par jour.

257. Pendant qu'une roue dentée fait un tour, une seconde roue en fait 48 ; combien la première fera-t-elle de tours quand la seconde en fait 14 784 ?

R. Elle en fera 48 fois moins ou $14784 : 48 = 308$ tours.

258. La Pentecôte étant le septième dimanche après Pâques, quel jour arrivera cette fête, si Pâques tombe le 11 avril ?

R. Le dimanche est le premier jour de la semaine ; la Pentecôte tombant le 7ᵉ dimanche après Pâques, tombe le 1ᵉʳ jour de la 8ᵉ semaine; on a donc, à partir du jour de Pâques inclus, 7 fois 7 ou 49 jours plus le jour de la Pentecôte $= 50$ jours; or, on compte pour avril 20 jours y compris le jour de Pâques; il reste 30 jours pour le mois de mai; la Pentecôte tombera donc le 30 mai.

259. Combien y aura-t-il de jours dans le XIXᵉ siècle, en tenant compte des années bissextiles ?

R. Un siècle comprend 25 périodes de 4 ans, mais, comme la dernière année du XIXᵉ siècle ou 1900 a un nombre de centaines 19 qui n'est pas divisible par 4, l'année 1900 ne sera pas bissextile. Il n'y aura dans ce siècle que 24 années bissextiles. On aura donc $100 - 24 = 76$ années communes de 365 j. ou $365 \times 76 = 27740$ jours, et 24 années de 366 jours ou 366

$\times$ 24 = 8784 jours. Le XIXe aura donc 27 740 + 8784 = 36 524 jours.

260. Une source qui fournit 35 litres d'eau par minute, alimente deux fontaines dont l'une reçoit 4 fois plus d'eau que l'autre ; quel est le débit de ces deux fontaines par heure ?

R. En une heure, la source fournit 35 $\times$ 60 = 2100 litres qui sont divisés en 4 + 1 = 5 parties ; une des fontaines débite donc 2100 : 5 = 420 litres, et l'autre 420 $\times$ 4 = 1680 litres.

261. Combien y a-t-il de jours du 1er au 10 janvier ? (cet énoncé est-il suffisant ?)

R. Du 1er au 10 janvier, il y a dix jours si le premier et le dernier sont *inclus* ou *compris* ; il n'y a que 8 jours dans le cas contraire ; il y a 9 jours, si l'un des jours extrêmes est seul compris. L'énoncé n'est donc pas suffisant, et la réponse indique comment il doit être rédigé pour être clair.

262. Si le 1er octobre est un mardi, quel jour sera le 1er décembre et quel jour tombera la fête de Noël ? — Donner la règle générale.

R. Les 7 jours de la semaine se reproduisent toujours dans le même ordre, d'où il suit que le 1er, le 8, le 15, le 22 et le 29 d'un mois quelconque correspondent à des jours de *même nom.* Si à cette remarque on joint la connaissance du nombre de jour de chaque mois (voir page 25), on peut souvent se passer de calendrier.

Ainsi, d'après l'énoncé, le 1er octobre étant un mardi, le 29 est un mardi et le 31 un jeudi ; donc le 1er nov. est un vendredi ; le 29 nov. est aussi un vendredi et le 30 un samedi ; donc enfin le 1er déc. sera un dimanche ; le 22 déc. est aussi un dimanche ; donc le 25, jour de Noël sera un mercredi.

REMARQUE. — Ce petit calendrier mnémonique est d'une grande utilité pratique et mérite d'être bien compris des élèves.

263. Une commune de 2154 habitants récolte 11 700 hectolitres de blé ; la consommation de chaque habitant est de 3 hectol. par an, et le sixième de la production est nécessaire pour la semence ; combien d'hectolitres de blé cette commune peut-elle *exporter?*

R. Il faut pour les habitants $3 \times 2154 = 6462$ hectol. ; pour la semence $11\,700 : 6 = 1950$ hectol. On peut donc *exporter*, c'est-à-dire vendre à l'extérieur $11\,700 - 6462 - 1950 = 3288$ hectolitres.

264. Combien une commune de 10 250 habitants doit-elle *importer* de blé si son territoire ne lui en fournit que 18 000 hectol. ?

R. Il faut à la commune $3 \times 10\,250 = 30\,750$ hectol. ; elle a donc besoin d'importer ou de faire venir $30\,750 - 18\,000 = 12\,750$ hectol. plus 3000 hectol. pour la semence soit en tout 5750 hectol.

265. Une montre réglée à 8 heures du matin, marque 6 heures 3 minutes à 6 heures du soir ; quelle sera l'avance de cette montre en un jour?

R. De 8 h. du matin à 6 h. du soir, il s'écoule 10 h. pendant lesquelles il se produit une avance de 3 minutes ou 180 secondes ; donc, en une heure l'avance est de 18^s et, en 24 heures de $18 \times 24 = 432^s$ ou $432 : 60 = 7^m 12$ secondes (reste de la division).

266. En ouvrant une vanne qui laisse échapper 7800 litres d'eau à l'heure, on veut vider un réservoir de 22 905 litres de capacité et qui reçoit d'une source 3219 litres d'eau par heure ; quel temps mettra ce réservoir pour se vider?

R. Dans une heure le réservoir laisse échapper 7800 litres, mais il reçoit pendant ce temps 3219 litres ; il perd donc en réalité $7800 - 3219 = 4581$ litres par heure ; autant de fois 4581 sera contenu dans 22 905, autant il faudra d'heures pour vider le réservoir. La division donne 5 heures.

267. Il a fallu 8 journées à 15 ouvriers, travaillant 9 heures par jour, pour réparer un chemin ; combien un seul ouvrier, travaillant 10 heures par jour, mettrait-il de temps pour le même travail?

R. Cherchons d'abord le nombre d'heures employées

au travail par les 15 ouvriers; nous aurons $9 \times 15 \times 8 = 1080$ heures ; donc 1 seul ouvrier travaillant 10 heures par jour mettrait $1080 : 10 = 108$ jours.

268. Une personne possède un bois, un pré et une vigne; le bois plus le pré rapportent ensemble 800 fr.; le pré plus la vigne rapportent 700 fr.; la vigne plus le bois rapportent 600 fr.; quel est le revenu de chaque pièce de terre?

R. D'après l'énoncé on a :

Le bois et le pré rapportent . . . . 800 francs.
Le pré et la vigne. 700   —
La vigne et le bois. 600   —
                    Total. . . . . . 2100 francs.

Sous cette forme on voit que les 2100 fr. représentent le double du revenu total; donc le pré, la vigne et le bois rapportent $2100 : 2 = 1050$ fr.

On a donc, revenu du pré $= 1050 — 600 = 450$ fr.
             revenu du bois $= 1050 — 700 = 350$ fr.
             revenu de la vigne $= 1050 — 800 = 250$ fr.
                    Total égal   1050 fr.

269. On veut planter une vigne en rangées parallèles; quand on met 25 plants à chaque rangée, il en reste 30 ; si on en met 28 par rangée, il en manque 24 ; on demande combien on avait de plants et combien il y a de rangées. (Donner la règle générale.)

R. Le nombre de rangées est égal dans les deux cas; or en multipliant ce nombre une fois par 25 et une fois par 28, on a deux produits qui diffèrent entre eux de $30 + 24 = 54$. Cette différence 54 provient de la différence 3 qui existe entre les deux facteurs 25 et 28 multipliée par le facteur inconnu qui représente le nombre de rangées. On connaîtra ce nombre en divisant 54 par 3, ce qui donne 18 rangées. On aura alors $25 \times 18 = 450$ plants, comme dans ce cas il reste 30, le nombre réel demandé $= 450 + 30 = 480$ plants, nombre qui est également vrai pour le second cas.

RÈGLE GÉNÉRALE. Il y dans ce problème, deux inconnues : 1° le nombre de rangées; 2° le nombre des plants. Si on généralise le raisonnement qui précède, on est conduit à la règle suivante pour la solution des problèmes analogues : *divisez la somme des différences de l'énoncé* (30 + 24) *par la différence des deux facteurs employés* (28 — 25). *Le quotient* (18) *fait connaître une des inconnues* (le nombre des rangées); *la recherche de l'autre inconnue* (le nombre des plants) *ne présente plus alors de difficulté.*

SOLUTION ALGÉBRIQUE. Représentons par x le nombre de rangées et par y le nombre de plants, nous aurons, d'après l'énoncé, les deux équations

$$28\,x = y + 24$$
$$\text{et} \qquad 25\,x = y - 30,$$

Retranchant la 2e équation de la 1re on a

$$3\,x = 24 + 30 = 54$$

Donc $x = 18$ (nombre de rangées); ce résultat confirme la solution et la règle arithmétiques données plus haut.

PROBLÈMES SUR LA DIVISION DU TEMPS.

Observations.

Les cinq problèmes qui suivent sont une introduction à l'étude des nombres complexes (*voir page* 188); nous les avons placés ici après les problèmes de récapitulation pour bien faire comprendre aux élèves qu'en réalité la solution de ces problèmes repose sur les mêmes principes que ceux de l'addition et de la soustraction des nombres entiers.

En effet, on a vu dans l'addition des nombres entiers que 10 unités font une dizaine que l'on reporte à la colonne des dizaines, 10 dizaines font une centaine que l'on reporte à la colonne des centaines, etc.

De même, quand il faut additionner des jours, des heures, des minutes, des secondes, on commence également l'opération par la droite, c'est-à-dire par les plus faibles unités, en additionnant d'abord les secondes; toutes les fois qu'on a 60 secondes, on a une minute à reporter à la colonne des minutes; on additionne ensuite les minutes séparément, et toutes les fois qu'on a 60 minutes, on a une heure à reporter à la colonne des heures. On additionne ensuite les heures, et toutes les fois qu'on a 24 heures, on a 1 jour à reporter à la colonne des jours.

On le voit, l'opération est la même; seulement elle est plus compliquée parce que les divisions du temps ne sont pas des divisions décimales les unes des autres. (Voir comme exemples, les solutions des probl. n°s 270, 274.)

Il en est de même de la soustraction. Dans une soustraction ordinaire lorsqu'un chiffre inférieur est plus grand que le chiffre supérieur correspondant, que fait-on? On ajoute 10 au chiffre supérieur, et pour ne pas changer la différence, on augmente d'une unité immédiatement supérieure le chiffre inférieur suivant, etc.

Le même principe s'applique à la soustraction des nombres complexes; cherchons, par exemple, la différence des nombres 28 jours, 11 heures 15 minutes et 13 jours 17 heures 46 minutes.

Opération.

	28^j	11^h	15^m
	9	20	46
Différence. . .	18^j	14^h	29^m

On dira, en commençant par la droite : 46 minutes ne peuvent se soustraire de 15 minutes. On ajoute alors à 15 minutes une unité de l'ordre supérieur, c'est-à-dire 1 heure ou 60 minutes, ce qui donne pour le nombre supérieur, 60 $+$ 15^m $=$ 75 ; or, de 75 ôtez 46, il reste 29 minutes. Passant à la colonne des heures on dira : les 20 heures doivent être augmentées d'une unité pour ne pas changer la différence; on a donc 21 heures à soustraire de 11 heures ; comme la soustraction n'est pas possible, on ajoute également à 11 une unité de l'ordre supérieur, c'est-à-dire 1 jour ou 24 heures, ce qui donne 35 heures; or, de 35 ôtez 21, il reste 14 heures que l'on écrit sous les heures. Passant enfin à la colonne des jours, on augmente d'un jour le nombre inférieur, c'est-à-dire que l'on a à soustraire 10 jours de 28, ce qui donne 18 jours. On aura donc pour différence 18 j. 14 h. 29 m.

SECONDE MÉTHODE. Quand les divisions inférieures du plus petit nombre sont plus grandes que les divisions correspondantes du nombre supérieur, il peut être commode de décomposer immédiatement le nombre supérieur comme il suit :

Au lieu de 28^j 11^h 15^m
On écrit   27^j 34^h 75^m

La soustraction ne présente plus alors de difficulté.

Seconde méthode. — Opération.

	27^j	34^h	75^m
	9^j	20^h	46^m
Différence...	18^j	14^h	29^m

Le Maître doit insister sur ces problèmes de la division du temps (addition et soustraction seulement). Il est facile de varier les exercices jusqu'à ce que tous les élèves en aient bien saisi les principes. Nous compléterons plus tard les calculs relatifs aux nombres complexes.

Appliquons ces principes aux problèmes suivants : (270, 271, 272, 273, 274.)

270. Il faut à un train direct 3 heures 24 min. pour aller de Paris à Troyes; de Troyes à Bar-sur-Aube 1 h. 27 min.; de Bar-sur-Aube à Chaumont 54 min.; de Chaumont à Vesoul 2 heures 32 min.; de Vesoul à Belfort 1 heure 26 min.; quel temps met ce train pour aller de Paris à Belfort?

R. On dispose l'opération en colonnes en plaçant les heures sous les heures, les minutes sous les minutes; commençant alors par l'addition des minutes, on trouve 163, mais comme dans 163, il y a deux fois 60 ou 120 minutes plus 43 minutes, on posera 43 sous la colonne des minutes et on reportera 2 heures à la colonne des heures. On trouve ainsi pour la somme demandée 9^h 43^m.

Opération.

3^h	24^m
1	27
«	54
2	32
1	26
9^h	43^m

271. Au nord de la France, à Dunkerque, le plus grand jour de l'année (fin juin) est de 16 heures 17 min., et le plus petit jour (fin décembre) de 7 heures 43 min.; au midi, à Perpignan, le plus long jour est de 15 heures 8 min., et le plus court est de 8 heures 52 min.; calculer la différence des jours, au nord et au midi de la France.

R. En opérant les soustractions, comme nous l'avons indiqué plus haut, on trouve $16^h 17^m - 15^h 8^m = 1^h 9^m$, pour l'excès du plus grand jour du nord sur celui du midi, et $8^h 52^m - 7^h 43^m = 1^h 9^m$ pour l'excès du plus petit jour du midi sur celui du nord.

272. Un *train-poste*, partant de Paris à 8 h. 45^m du matin, arrive à Orléans à 10 h. 42^m; un train omnibus, partant à 7 h. du matin, n'arrive à Orléans qu'à 11 h. 18^m; quel temps gagne-t-on en prenant le train-poste?

R. Le train-poste met la différence $10^h 42^m - 8^h 45^m = 1^h 57^m$; le train omnibus met $11^h 18^m - 7^h = 4^h 18^m$. On gagne donc $4^h 18^m - 1^h 57^m = 2$ heures 21 minutes.

273. Une éclipse annulaire de Soleil a commencé le matin à 7 heures 21 min. et a fini à 11 heures 5 min.; quelle a été la durée de l'éclipse?

R. L'éclipse a duré $11^h 5^m - 7^h 21^m = 3$ heures 44 minutes.

274. En 1878, l'hiver a commencé le 21 décembre à 10 heures 50 min. du soir et a fini le 20 mars 1879 à 11 heures 41 min. du soir, tandis que l'été suivant a commencé le 21 juin à 7 heures 53 min. du soir et a fini le 23 septembre à 10 heures 18 min. du matin. Comparer la durée de ces deux saisons.

On dispose l'opération comme il suit :

Durée de l'hiver.				*Durée de l'été.*			
Pour le 21 déc. .	j	1^h	10^m	Pour le 21 juin. .	j	4^h	7^m
du 21 au 31 déc. .	10	«	«	du 22 au 30. . . .	9	«	«
Janv.	31	«	«	Juillet.	31	«	«
Févr.	28	«	«	Août.	31	«	«
Mars.	19	«	«	Septembre.	22	«	«
Pour le 20 mars.	«	23^h	41^m	Pour le 23 sept ..	«	10	18^m
	89^j	$«^h$	51^m		93^j	14^h	25^m

Différence des deux saisons.

Été	93ʲ	14ʰ	25ᵐ
Hiver	89	«	51
La différence est de	4ʲ	13ʰ	34ᵐ.

DES FRACTIONS.

Origine des fractions. — Fractions décimales.

Jusqu'ici, les nombres que nous avons soumis au calcul étaient des nombres entiers, c'est-à-dire des nombres composés d'unités entières. Mais il n'en est pas toujours ainsi ; il arrive souvent que les nombres sont composés d'unités entières accompagnées de parties d'unité ou composés simplement de parties d'unité.

Toute partie d'unité est une fraction.

Pour donner une idée des fractions et de leur origine, le Maître rappellera quelques faits usuels, tels que les suivants :

1ᵉʳ EXEMPLE. — Voici un mètre. *Combien y a-t-il de mètres dans la longueur et la largeur de la salle ? —* On trouve un certain nombre de mètres et une *partie* ou une *fraction* de mètre. — *Combien y a-t-il de mètres dans la longueur et la largeur de cette ardoise ? —* Cette longueur et cette largeur ne contiennent qu'une *partie* ou une *fraction* de mètre.

2ᵉ EXEMPLE. — Voici des bouteilles de diverses grandeurs ; *combien contiennent-elles de litres ? —* On trouve que les grandes contiennent plusieurs litres et une *partie* ou *fraction* de litre et que les petites ne contiennent qu'une partie ou fraction de litre seulement.

3ᵉ EXEMPLE. — *7 personnes ont à se partager une somme de 25 francs ; quelle sera la part de chacune d'elles ? —* Cette part est comprise entre 3 fr. et 4 fr. puisque 3 fois 7 font 21 et que 4 fois 7 font 28 ; cha-

que personne aura donc 3 fr. plus une fraction de
franc.

4ᵉ EXEMPLE. — *Pendant combien de temps la pluie
est-elle tombée?* — Suivant la durée, on peut répondre
pendant 3 heures ; mais il peut se faire que la pluie
soit tombée pendant 3 heures et *demie, un quart* d'heure
ou *trois quarts* d'heure.

Un demi, un quart, trois quarts, sont des fractions.

§ I. — Écriture dés fractions.

Il ne faut pas que les élèves aient une idée plus ou
moins confuse de la fraction ; il faut que cette idée
soit nette et que le langage et l'écriture correspondent
à la précision de cette idée. Il est nécessaire que les
élèves comprennent bien que toute fraction doit être
exprimée par deux termes : un *dénominateur* et un
numérateur.

Le Maître montre une pomme et la divise en deux
parties égales; puis il dit : Si je prends une des portions que je viens de faire, que représentera cette
portion ?

L'élève. — Une moitié ou *un demi.*

Le Maître. — C'est-à-dire que je prends *une* portion *sur* les *deux* que j'ai faites ; c'est ce que je représente en écrivant $\frac{1}{2}$ que je prononce 1 *sur* 2 ou *un
demi.* Le nombre 2, placé au-dessous du trait, indique
combien j'ai fait de morceaux et le nombre 1, placé au
dessus, indique combien je prends de ces morceaux.

Après avoir réuni les deux fragments de pomme, le
Maître la divise en 4 parties égales, puis il demande :

Le Maître. — Si vous prenez une de ces parties
quelle fraction de pomme aurez-vous ?

L'élève. — Un quart.

Le Maître. — C'est-à-dire que vous prenez une
partie sur 4 que vous représentez par $\frac{1}{4}$ qu'on prononce 1 sur 4 ou un quart.

Et si vous prenez 3 de ces portions qu'aurez-vous ?

L'élève. — J'aurai les trois quarts de la pomme.

Le Maître. — Et vous représenterez ces trois quarts par $\frac{3}{4}$ qu'on prononce 3 sur 4 ou trois quarts.

Vous le voyez, dans une fraction il y a *deux termes* ou deux nombres séparés par un trait horizontal. Le nombre inférieur s'appelle le DÉNOMINATEUR de la fraction, il indique en combien de parties égales la pomme ou l'unité a été divisée.

Le nombre supérieur s'appelle le NUMÉRATEUR de la fraction, il indique combien on prend de ces portions ou de ces parties égales.

Pour s'assurer que les élèves ont bien compris, le Maître coupe la pomme en 8 parties égales ; puis il demande comment on exprimera et comment on écrira la fraction de pomme, si on prend 5 morceaux.

L'élève devra répondre 5 sur 8 et écrire $\frac{5}{8}$. Le Maître fera remarquer alors que sauf les fractions *un demi* $\frac{1}{2}$, *un tiers* $\frac{1}{3}$, *deux tiers* $\frac{2}{3}$, *un quart* $\frac{1}{4}$, *deux quarts* $\frac{2}{4}$, *trois quarts* $\frac{3}{4}$, on lit la fraction en énonçant d'abord le numérateur puis le dénominateur auquel on donne une terminaison en *ième*.

Ainsi, au lieu de dire 5 sur 8 (ce qui est une très-bonne expression cependant) on dit de préférence 5 *huitièmes*.

Le Maître doit varier ces exercices jusqu'à ce que tous les élèves aient bien compris le rôle du dénominateur et du numérateur dans une fraction.

Enfin le Maître définira la fraction *une ou plusieurs* PARTIES ÉGALES *de l'unité*, et expliquera pourquoi il faut que l'unité soit partagée en parties égales.

Sans entrer plus avant dans la théorie des fractions, il est utile de donner dès à présent la notion suivante :

Une même fraction peut être exprimée de plusieurs manières différentes.

Ainsi les fractions $\frac{1}{2}$, $\frac{2}{4}$, $\frac{4}{8}$, $\frac{5}{10}$, $\frac{50}{100}$, $\frac{500}{1000}$, etc. sont des fractions qui représentent toutes *un demi*, car diviser une pomme en 2 parties égales et en prendre une, ou bien la diviser en 10 parties égales et en prendre 5, ou bien encore la diviser en 1000 parties égales et prendre 500 de ces parties, c'est toujours prendre la moitié de la pomme.

Il en serait de même des fractions $\frac{1}{4}$, $\frac{2}{8}$, $\frac{25}{100}$, $\frac{250}{1000}$, etc.; ces fractions expriment toutes le quart de l'unité.

§ II. — Fractions décimales.

Quand les élèves auront bien compris qu'il faut deux nombres ou *deux termes* pour exprimer une fraction et qu'ils auront bien saisi le rôle du dénominateur et du numérateur, le Maître expliquera la différence qui existe entre une fraction ordinaire et une fraction décimale.

Dans une fraction ordinaire, le dénominateur peut être un nombre quelconque, à partir de 2, c'est-à-dire qu'on a des *demis,* des *tiers,* des *quarts,* des *cinquièmes*, des *sixièmes*, etc.

Mais, dans la fraction dite décimale le dénominateur est l'unité suivie d'un ou de plusieurs zéros, c'est-à-dire que dans la fraction décimale, le dénominateur ne peut être que 10, 100, 1000, 10 000, etc., en d'autres termes, une puissance quelconque de 10.

Pour expliquer la formation d'une fraction décimale, le professeur prend un mètre pliant (*) et dit aux élèves qu'on a commencé par diviser le mètre en 10 parties égales qu'il fait voir et compter aux élèves. Chaque division est donc $\frac{1}{10}$ de mètre et on a $\frac{1}{10}$, $\frac{2}{10}$, $\frac{3}{10}$,..... $\frac{9}{10}$, $\frac{10}{10}$ ou le mètre entier.

On a ensuite divisé chaque dixième en 10 parties égales (le Professeur montre un centimètre) et comme il y a 10 *dixièmes* dans tout le mètre, le mètre a été divisé en 100 parties égales ; chacune des nouvelles divisions

---

(*) Nous avons expliqué la formation et l'écriture des fractions ordinaires au moyen d'une pomme. Nous expliquerons la formation des fractions décimales au moyen d'un mètre pliant, etc. En général le Professeur doit éviter d'exposer aux élèves des idées abstraites toutes les fois qu'il pourra aider sa démonstration au moyen d'objets convenablement choisis; la vue soutient alors l'attention de l'élève et lui permet de mieux suivre le raisonnement.

est donc un *centième* de mètre. On aura donc $\frac{1}{100}$, $\frac{2}{100}$, $\frac{3}{100}$ etc., jusqu'à $\frac{99}{100}$ et $\frac{100}{100}$ ou le mètre entier. (Le Professeur fera remarquer alors que $\frac{1}{10}$ de mètre égale $\frac{10}{100}$ de mètre ; de même $\frac{2}{10}$ de mètre égalent $\frac{20}{100}$, etc).

A son tour, le *centième* de mètre a été divisé en 10 parties égales, et, comme le mètre contient 100 *centièmes*, le mètre sera divisé en 1000 parties égales ; chaque partie de la nouvelle division sera donc $\frac{1}{1000}$ de mètre.

Le Professeur montre en les expliquant les divisions du premier décimètre et fait voir que $\frac{1}{10}$ égale $\frac{10}{100}$ égale $\frac{100}{1000}$. On comprend également la formation des *dix-millièmes*, des *cent-millièmes*.

Simplification dans l'écriture des fractions décimales. — Nous avons vu, dans la numération des nombres entiers, qu'*une unité d'un ordre quelconque vaut* 10 *unités de l'ordre immédiatement inférieur*. C'est ainsi qu'une unité de mille, par exemple, vaut 10 centaines, qu'une centaine vaut 10 dizaines et qu'une dizaine vaut 10 unités. Arrivé là on s'est demandé pourquoi on ne continuerait pas à droite de l'unité cette série descendante car on vient de voir qu'une unité vaut 10 dixièmes, qu'un dixième vaut 10 centièmes, qu'un centième vaut 10 millièmes, etc., en sorte qu'à droite et à gauche de l'unité on a le tableau symétrique qui suit :

mille, centaine, dizaine, UNITÉ, dixième, centième, millième*.

Pour éviter toute confusion on est convenu de mettre

(*) La remarquable symétrie de cette formule permet d'exposer la formation et l'écriture des fractions décimales comme une extension ou une conséquence logique du principe même de notre numération. Mais il est préférable de considérer les fractions décimales comme un cas particulier des fractions ordinaires, c'est-à-dire comme des fractions à deux termes dont on écrit le numérateur et dont le dénominateur (toujours facile à rétablir) est sous-entendu. Ainsi, un élève qui comprend très bien quand on lui parle de 34 pommes comprendra également bien la fraction 0ᵐ,034, s'il peut instantanément la remplacer dans son esprit par $\frac{34}{1000}$ de pomme.

une *virgule*, dite *virgule décimale*, entre les unités simples et les dixièmes.

Rien de plus simple alors que d'écrire un nombre composé, par exemple, de 4 centaines 3 dizaines 7 unités, 3 dixièmes 8 centièmes. On écrira 437,38 en se rappelant que le premier rang à droite de la virgule exprime des *dixièmes*, le second, des *centièmes*, le troisième des *millièmes*, le quatrième des *dix-millièmes*, etc.

De là ce principe fondamental de l'écriture des fractions décimales :

Dans les fractions décimales on n'écrit que le numérateur. Le dénominateur est sous-entendu, mais il est toujours connu, car ce dénominateur est l'unité suivie d'autant de zéros qu'il y a de chiffres significatifs ou non après la virgule décimale.

Les élèves ont, en général, une grande tendance à oublier ce dénominateur qui n'est pas exprimé. Nous avons vu qu'il leur arrive souvent de bien énoncer une fraction décimale telle que 0,529 ; mais en lisant 529 millièmes, ils ne comprennent plus le rôle du dénominateur 1000 qui est sous-entendu. Le Maître doit donc insister pour que la fraction décimale soit toujours bien comprise.

Exercices sur les fractions.

275. Lire les fractions $\frac{15}{32}$, $\frac{7}{18}$, $\frac{30}{42}$, $\frac{18}{100}$, $\frac{85}{112}$.

R. On lira 15 trente-deuxièmes, ou 15 sur 32, etc.

276. Que signifient les fractions $\frac{5}{6}$, $\frac{3}{11}$, $\frac{9}{20}$, $\frac{412}{715}$?

R. $\frac{5}{6}$ signifie qu'on a divisé l'unité en 6 parties égales et qu'on a pris 5 de ces parties, etc.

EXERCICES

SUR LES NOMBRES DÉCIMAUX.

277 à **291.** Ces exercices ne présentent pas de difficulté.

Addition des nombres décimaux.

Les sommes demandées sont :

292. *R.* 28,211.   **293.** *R.* 42,003.

294. *R.* 34,258.   **295.** *R.* 98,0826.

296. *R.* 206,7404.   **297.** *R.* 175,8025.

298. *R.* 705,13686.   **299.** *R.* 1,607413.

Soustraction des nombres décimaux.

Les différences demandées sont :

300. *R.* 5,34 ; 8,693 ; 4,014; 7,717.

301. *R.* 0,3756 ; 1,106 ; 0,625 ; impossible.

302. *R.* 19,071 ; 4,991 ; 0,286 ; 0,019.

303. *R.* 2,668 ; 8,92; 0,272 ; 15,17.

304. *R.* 74,101 ; 0,4153 ; 3,69 ; 0,6629.

305. *R.* 0,039 ; 0,0957 ; 12, 99259; 0,101813.

Multiplication des nombres décimaux.

Les produits demandés sont :

306. *R.* 258,96 ; 67,914 ; 20,04 ; 62,32.

307. *R.* 10,35 ; 1030,804; 5395,747; 18751,84.

308. *R.* 15,86; 326,6; 5 345 860 ; 112,931.

309. *R.* 5977,44; 1378,55 ; 194 877,54 ; 431,52.

310. *R.* 18,4448 ; 3,247488 ; 0,0203524 ; 397,21809.

311. *R.* 0,0138114; 15,38525 ; 0,043632 ; 755,391.

312. *R.* 0,0156078; 302,7741822; 0,00008959; 1733,6834121.

313. *R.* 0,001220971 ; 0,0546643021 ; 0,0000001 ; 0,0000000001.

Division des nombres décimaux.

Les quotients demandés sont :

314. *R.* 5 ; 8* ; 25 ; 64.

315. *R.* 104 ; 39 ; 5 ; 4002.

316. *R.* 3,5 ; 37,41 ; 104,7 ; 5,26.

317. *R.* 48,03 ; 5,001 ; 50,39 ; 27,148.

318. *R.* 0,4 ; 0,68 ; 0,21 ; 0,125.

519. *R.* 0,006 ; 0,3125 ; 0,137 ; 0,71875.

320. *R.* 0,3 à 0,1 près ; 296,51 à 0,01 près ; 0,003 à 0,001 près ; 0,048 ou bien 0,05 à 0,01 près.

521. *R.* 0,64 à 0,01 près ; 0,105 à 0,001 près ; 0,428 ou 0,43 à 0,01 près ; 0, 395 à 0,001 près.

322. *R.* 3,61 ou 3,6 à 0,1 près ; 0,04 à 0,001 près ; 0,336 ou 0,34 à 0,01 près ; 0,4518 ou 0,452 à 0,001 près.

523. *R.* 87,325 ou 87,33 à 0,01 près ; 0,53 ou 0,5 à 0,1 près ; 0,9373 ou 0,937 à 0,001 près ; 16,9678 ou 16,968 à 0,001 près.

OBSERVATIONS

SUR LA DIVISION DES NOMBRES DÉCIMAUX.

La règle générale du n° 128 (*Nouvelle Arith.*, page 99) peut être dans certains cas modifiée comme il suit :

RÈGLE. — *Dans la division des nombres décimaux on peut toujours, par le déplacement de la virgule, ramener l'opération au cas où le diviseur est un nombre entier terminé par un chiffre autre que zéro.*

1° Supposons d'abord que l'on ait un nombre décimal à diviser par un nombre entier, tel que 523,475 par 38. D'après la règle générale, il faudrait écrire à la droite du diviseur 38 trois zéros, et, supprimant les virgules,

(*) Ce quotient est celui de 98,4 divisé par 12,3 et non par 12,13.

opérer sur les nombres 523475 et 38000 ; mais on peut conserver tels quels le dividende et le diviseur proposés, en ayant soin, dans le cours de l'opération, de mettre une virgule au quotient après les chiffres qui proviennent de la partie entière du dividende, comme on le voit ci-après :

Opération.

```
523,475  | 38
143      | 13,775
  294
  287
    215
     25
```

La division de la partie entière 523 du dividende par le diviseur 38 donne d'abord 13 unités au quotient et pour reste 29 ; alors on met une virgule au quotient pour séparer les entiers, et l'on abaisse le chiffre 4 des dixièmes du dividende, ce qui donne pour dividende partiel 294 dixièmes, et fournit au quotient 7 dixièmes ; on continue l'opération de la même manière. On obtient ainsi pour quotient 13,775 et pour dernier reste 25. Si on voulait une plus grande approximation, on écrirait un zéro à droite de ce reste 25, et on continuerait l'opération.

DÉMONSTRATION. Si on supprimait la virgule dans le dividende 523,475 on le rendrait mille fois plus grand, et le quotient obtenu alors 13775 serait (*Arith.*, n° 113) mille fois plus grand ; il faudrait donc diviser ce quotient par 1000, ou bien séparer trois décimales pour le ramener à sa juste valeur, ce qui donne 13,775 quotient trouvé ci-dessus.

2° Si on avait eu à diviser 523,475 par 380, on aurait commencé par rendre le dividende et le diviseur dix fois plus petits, ce qui ne peut altérer le quotient ; l'opération revenait donc à diviser 52,3475 par 38, d'après la règle énoncée.

Si le diviseur 38 avait été suivi de deux, trois zéros..., on aurait toujours pu ramener la question au cas précédent, en divisant les deux termes par 100, 1000, etc.

3° Enfin, supposons qu'on ait à diviser 8,3745 par 1,37 c'est-à-dire deux nombres décimaux l'un par l'autre; en multipliant le dividende et le diviseur par 100, on aura à diviser 837,45 par 137, ce qui est encore conforme à la règle énoncée.

SYSTÈME MÉTRIQUE.

En exposant le système métrique, nous avons donné des instructions qui nous dispensent de revenir sur chaque mesure en particulier. Il nous suffira de rappeler quelques observations générales.

§ I. — Pratique des poids et mesures.

L'enseignement du système métrique doit être essentiellement pratique ; il faut que les élèves voient et touchent les mesures sous leurs véritables dimensions. Aucune figure dans le texte ne peut en donner une idée exacte. Il y a plus; on trouve dans certains livres élémentaires des figures représentant une série de mesures de capacité, par exemple, dont les dimensions n'excèdent pas quelques centimètres, et sur lesquelles on lit : *hectolitre, double-décalitre, décalitre, demi-décalitre, double-litre, litre, demi-litre,* etc. De telles figures ne sont pas seulement ridicules et inutiles, elles ne peuvent que fausser l'esprit des élèves (*).

(*) Il suffira de dire aux élèves que la plus grande mesure de capacité réelle est l'*hectolitre* et la plus petite le *centilitre*.

Sachant ensuite que toutes les mesures effectives sont égales à 1 fois, 2 fois et 5 fois chaque multiple et chaque sous-multiple, ils doivent sans peine énoncer la série des mesures usuelles de capacité en partant du centilitre jusqu'à l'hectolitre.

Même observation pour la série des poids, en partant du milligramme jusqu'à 20 kilogrammes. Même observation pour le franc, en partant d'un centime jusqu'à 100 francs.

La figure ne peut donner que la forme de la mesure et non l'idée de sa grandeur.

Quand nous disons que l'enseignement des nouvelles mesures doit être pratique, il ne s'agit pas seulement d'exercices de calcul, mais du maniement et de l'usage même des mesures métriques. Il faut que les élèves évaluent des longueurs, des surfaces, des volumes, le mètre et le crayon à la main ; il faut qu'ils mesurent des capacités avec des liquides ou des grains ; il faut enfin qu'ils soient exercés à peser des corps, à remplacer les poids par des monnaies, etc., etc. Avec cette méthode, on peut espérer que le système métrique sera bien compris.

Mais pour cet enseignement, il est nécessaire d'avoir un matériel convenable. En général, les écoles des grandes villes sont pourvues d'un matériel complet ; il n'en est pas ainsi dans les écoles primaires des communes rurales.

L'instituteur doit alors redoubler de zèle et se rappeler ce précepte de Franklin : *Il faut savoir, au besoin, percer avec une scie et scier avec une vrille.*

Voici le matériel qui nous paraît indispensable dans la plus humble de nos écoles :

	fr.	c.
1° Un globe terrestre miniature (Ch. Delagrave).........	1,	50
2° Un mètre pliant.....................................	0,	25
3° Un ruban, fil, d'un centimètre de largeur et de 10 mètres de longueur, terminé par 2 anneaux et sur lequel on marquera les mètres divisés en décimètres...........	0,	30
4° Dix fiches en fil de fer n° 17......................	0,	50
5° Un décimètre cube en carton........................	0,	10
6° Un centimètre cube en fort papier..................		»
7° Un litre en fer-blanc..............................	1,	00
8° Toutes les subdivisions du litre, construites en carton et correspondant aux subdivisions du litre en étain, dans lesquelles la hauteur est double du diamètre*........	0,	75
A reporter........	4,	40

(*) Il est facile de calculer la hauteur et le diamètre des multiples et des sous-multiples du litre (voir notre *Traité de Géométrie*, probl. 37, 38, 39 et 40, page 250).

Report......... 4, 40

9° Même série en carton, correspondant aux subdivisions du litre en fer-blanc, pour le lait ou l'huile, dans lesquelles la hauteur égale le diamètre(*) 0, 75

10° Un double litre, un demi-décalitre, un décalitre, un double-décalitre en bois.. ....

(Ces mesures très usuelles se trouvent facilement dans la commune; l'instituteur ne doit pas hésiter à les emprunter pour quelques leçons.)

11° Une balance ordinaire à plateaux en fer battu....... 5, 00

(Cette balance devra être suspendue à un piquet contre le mur au-dessus d'une planchette sur laquelle tomberont les plateaux de la balance.)

12° Une série de poids en fonte, de 50 ^{gr} à 1^{kg}.......... 3, 00

13° Une série de petits poids en laiton, de 1 à 20 ^{gr}...... 1, 50

N'oublions pas que ces petits poids peuvent être facilement remplacés par des pièces de bronze. On sait en outre que 5 fr. en monnaie de bronze remplacent le poids de 500 gr.

14° Un thermomètre ordinaire........................ 1, 00

Total...................................... 15^{fr},65

Nous affirmons qu'il n'est pas un seul Conseil municipal qui refuse à son école une somme aussi modique.

Dans le cas où l'on disposerait d'une somme de 25 fr., on pourrait remplacer le globe de 6 centim. par un globe de 12 centim. (3 fr. 50); le ruban, fil, par un décamètre en fil de fer (chaîne d'arpenteur) et les diverses mesures en carton par des mesures en fer-blanc.

Il importe de consacrer une heure ou deux par semaine à la pratique des poids et mesures métriques.

§ II. — Suppression du mot *myria*.

Des quatre mots grecs DECA, HECTO, KILO, MYRIA créés pour les multiples des nouvelles mesures, le mot *kilo* est devenu usuel dans kilomètre et kilo-

(*) Il est facile de calculer la hauteur et le diamètre des multiples et des sous-multiples du litre (voir notre *Traité de Géométrie*, problèmes 37, 38, 39, et 40, page 250).

gramme. L'*hecto* dans l'hectare, l'hectolitre, l'hectogramme. Le *déca* dans décalitre.

Le décamètre est peu usité, on dit de préférence
dix mètres.

Le mot *myria*, employé d'abord dans myriagramme
et myriamètre n'appartient plus qu'à l'histoire du
système métrique; il est aujourd'hui tout à fait
abandonné.

Le kilomètre a été généralement adopté comme
grande unité itinéraire et topographique, dans les
chemins de fer, dans les échelles des cartes de l'État-
Major, dans les atlas modernes, etc. Enfin l'Annuaire
du Bureau des longitudes évalue les grandes distances en kilomètres et les grandes surfaces en kilomètres carrés.

Donc, en fait, le mot myria a disparu ; c'est un mot
barbare de moins et une symétrie de plus dans la
nomenclature; il ne reste, en effet, que trois mots
grecs pour les multiples et trois mots latins pour
les sous-multiples.

§ III. — De la balance.

Le Maître doit donner quelques notions très som-
maires sur la balance. Il expliquera ce qu'on désigne
par le *fléau*, les *couteaux* de suspension, les *bras* égaux
du fléau, les *plateaux*, etc.

Quand les élèves auront été exercés à trouver le
poids d'objets divers, soit avec des poids usuels, soit
avec des pièces de monnaie de bronze ou d'argent,
le Maître expliquera la *double pesée de Borda*. On
sait que cette méthode consiste à faire équilibre au
corps au moyen de sable, de grenaille, etc., et à remplacer le corps à peser par des poids usuels, jusqu'à
ce que l'équilibre soit rétabli. Cette double pesée
a pour but d'obtenir plus exactement le poids d'un
corps, quand la balance manque de précision.

§ IV. — Rapports des mesures métriques.

Nous recommandons à l'attention du Maître tout ce que nous avons dit sur les rapports des mesures métriques (*Arith.*, pages 162...167).

§ V. — Calcul mental des mesures métriques.

Nous avons insisté sur la pratique et le calcul des mesures métriques; cette étude serait incomplète si le Maître n'habituait ses élèves à reconnaître rapidement et à *première vue* une mesure ou un poids quelconque sans lire l'inscription que porte la mesure ou le poids.

Les élèves doivent ensuite être exercés à calculer mentalement et d'*une manière approximative en nombres ronds*, une longueur, une surface, un volume, etc.

La base du calcul mental repose sur l'habitude d'évaluer une longueur en mètres ou en décimètres ou bien en centimètres suivant l'étendue de la longueur à mesurer.

S'agit-il, par exemple, d'apprécier la longueur ou la largeur d'une salle, la longueur d'une cour ou d'un jardin, on estimera ces longueurs en mètres. On estimerait la longueur en décimètres, s'il fallait déterminer les dimensions d'un tableau, d'une carte géographique, etc.

On évaluerait la longueur en centimètres pour de petites dimensions telles que celles d'une ardoise, d'un livre, etc.

Lorsque les dimensions ont été ainsi évaluées, l'élève estimera une surface donnée en mètres carrés, ou en décimètres carrés, ou bien en centimètres carrés, selon l'étendue de la surface.

Il en sera de même pour l'évaluation d'un volume en mètres cubes, décimètres cubes, ou bien en centimètres cubes.

Le Maître complètera cette étude en exigeant des élèves la connaissance de quelques densités usuelles *en nombres ronds,* savoir : la pierre à bâtir 2 ; le fer 7 ; le cuivre 9 ; l'argent 10 ; le plomb 11 ; l'or 19. — Pour les corps liquides : l'huile 0,9 ; l'esprit de vin 0,8.

La connaissance de ces densités permet d'apprécier mentalement le poids de certains corps.

Quand l'élève a, par un calcul mental, évalué une longueur, une surface, un volume, le Maître doit exiger que l'évaluation approximative soit contrôlée par la mesure directe et par un calcul exact, afin de déterminer l'erreur commise.

Exemples de calcul mental.

PREMIER EXEMPLE. *Le Maître.* — Quelle est la surface de cette cour ?

L'élève. — La cour a 20 mètres de longueur et....

Le Maître. — Vous vous trompez, mesurez les dimensions au pas.

L'élève. — Je trouve 30 mètres de longueur et environ 15 mètres de largeur.

Le Maître. — Soit. — Quelle est la surface ?

L'élève. — 30 fois 15 ou 3 fois 15 font 45 et avec le zéro 450 mètres carrés

Le Maître. — Bien ; exprimez la surface en ares et centiares.

L'élève. — 4 ares 50 centiares.

Le Maître. — Prenez *la chaine d'arpenteur*; mesurez les dimensions réelles de la cour et calculez l'erreur commise.

L'élève. — La longueur de la cour est de $32^m,80$ et la largeur est de $16^m,10$; la surface est donc $32^m,8 \times 16^m,10 = 528^{m2},08$; l'erreur commise est donc $528^{m2},08 - 450^{m2} = 78^{m2},08$.

Le Maître. — Cette erreur est considérable ; une explication est nécessaire.

En évaluant au pas la longueur de la cour, vous avez fait une erreur d'environ 3 mètres sur 33 ; or, l'erreur d'un mètre linéaire sur la longueur entraîne ici une erreur d'une bande contenant **16 mètres carrés, soit 3 fois 16.......48 ou 50 mètres carrés pour les mètres linéaires.**

D'un autre côté, l'erreur d'un mètre sur la largeur a causé une erreur d'une bande de 30 mètres carrés, soit en tout 80 mètres carrés de surface, car, dans cet exemple, les deux erreurs s'ajoutent au lieu de se compenser.

On voit par là avec quel soin il faut déterminer les dimensions, quand il s'agit d'évaluer une surface, et plus encore quand il s'agit d'un volume.

DEUXIÈME EXEMPLE. *Le Maitre.* — Quel est le volume de cette dalle?

L'élève. — La dalle a environ 80 centimètres de longueur, 70 de largeur et 35 d'épaisseur.

Le Maitre. — Soit. Adoptez le décimètre linéaire pour unité et calculez la surface principale de la dalle.

L'élève. — La surface de cette dalle est de 7 fois 8 ou 56 décimètres carrés.

Le Maitre. — Bien; prenez en nombre rond 60 décimètres carrés et dites-moi combien vous placeriez de décimètres cubes sur cette surface.

L'élève. — 60 décimètres cubes.

Le Maitre. — C'est-à-dire que vous auriez, pour un décimètre d'épaisseur, une tranche de 60 décimètres cubes ; combien aurez-vous de ces tranches et quel est le volume total?

L'élève. — Puisque l'épaisseur a 35 centimètres, il y aura 3 tranches de 60 décimètres cubes ce qui donne d'abord 3 fois 60 ou 180 décimètres cubes, plus une demi-tranche ou 30 décimètres cubes; on aura donc 180 plus 30 ou 210 décimètres cubes pour le volume demandé.

Le Maitre. — Très bien. Si les 210 décimètres cubes représentaient un volume d'eau, quel en serait le poids?

L'élève. — Le décimètre cube ou le litre d'eau pèse un kilogramme, on aurait donc 210 kilogrammes pour le poids de ce volume d'eau.

Le Maitre. — Quel sera donc le poids de la dalle si, à volume égal, la pierre pèse.....

L'élève. — 2 fois plus que l'eau? La pierre pèsera donc 2 fois 210 ou 420 kilogrammes.

Le Maitre. — Fort bien, vérifiez cette évaluation en prenant avec le mètre les véritables dimensions de la dalle, etc.

(Nous recommandons de varier ces exercices qui font acquérir une grande justesse de coup d'œil, et qui permettent d'appliquer avec plus de sûreté la preuve *par le sens commun* ou *par les limites, page 17.*)

Exercices sur la nomenclature des nouvelles mesures.

324. $543^m,65$ = cinq cent quarante-trois mètres soixante-cinq centimètres.

$12^a,07$ = douze ares sept centiares.

$83^s,8$ = quatre-vingt-trois stères huit décistères.

$0^l,19$ = dix-neuf centilitres.

$408^s,3$ = quatre hectogrammes huit grammes trois décigrammes, *ou mieux* quatre cent huit grammes trois décigrammes.

$0^r,025$ = vingt-cinq millimes, *ou* deux centimes et *demi*.

$0^m,006$ = six millimètres.

$8900^a,75$ = huit mille neuf cents ares soixante-quinze centiares, *ou* quatre-vingt-neuf hectares soixante-quinze centiares.

$41087^g,069$ = quarante-un kilogrammes quatre-vingt-sept grammes soixante-neuf milligrammes.

325. $23906^m,4$ = vingt-trois mille neuf cent six mètres quatre décimètres, *ou mieux* vingt-trois kilomètres neuf cent six mètres quatre décimètres.

$840^a,17$ = huit cent quarante ares dix-sept centiares, *ou mieux,* huit hectares quarante ares dix-sept centiares.

$1653^l,89$ = seize cent cinquante-trois litres quatre-vingt-neuf centilitres, *ou* seize hectolitres cinquante-trois litres quatre-vingt neuf centilitres.

137205^g = cent trente-sept mille deux cent cinq grammes, *ou mieux* cent trente-sept kilogrammes deux cent cinq grammes.

40009^a = quarante mille neuf ares, *ou mieux* quatre cents hectares neuf ares.

254085^m = deux cent cinquante-quatre kilomètres quatre-vingt-cinq mètres.

$20600^l,6$ = vingt mille six cents litres six décilitres, *ou* deux cent six hectolitres six décilitres.

$9000^m,807$ = neuf mille mètres huit cent sept millimètres, *ou mieux* neuf kilomètres huit cent sept millimètres.

0^g,0005 = cinq *dixièmes* de milligramme, *ou* un *demi* milligramme.

326. 61^{km},302 = soixante-un kilomètres trois cent deux mètres.

8^{ha},09 = huit hectares neuf ares.

25^{decal},834 = vingt-cinq décalitres huit litres trente-quatre centilitres, *ou* deux hectolitres cinquante-huit litres trente-quatre centilitres.

7^{hl}, 40 = sept hectolitres quarante litres, *ou* sept cent quarante litres.

329^{kg},38 = trois cent vingt-neuf kilogrammes trois hectogrammes huit décagrammes, *ou mieux* trois cent vingt-neuf kilogrammes trois cent quatre-vingts gram.

0^{hl},9 = neuf décalitres, *ou* quatre-vingt-dix litres.

0^{kg},67 = six hectogrammes sept décagrammes, *ou mieux* six cent soixante-dix grammes.

200^{km},18 = deux cents kilomètres un hectomètre huit décamètres, *ou mieux* deux cents kilomètres cent quatre-vingts mètres.

3090^{kg},561 = trois mille quatre-vingt-dix kilogrammes cinq cent soixante-un grammes.

327. Deux cent huit mètres quinze centim. = 208^m,15.
Vingt-six ares quatre-vingt-seize centiares = 26^a,96.
Onze stères cinq décistères = 11^s,5.
Trois cent quarante litres dix-huit centil. = 340^l,18.
Cinq cents grammes neuf décigrammes = 500^g, 9.
Trois mille quarante-deux francs soixante-quinze centimes = 3042^f,75.

328. Cent soixante-deux mètres huit cent. = 162^m,08.
Vingt-sept ares soixante centiares = 27^a,60.
Treize stères quatre décistères = 13^s,4.
Cinquante litres neuf centilitres = 50^l,09.
Deux cent six grammes quarante-sept milligrammes = 206^g,047.
Cinq francs cinq centimes = 5^f,05.

329. Quatre cent huit millimètres = 0^m,408.
Huit ares huit centiares = 8^a,08.

Un *demi*-stère, *ou* cinq décistères = $0^s,5$.
Soixante-treize centilitres = $0^l,73$.
Quatre-vingt-quinze milligrammes = $0^g,095$.
Quatre décimèt. neuf *dixièmes* de millim. = $0^m,4009$.

330. Quinze kilom. trois cent neuf mètres = $15^{km},309$.
Vingt-trois hectares neuf ares quarante-cinq centia-
    res = $23^{ha},0945$.
Un décastère six stères deux décistères = $16^s,2$.
Sept hectolit. dix-huit litres quarante cent. = $718^l,4$.
Huit kilogram. sept hectogram. six gram. = $8^{kg},706$.
Deux mille dix fr. cinquante centimes = $2010^f,50$.

331. Cinq cent trois kilom. dix-huit mèt. = $503^{km},018$.
Un hectare un are un centiare = $1^{ha},0101$ ou $101^a,01$.
Deux cent treize hectolitres huit litres = $213^{hl},08$.
Quarante-quatre décalitres quatre-vingts centilitres
    = $44^{decal},08$ ou $440^l,80$.
Vingt-huit kilogr. trente-cinq décagram. = $28^{kg},35$.
Cinq mille quatre cents kilogrammes huit hecto-
    grammes = $5400^{kg},8$.

332. Trois kilomètres cinquante mètres quarante-
    deux centimètres = $3^{km},05042$, *ou* $3050^m,42$.
Deux cent treize centiares = $2^a,13$.
Deux mille trois cents hectolitres quatre-vingt-deux
    centilitres = $2300^{hl},0082$.
Soixante kilogr. soixante-quinze gram. = $60^{kg},075$.
Cent dix hectares trente centiares = $110^{ha},003$.
Un kilog. six hectogr. huit gram. treize milligram.
    = $1^{kg},608013$ *ou* $1608^g,013$.

333. Trente-quatre myriamètres huit cents mètres
    = $340^{km},8$ ou 340800^m.
Onze cent quinze centilitres = $11^l,15$.
Cent soixante-cinq milligram. sept *dixièmes* de mil-
    ligramme = $0^g,1657$ *ou* $165^{mg},7$.
Cent vingt-neuf myriamètr. et *demi* = 1295 kilom.
Dix-sept milligrammes trois *centièmes* de milligram.
    = $0^g,01703$ *ou* $17^{mg},03$.

6.

Deux millimèt. quatre-vingt-cinq *millièmes* de millimètre $= 0^m,002085$, *ou mieux* $2^{mm},085$.

PROBLÈMES

SUR L'ADDITION ET LA SOUSTRACTION DES NOUVELLES MESURES (*).

354. On achète trois pièces de toile dont l'une a $52^m,43$ de longueur, l'autre $48^m,07$, la troisième $55^m,84$; quelle est la longueur totale des trois pièces.

R. La somme des trois longueurs $= 156^m,34$.

355. Des marchandises ont coûté $2104^{fr},85$; combien faut-il les revendre pour avoir 350 fr. de bénéfice ?

R. Il faut les revendre $2104^{fr},85 + 350^{fr} = 2454^{fr},85$.

356. Quel est le poids de quatre bijoux en or, dont l'un pèse 15 grammes 8 centigrammes; l'autre 42 gr. 76 milligrammes; le troisième $54^{gr},6$; et le quatrième $23^{gr},103$?

R. Le poids total des quatre bijoux $= 134^{gr},859$.

357. Le prix de transport de divers *colis*, par *grande vitesse*, a été de $58^f,60$; par *petite vitesse*, le transport n'aurait coûté que $24^f,85$; quelle économie aurait-on réalisée ?

R. L'économie est $58^{fr},60 - 24^{fr},85 = 33^{fr},75$.

358. Un hectare de bonne prairie a donné 17 624 kilog. de foin frais qui se sont réduits à 8519 kilog. de foin sec; combien ce foin a-t-il perdu par la dessiccation ?

R. Il a perdu $17\,624 - 8519 = 9105$ kilog.

359. On verse dans un tonneau vide 3 hectolitres 9 litres de vin, mais il manque 107 litres pour que le tonneau soit plein ; quelle est sa capacité ?

R. La capacité est $309^l + 107^l = 416$ litres.

(*) Dans ces problèmes, nous désignerons souvent les *hectares* et les *hectolitres* par les abréviations *ha, hl* ; les *kilomètres* et les *kilogrammes* par *km, kg*.

340. Une propriété se compose d'un pré de 65 ares 8 centiares, d'une vigne de 3 hectares 96 ares et d'un jardin de $14^a,53$: quelle est la superficie de cette propriété ?

R. La superficie $= 65^a,08 + 396^a + 14^a,53 = 475^a,61$ ou $4^{ha}\,75^a\,61^{ca}$.

341. Le poids d'un baril d'huile est de $86^{kg},37$; celui du fût est de $18^{kg},59$: quel est le poids net de l'huile ?

R. Le poids net est $86^{kg},37 - 18^{kg},59 = 67^{kg},78$.

342. Une personne qui a déjà 23 décastères 7 décistères de bois en achète 15 stères 6 décistères ; quelle est sa provision de bois ?

R. Elle est de $230^{st},7 + 15^{st},6 = 246^{st},3$.

343. Il reste $13^m,02$ d'une pièce de drap qui avait $17^m,9$ de long. Quelle longueur a-t-on prise sur la pièce ?

R. On a pris $17,9 - 13,02 = 4^m,88$.

344. On a récolté dans un domaine $15^{hectol},8$ de froment ; 37 décalitres de seigle ; $9^{hl},07$ d'avoine ; 16 décalitres d'orge ; 642 litres de maïs. Quelle est la quantité de céréales récoltées ?

R. On a récolté $1580^l + 370^l + 907^l + 160^l + 642^l = 3659^l$ ou $36^{hl}59^l$.

345. Quelqu'un achète pour $1927^f,75$ de marchandises ; il paye comptant $704^f,75$ et souscrit pour le reste deux billets d'égale somme ; quel est le montant de ces billets ?

R. Les deux billets valent ensemble $1927,75 - 704,75 = 1223$ fr. ; chaque billet vaut donc $611^f,50$.

346. Une forêt a été divisée en cinq lots : le 1er de $7^{ha},37$; le 2e de $9^{ha},04$; le 3e de $11^{ha},58$; le 4e de $15^{ha},2$ et le 5e de 21 hectares ; on demande quelle est l'étendue de la forêt.

R. La forêt a 64 hectares 19 ares d'étendue.

347. Que doit-on encore sur un compte qui s'élève à $954^f,08$ et sur lequel on a payé les à-comptes suivants : 371 fr. ; $206^f,20$; $84^f,55$?

R. En retranchant la somme des à-comptes de $954^{fr},08$ on trouve $292^{fr},33$ pour ce qu'on doit encore.

348. Un marchand a vendu d'abord 8 doubles-décalitres de blé, puis 15 doubles-décal., puis 19 doubles-décal. et enfin 7 doubles-décal. et un décalitre ; combien de blé a-t-il vendu ?

R. Il a vendu 49 doubles-décalitres, plus 1 décalitre ou 99 décalitres ou bien 9 hectol. 9 décalitres.

349. Trois héritiers se partagent un champ : l'un en prend 37ª,08; l'autre 42ª,51; le troisième un hectare 9 ares ; quelle est l'étendue de ce champ ?

R. L'étendue du champ $= 188^a$, 59 ou 1 hectare 88 ares 59 centiares.

350. Une propriété rurale est affermée 2350 fr., mais il y a en moyenne 165 fr. de réparations et frais divers, plus 208f,65 d'impôts; quel est le revenu net ?

R. De 2350 fr. ôtez la somme des dépenses, vous aurez pour le revenu net 1976fr,35.

351. Quel était le poids d'une balle de café dont on a vendu 87kg,3 et dont il reste encore 35kg,04 ?

R. Ce poids était de $87^{kg},3 + 35^{kg},04 = 122^{kg}$, 34.

352. Un corps qui tombe parcourt 4m,9 pendant la première seconde de sa chute ; 14m,7 pendant la deuxième seconde ; 24m,5 pendant la troisième seconde ; 34m,30 pendant la quatrième seconde ; 44m, 1 pendant la cinquième seconde; quel espace a parcouru ce corps pendant les cinq secondes de chute ?

R. Il a parcouru 122m,50 en cinq secondes.

353. On a retiré d'un tonneau de vin, une fois 125 litres, une seconde fois 1hl, 36 ; il en reste encore 89l,7 ; combien y en avait-il auparavant ?

R. Il y en avait 350l,70.

354. Un propriétaire qui doit 245f,85 pour ses contributions de l'année a payé en février un 1er à-compte de 100 fr., en juillet un 2e à-compte de 127f,50 ; que doit-il encore ?

R. Il doit encore 18 fr. 35.

355. Quelle est la superficie et quel est le revenu de trois propriétés dont la 1re de 8ha,37 rapporte 950 francs ; la 2e de 5ha,40 rapporte 605f,55 et la 3e de 89ª,24 rapporte 320f,75 ?

R. La superficie est de 1466ᵃ,24 et le revenu de 1876 fr. 30.

356. Il y a dans un entrepôt cinq tas de bois, dont l'un contient 125st,4 ; le 2e, 96 stères 6 décistères ; le 3e, 73 stères ; le 4e, 12 décastères ; le 5e, 21 stères 6 décistères ; combien de stères de bois y a-t-il dans cet entrepôt ?

R. L'entrepôt contient 436st, 6 de bois.

357. Un litre de lait pèse 4 grammes de plus qu'un litre d'eau de mer ; un litre d'eau de mer, 26 grammes de plus qu'un litre d'eau distillée ; un litre d'eau distillée, 8 décagrammes 5 grammes de plus qu'un litre d'huile qui pèse 0^{kg},915 ; quel est le poids d'un litre de ces liquides ?

R. Un litre d'huile pèse 0^{kg},915 ; un litre d'eau distillée 1^{kg} ; un litre d'eau de mer 1^{kg},026 ; un litre de lait 1^{kg},030.

358. Une personne dispose de 7253^f,80 ; elle achète 20 obligations dont 13 lui coûtent ensemble 4605^f,25 et les sept autres 2529^f,75 ; quelle somme lui reste-t-il après cet achat ?

R. Il lui reste après l'achat 118 fr. 80.

359. Le cuivre jaune ou *laiton* est un alliage composé d'une partie de zinc et de deux parties de cuivre. On a une masse de zinc pesant 3^{kg},17 et l'on demande 1° : combien de cuivre il faut pour l'allier à la masse de zinc ; 2° quel sera le poids de laiton obtenu ?

R. Pour 3^{kg},17 de zinc, il faut 2 fois 3^{kg},17 ou 6^{kg},34 de cuivre. Le poids du laiton sera donc 9^{kg},51.

360. Une balle de farine pesant 122 kilog. donne 158^{kg},6 de pain ; on sait qu'il entre dans cette fabrication une certaine quantité d'eau et 915 gr. de sel par balle de farine ; on demande quelle est la quantité d'eau retenue par le pain après la cuisson.

R. De 158^{kg},6 poids du pain, retranchez le poids de la farine et le poids du sel, il restera 35^{kg},685 pour le poids de l'eau retenue.

361. La *poudre de mine* est un mélange composé de 650 grammes de salpêtre, 18 décagrammes de charbon et 200 gr. de soufre ; combien aura-t-on de poudre après ce mélange ?

R. La somme du mélange donne 1030 grammes.

362. Un paysan s'est engagé à défricher un champ de 1$^{hect\text{a}}$, 56 ; après un mois de travail, il mesure la partie défrichée et trouve 67^{ares},85 ; on demande ce qui lui reste à faire pour tenir son engagement.

R. Il lui reste à défricher 156^a — 67^a, 85 = 88^a, 15 centiares.

363. Un mètre comparé à un *mètre étalon en platine* accuse une différence en moins de 38 centièmes de centimètre ; quelle est la longueur du premier mètre ?

R. Le mètre comparé a pour longueur 1^m — 0^m,0038 = 0^m,9962.

364. Un champ d'un hectare 57 ares a produit 52 348 kilog. de betteraves ; un autre champ de 72^a,08 en a donné 27 109 kilog., et une troisième terre de 113 ares a produit 68 425 kilog. Quelle est la superficie des trois champs et le rendement total en betteraves ?

R. La superficie totale = 3^{ha}42^{a}08^{ca}, et le rendement total 147 882 kilog.

365. Le projet d'un chemin de fer divise sa longueur en deux sections, l'une de 23 745 mètres, estimée 5 223 900 fr. ; l'autre de 16 892 mètres, estimée 3 716 240 fr. Le chemin comprend, en outre, un tunnel de 214^m,45 estimé 384 000 fr., plus un viaduc de 168^m,80 estimé 351 407 fr. Quelle est la longueur totale du chemin et l'évaluation de la dépense ?

R. L'addition donne 41020^m,25 pour la longueur totale et 9 675 547 francs pour la dépense totale.

366. Un banquier avait en caisse 23 358^f,90 ; il a payé dans la journée 10 287^f,15 et le soir, en *faisant sa caisse*, il trouve 4 billets de banque de 1000 fr. et 7 de 100 fr. ; 5460 fr. en or ; 2871^f, 80 en argent et 39^f,95 en monnaie de bronze. L'encaisse est-il conforme aux écritures ?

R. Si à l'encaisse du soir qui est de 13 071^f, 75, on ajoute les payements effectués dont la somme est de 10287^f,15 on retrouve l'encaisse du matin 23 358^f,90 ; il y a donc accord entre la caisse et les écritures.

367. Un commerçant qui a chez un banquier une *provision* de 3508^f,40 a fourni sur ce dernier un premier *chèque* de 724^f,75 et un deuxième chèque de 1561^f,35. On demande quel sera le montant du troisième chèque, si le commerçant veut épuiser sa provision.

R. Les deux chèques donnent 2286^{fr},10 ; le montant du 3e chèque serait donc de 3508^{fr},40 — 2286^{fr},10 = 1222^{fr}30.

368. Le poids d'une pierre est de 1248^{gr},35. Cette pierre, suspendue à un fil et pesée dans l'eau, ne pèse plus que 672^{gr},63. Quel poids a-t-elle perdu dans l'eau ? (*On démontre que ce dernier poids est précisément celui de l'eau déplacée par la pierre.*)

R. La pierre a perdu 1248^{gr},35 — 672^{gr},63 = 575^{gr},72; ce dernier poids est celui de l'eau déplacée.

369. Un négociant a expédié dans la journée cinq télégrammes : le 1er, de 19 mots ; le 2e, de 8 mots ; le 3e, de 27 mots ; le 4e, de 10 mots ; le 5e, de 58 mots. Combien a-t-il dépensé, le prix du télégramme étant de 0^f,05 par mot, et de 0^f,50 au moins par dépêche ?

R. Le 1er télégramme coûte 0^f,95 ; le 2e 0^f,50 ; le 3e, 1^{fr},35 ; le 4e, 0^{fr},50 ; le 5e, 2^{fr},90 ; en tout 6^{fr},20.

370. Quelqu'un achète par spéculation une usine qui lui coûte 23 560 fr. Il comptait la revendre 30 000 fr. au moins, mais il est forcé de la céder à 18 500 fr. Combien espérait-il gagner et qu'a-t-il perdu ?

R. Il espérait gagner 30 000 — 23 560 = 6 440 fr., et il a perdu 23 560 — 18 500 = 5 060 fr.

371. Une ferme a donné pendant deux ans les résultats suivants :

	1re *année.*	2me *année.*
Céréales.	52 hectol., 7	61 hectol., 5
Fourrages. . . .	12 503 kilog.	13 842 kilog.
Vin.	118 hectol., 5	97 hectol., 6
Bois.	14 962 kilog.	12 054 kilog.
Produits divers.	1548 francs, 60	1721 francs, 75

Comparer les produits de ces deux années.

R. Les produits de la 2e année comparés à ceux de la 1re donnent : *céréales* 8^{hl},8 en plus; *fourrages,* 1339 kilog. en plus; *vin* 20^{hl},9 en moins; *bois* 2908 kilog. en moins; *produits divers* 173^{fr},15 en plus.

372. On veut retrancher $0^r,75$ de 34 francs, mais au lieu de cette soustraction on *ajoute* à 34 francs le nombre de centimes qui manquent à $0^r,75$ pour faire un franc. Quel est le résultat de cette *addition*, ou bien quelle est l'erreur commise?

R. En retranchant $0^{fr},75$ de 34^{fr}, on a pour la différence demandée $33^{fr},25$; mais si au lieu de soustraire $0^{fr},75$ on ajoute $0^{fr},25$ à 34^{fr}, on a pour résultat $34^{fr},25$ résultat qui surpasse la différence demandée d'*une unité*, et cela doit être, puisque $0,25 + 0,75 = 1$ et qu'en réalité, dans le second cas, on ajoute $0,25$ et $0,75$ (qu'on ne retranche pas).

La fraction $0,25$ est ce qu'on nomme le *complément à l'unité* de la fraction $0,75$; on a de même $0,3$ pour le complément à l'unité de $0,7$ etc.

Le complément à l'unité est un artifice de calcul dont on se sert pour simplifier l'emploi des logarithmes à soustraire en remplaçant la soustraction par l'addition. (Voir nos *Éléments d'Algèbre*, page 212.)

373. Un bateau à vapeur a dans ses soutes 70 tonnes de charbon; il en brûle $48^{tonnes},64$ jusqu'à une relâche où il en prend 29 tonnes: il en brûle encore $32^{tonnes},75$ jusqu'à son port de destination. Quelle quantité de charbon lui reste-t-il à son arrivée?

R. Il a embarqué 99 tonnes, il en a brûlé $81^t,39$. Il lui reste à son arrivée $17^t,610$ de charbon.

PROBLÈMES
SUR LA MULTIPLICATION ET LA DIVISION
DES NOUVELLES MESURES.

374. Quel est le prix d'une pièce de toile de $56^m,75$ à raison de $2^{fr},65$ le mètre?

R. Ce prix est $2^{fr},65 \times 56,75 = 150^{fr},39$.

375. Combien doit-on payer pour $21^{kg},9$ d'une marchandise, si le kilog. coûte $3^{fr},05$?

R. On payera $3^{fr},05 \times 21,9 = 66^{fr},795$ ou mieux $66^{fr},80$.

376. Si le litre de vin coûte 0^{fr},47, combien vaudra l'hectol.?

R. Il vaudra 47 francs.

377. Au prix de 3528 fr. l'hectare, quelle est la valeur d'un are? — d'un centiare?

R. Un are vaut 35^{fr},28 et le centiare 0^{fr},3528 ou 35 centimes.

378. Le kilog. de café valant 4^{fr},50 quel est le prix d'un *quintal métrique* ou des 100 kilog.? Quel est le prix d'un hectog.? — d'un décagramme?

R. Les 100 kilog. valent 450 fr., l'hectogramme 0^{fr},45 et le décagramme 0^{fr},045.

379. Lorsque le charbon de Givors coûte 3^{fr},90 les 100 kil.; quel est le prix de la *tonne* ou des 1000 kilog.? — Quel est le prix d'un kilog.?

R. La tonne vaut 39 fr. et le kilog. 0^{fr},039.

380. Un gramme d'or monayé vaut 3^{fr},10; quel est le prix d'un hectogr.? — Quel est le prix d'un kilog.? — Quel est le prix d'un décigr.?

R. L'hectog. vaut 310 fr.; le kilog. 3100 fr.; le décig. 0^{fr},31.

381. On achète 72 litres de vin à 46 fr. l'hectolitre; quel est le montant de cet achat?

R. Le montant $= 0^{fr},46 \times 72 = 33^{fr},12$.

382. On a donné 219^{fr},12 en payement de 17^{m},6 de drap; à combien revient le mètre?

R. Il revient à $219^{fr},12 : 17,6 = 12^{fr},45$.

383. Un agriculteur afferme 2^{ha},54 de terrain, à raison de 4^{fr},75 l'are; à combien s'élève le prix du fermage?

R. Le fermage s'élève à $4^{fr},75 \times 254^{a} = 1206^{fr},50$.

384. Un hectolitre de blé pèse 78^{kg},6; quel sera le poids de 13^{hl},54 de ce grain?

R. Ce poids est de $78^{kg},6 \times 13,54 = 1064^{kg},244$.

385. Un terrain de 103^{a},25 a coûté 9500 fr.; quel est le prix de l'are?

R. L'are vaut $9500 : 103,25 = 92^{fr},009$.

386. Combien valent 5 hectol. et 4 doubles-décalitres de blé vendu à raison de $21^{fr},35$ l'hectolitre ?

R. Ils valent $21^{fr},35 \times 5^{hl},8 = 123^{fr},83$.

387. Une rame de papier contient 20 mains, et chaque main 25 feuilles, quel est le prix d'une feuille, si la rame vaut $18^{fr},40$?

R. La feuille vaut $18^{fr},40 : 500 = 0^{fr},0368$.

388. Si une rame de papier (probl. précédent) pèse $16^{kg},8?$, quel est le poids d'une feuille de papier ?

R. Ce poids est $16^{kg},85 : 500 = 0^{kg},0337$ ou $33^{gr},7$.

389. La taxe des lettres *affranchies* est fixée à 15 centimes par 15 grammes ou fraction de 15 gr. Combien doit-on payer pour trois lettres dont l'une pèse 24 gr, l'autre 87^{gr}, et la 3me 128^{gr} ?

R. La 1re lettre coûte $0^{fr},15 \times 2 = 0^{fr},30$; la 2^e $0^{fr},15 \times 6 = 0^{fr},90$; la 3^e $0^{fr},15 \times 9 = 1^{f},35$. Total $2^{fr},55$.

390. Un litre d'eau de mer contient $0^{kg},026$ de sel ; quelle quantité de sel y a-t-il dans 125 litres d'eau de mer ?

R. Il y a $0^{kg},026 \times 125 = 3^{kg},25$ de sel.

391. Les fils de fer des télégraphes électriques pèsent $0^{kg},154$ par mètre courant ; on demande ce que pèsent 5 fils semblables ayant chacun 18 kilomètres de longueur.

R. Les 5 fils ont une longueur de $18\,000 \times 5 = 90\,000$ mètres. Le poids de ces fils sera $0^{kg},154 \times 90\,000 = 13\,860$ kilog.

392. Un kilomètre de chemin de fer coûte $234\,500$ fr. ; combien coûtera un tronçon de 670 mètres ?

R. Le mètre vaut $234^{fr},50$ et les 670 mètres coûteront $234^{fr},50 \times 670 = 157\,115$ francs.

393. A quel prix revient la fumure d'un hectare, si on emploie pour cette fumure un mélange composé de 200 kilog. de *guano* à $28^{fr},50$ les 100 kilog., et de 200 kilog. de plâtre en poudre à $1^{fr},75$ le quintal métrique ?

R. Le prix sera de $(28^{fr},50 \times 2) + (1^{fr},75 \times 2) = 60^{fr},50$ par hectare.

394. Combien faut-il de bouteilles de 5^l,83 de capacité pour transvaser un hectolitre et demi de vin ?

R. Il faut 150^l : 5,83 = 25,72 c'est-à-dire 26 bouteilles.

395. Une provision de 3st,8 de bois de chauffage à 12^{fr},75 le stère a été brûlée en 95 jours ; combien a-t-on dépensé par jour?

R. On a dépensé (12^{fr},75 × 3, 8) : 95 = 0^{fr},51.

396. La balle de farine de 122 kilog., valant 56 fr., quel est le prix de 100 kil. et d'un kilog. de farine ?

R. Le prix du kilogr. est égal à 56^{fr} : 122 = 0^{fr},459; donc les 100 kilog. valent 45^{fr},90.

397. Un paquebot fait 23^{km},42 à l'heure : quelle distance parcourt-il en un jour ?

R. Il parcourt 23^{km},42 × 24 = 562^{km},080 par jour.

398. On sème environ 36 décalitres d'avoine par hectare ; combien faut-il de ce grain pour ensemencer un champ de 138^a,9 ?

R. Il faut 360^l par hectare ou 3^l,60 par are; il faudra donc 3^l,6 × 138^a,9 = 500^l,04 ou 50 décalitres.

399. Quel est le prix de 428 kilog. de houille à 37 fr. la tonne ou les 1000 kilog. ?

R. Le prix est de 0^r,037 × 428 = 15^{fr},84.

400. On demande la valeur d'un wagon chargé de 6560 kilog. de sucre à raison de 168^{fr},35 le quintal métrique.

R. Le quintal métrique ou les 100 kilog. valant 168^{fr},35, le kilog. vaut 1^{fr},6835. Le prix du wagon de sucre sera donc 1^{fr},6835 × 6560 = 11043 fr. 76 c.

REMARQUE. — Au lieu de chercher le prix du kilogramme, on préfère, dans le commerce, garder le prix du quintal métrique ; mais alors, le poids doit être exprimé en quintaux métriques et la virgule décimale doit être placée après les quintaux ; ainsi le calcul précédent sera effectué comme il suit :

$$168^{fr},35 \times 65^q,6 = 11\,043^{fr},76.$$

En général, il y a pour les poids quatre unités usuelles : le *gramme*, le *kilogramme*, le *quintal métrique* et la *tonne*. Or, si le prix adopté dans le problème correspond à une de ces unités, il faut que la virgule décimale des nombres employés dans la multiplication ou dans la division, corresponde à l'unité adoptée.

Cette observation s'applique à toutes les autres mesures. (Voir le *Guide du Maître*, page 31.)

401. En distillant un hectol. de vin, on obtient $11^l,8$ d'alcool; combien faudra-t-il distiller de litres de vin pour remplir d'alcool un baril de 127 litres ?

R. Autant de fois 127 litres contiendront $11^l,8$ autant il faudra distiller d'hectolitres de vin ; la division donne $10^{hl},7627$ ou $1076^l,27$.

402. On a récolté dans une propriété 52 hectol. de froment à $22^{fr},50$ l'hectol.; 67 hectol. d'avoine à $9^{fr},30$; 2450 kilog. de pommes de terre à $7^{fr},45$ les 100 kilog. ; divers autres produits ont rapporté $217^{fr},65$; quel est le revenu brut de cette propriété ?

R. D'après la remarque du probl. 400, on dira : *froment* $22^{fr},50 \times 52 = 1170^{fr}$; *avoine* $9^{fr},30 \times 67 = 623^{fr},10$; *pommes de terre* $7^{fr},45 \times 24^l,50 = 182^{fr},53$; *produits divers* $217^{fr},65$; total du revenu $2193^{fr},28^c$.

403. Un fil de fer d'un millimètre carré de section peut supporter sans se rompre un poids de 30 kilog. ; un fil de *bronze d'aluminium*, dans les mêmes conditions, supporte un poids de 65 kilog.; combien de fois cet alliage est-il plus résistant que le fer?

R. Divisez 65 kilog. par 30, et le quotient 2,167 indiquera que le bronze d'aluminium est 2 fois 167 *millièmes* de fois plus résistant que le fer.

404. Une prairie de $785^m.40$ de pourtour doit être bordée de saules que l'on plantera à $2^m,55$ de distance les uns des autres, y compris l'épaisseur de l'arbre ; combien faudra-t-il de saules ?

R. Il y aura autant de saules que la distance $2^m,55$ sera comprise dans $785^m,40$. La division donne 308 saules.

405. Quatre mètres de fil de platine pèsent $5^{gr},18$; que valent ces quatre mètres de fil à raison de $1^{fr},15$ le gramme ?

R. Les quatre mètres valent $1^{fr},15 \times 5,18 = 5^{fr},957$.

406. Une somme d'argent est composée de 31 pièces de 5 fr.; 19 de 2 fr.; 13 de 1 fr. et 23 de $0^{fr},50$; quelle est cette somme et combien pèse-t-elle ?

R. On trouvera pour la somme demandée $217^{fr},50$ lesquels à raison de 5 grammes par franc donnent un poids de $1087^{gr},5$.

407. Le forage du *puits artésien* de Grenelle a coûté 262 375 fr. et le tubage 100 057 fr.; quel a été le prix moyen du mètre courant de ce puits qui a 547 mètres de profondeur ?

R. Le prix du mètre $= 362432^{fr} : 547^{m} = 662$, fr. 58 c.

408. Dans un *fourneau économique* on a distribué en moyenne, par jour, 274 portions de soupe, de légumes ou de bœuf, à 10 centimes la portion ; quelle sera la recette d'un trimestre ?

R. La recette par jour $= 0^{fr},10 \times 274 = 27^{fr},40$ et par trimestre ou 90 jours, elle sera de $27^{fr},40 \times 90 = 2466$ fr.

409. Un baril vide pèse $28^{kg},7$ et plein d'huile il pèse $165^{kg},4$ combien ce baril contient-il de litres, sachant que le litre d'huile pèse 915 grammes ?

R. Le poids net de l'huile est $165^{kg},4 - 28^{kg},7 = 136^{kg},7$; le baril contiendra donc autant de litres que le poids net $136^{kg},7$ contiendra de fois $0^{kg},915$. La division donne $149^{l},398$ ou $149^{l},40$.

410. On a employé $178^{m},80$ de toile, à $3^{f},15$ le mètre, pour deux douzaines de draps de lit. Combien faut-il de mètres pour un seul drap, et combien ce drap coûte-t-il ?

R. Il faut $178^{m},8 : 24 = 7^{m},45$ pour un drap ; et à raison de $3^{fr},15$ le mètre, les $7^{m},45$ donneront $23^{fr},47$ pour le prix d'un drap.

411. Après un an de coupe le bois a perdu le 5e de son poids ;

à combien revient le bois sec qui, fraîchement coupé, a coûté 2f,45 les 100 kilog. ?

R. Par la dessiccation les 100 kilog. se réduisent à 80 kilog. Le bois sec vaut donc 2,45 : 80 = 0^{fr},0306 ; le kilog. ou 3^{fr},06 les 100 kilog.

412. Un tonneau contient 270 litres de vin à 43f,25 l'hectol.; dans le transport, il s'en est perdu 17 litres et demi ; à quel prix revient le litre de ce qui reste ?

R. Le vin coûte 0^{fr},4325 $\times$ 270 = 116^{fr},775 ; mais les 270 litres se sont réduits à 270 — 17^l,50 = 252^l, 50. Donc le litre revient maintenant à 116^{fr},775 : 252^l,50 = 0^{fr},46247 ou bien à 46^{fr},25 l'hectolitre.

413. Un meunier a acheté pour 1191 fr. de blé à 24,30 et 21f.75 l'hectolitre; il y a 15 hectolitres du premier, combien y a-t-il d'hectolitres du second ?

R. De 1191 fr. ôtez 24^{fr},30 $\times$ 15 ou 364^{fr},50, le reste 826^{fr},50 sera le produit de 21^{fr},75 par le nombre d'hectolitres inconnu. On aura donc 826,50 : 21,75 = 38 hectolitres.

414. Le prix des places de Paris à Tours, éloignés de 234 kilomètres est de 28f,80 pour la première classe ; 21f,60 pour la deuxième et 15f,80 pour la troisième ; quel est le prix du kilomètre pour chaque classe ?

R. Le prix kilométrique de la 1re classe égale 28^{fr},80 : 234 = 0^{fr},1235 ; de la 2e classe 0^{fr},0923 ; de la 3e classe 0^{fr},0676.

415. Un marchand achète 130 vases de porcelaine à 4f,65 le vase ; 12 de ces vases sont brisés ; combien faut-il vendre les autres pour gagner 176 fr. ?

R. Les 130 vases coûtent 4^{fr},65 $\times$ 130 = 604^{fr}, 50 ; mais il ne reste plus que 118 vases et comme on veut gagner 176^{fr} chaque vase devra être revendu (604,50 + 176) : 118 = 6^{fr},614.

416. Un chemin de fer qui a 508 kilom. de longueur fait une recette brute *hebdomadaire* de 240856^{fr},85 ; quelle est, par semaine, la recette kilométrique ou par kilomètre ?

R. La recette kilométrique demandée est égale à 240 856^{fr},85 : 508 = 474^{fr},127.

417. D'après le problème précédent, si les frais d'exploitation du chemin de fer absorbent la moitié de la recette brute, et les autres charges, le quart de cette recette, quelle sera la recette nette?

R. La moitié plus le quart absorbent les trois quarts de la recette brute; il ne reste plus que le quart de 240 856^{fr},85 ou 60214^{fr},21 pour la recette nette hebdomadaire.

418. Un couvert, *métal blanc,* pèse 246 grammes; ce couvert, soumis à l'*argenture galvanique,* augmente de 4^{gr},308; quel sera le poids d'une douzaine de ces couverts après l'argenture?

R. Chaque couvert pèsera 246^{gr} + 4^{gr},308 = 250^{gr},308 et la douzaine pèsera 3003^{gr}, 696.

419. Dans un champ de 2^{ha},58 on a récolté 31^{hl},49 de blé qu'on a vendu à raison de 23^{f},20 l'hectol. On demande quel a été le rendement et le produit en argent par hectare.

R. Le rendement par hectare est égal à 31^{hl},49 : 2^{ha},58 = 12^{hl},2054 et le revenu par hectare sera de (23^{fr},20 × 31^{hl},49) : 2^{ha},58 = 283^{fr},165.

REMARQUE. — Il serait plus simple, pour obtenir le revenu, de multiplier 23^{fr},20 par 12^{hl},2054, ce qui donne également 283^{fr},165 par hectare.

420. Avec une balle de farine de 122 kilog. valant 56 fr., on a obtenu 158^{kg},6 de pain; on accorde au boulanger 12^{f},50 pour son travail; il faut en outre 915 gr. de sel à 0^{f},17 le kilog.; on demande à quel prix revient le kilog. de pain.

R. Les 158^{kg},6 de pain coûtent 56^{fr} + 12^{fr},50 + 0^{fr},156 (sel) = 68^{fr},656; donc le kilog. de pain vaut 68^{fr},656^{kg} : 158, 6 = 0^{fr},4328.

421. Le *yard,* mesure anglaise de longueur, vaut 0^{m},914; combien 543 yards valent-ils de mètres?

R. Les 543 *yards* valent 496^{m},302.

422. La *livre sterling* des Anglais vaut 25^{f},2213; combien valent 100 livres sterling? 230 livres sterling? un million de livres sterling?

R. 100 livres sterling valent 2522^{fr},13 ; les 230 livres sterl. valent 25^{fr},2213 $\times$ 230 = 5800^{fr},899 ; et un million de livres sterl. vaut 25 221 300 francs.

423. Un hectare de vigne sans fumure a produit 30 hectol. de vin, mais avec des engrais qui ont coûté 375 fr. la récolte s'est élevée à 48 hectol. ; quel bénéfice a-t-on réalisé par l'emploi des engrais, si le vin a été vendu 41^f,60 l'hectol. ?

R. A raison de 41^{fr},60 l'hectol., les 48 hectol. ont rapporté 1996^{fr},80 — 375^{fr} (fumure) = net 1621^{fr},80 ; tandis que les 30 hectol. n'avaient produit que 41^{fr},60 $\times$ 30 = 1248^{fr}. Le bénéfice réalisé est donc 1621,80 — 1248 = 373^{fr},80.

424. Le loyer d'un moulin est de 1250 fr. par an ; le meunier obtient de payer ce loyer en donnant la cinquième partie du prix en espèces, et le reste, moitié en blé et moitié en vin ; combien donnera-t-il d'hectolitres de vin et de blé, si le blé vaut 23^f,50 et le vin 45^f,70 l'hectolitre ?

R. Il donne en espèces 1250 : 5 = 250 fr. ; il reste encore 1000^{fr} à payer ; donc il donnera 500 fr. : 23,50 = 21^{hl},2765 en blé, et 500 fr. : 45,7 = 10^{hl},94 en vin.

425. Un hectare a produit 35 000 kilog. de betteraves ; 100 kilog. de ces racines ne donnent en moyenne que 5^{kg},72 de sucre ; quelle quantité de sucre obtient-on par la culture d'un hectare de betteraves ?

R. 35 000^{kg} valent 350 $\times$ 100^{kg} ; donc l'hectare produira 5^{kg},72 $\times$ 350 = 2002 kilog. de sucre.

426. Si la betterave (probl. précédent) est vendue à raison de 18^f,75 la tonne, à combien reviendront 100 kilog. de sucre, abstraction faite des frais de fabrication et des impôts ?

R. 1000 kilog. betteraves coûtent 18^{fr},75 et donnent 5^{kg},72 $\times$ 10 = 57^{kg},20 de sucre ; donc 1 kilog. de sucre coûtera 18^{fr},75 : 57^{kg},20 = 0^{fr},3278 ; les 100 kilog. valent donc 32^{fr},78.

427. La production du sucre de betterave excède aujourd'hui 450 millions de kilog. ; quelle est, d'après le problème précédent, la superficie qu'il faut cultiver en betteraves pour obtenir cette quantité, sachant qu'un hectare produit en moyenne 35 000 kilog.

de racines, et combien cette production donne-t-elle de sucre pour chaque habitant (37 millions d'habitants)?

R. Pour $5^{kg},72$ de sucre, il faut 100 kilog. ou un quintal métrique de betteraves, pour 450 millions de sucre, il faudra $450\,000\,000 : 5^{kg},72 = 78\,671\,328^q,6$ de racines; or, un hectare produit 35 000 kilog. ou 350^q, il faudra donc $78\,671\,328^q,6 : 350^q = 224\,775^{ha},22$ pour la superficie demandée. Enfin, la population de la France étant de 37 millions d'habitants, il revient à chacun $450 : 37 = 12^{kg},162$ de sucre.

Remarque. — On sait qu'un kilomètre carré vaut 100 hectares; donc la superficie trouvée $= 2247^{km2},75$ c'est-à-dire environ le tiers de la superficie moyenne d'un département.

428. Une rivière traverse une commune sur une longueur de 4367 mètres. Le *syndicat* de cette rivière a dépensé 1135f,42 en réparations diverses; on demande de calculer à quel *taux de répartition* il faut imposer les riverains par mètre courant.

R. Les deux bords donnent une longueur de 8734^m. Le taux demandé est donc $1135^{fr},42 : 8734 = 0^{fr},13$.

429. Dans l'octroi d'une ville, le bœuf est imposé à 0f,05 par kilog. et le veau à 12c,5; quel est le produit de ces deux articles, s'il est entré 232 458 kilog. de bœuf et 58 650 kilog. de veau?

R. Le produit du bœuf est de $0^{fr},05 \times 232\,458^{kg} = 11\,622^{fr},90$; celui du veau $= 0^{fr},125 \times 58\,650 = 7331^{fr},25$. Total des deux recettes $18\,954^{fr},15$.

430. Une ville veut remplacer une taxe d'octroi sur les huiles qui lui rapporte 2278f,10 par une *surtaxe* sur la viande de bœuf qui est déjà taxée à cinq centimes le kilog. et rapporte 11 622f,90. De combien faudra-t-il augmenter cette taxe, par kilogramme, pour compenser l'impôt sur les huiles?

R. Il entre $11\,622^{fr},90 : 0^{fr},05 = 232\,458$ kilog. de bœuf; la surtaxe demandée sera donc de $2278^{fr},10 : 232\,458^{kg} = 0^{fr},0098$ ou un centime en nombre rond.

431. On a deux tonneaux remplis du même vin; le premier a coûté 121f,37; le second qui a 58 litres de plus a coûté 152f,11; quelle est la capacité de chaque tonneau?

R. La différence des prix est $152^{fr},11 - 121^{fr},37 = 30^{fr},74$; cette différence correspond à la différence de capacité c'est-à-dire à 58 litres; le prix du litre est donc de $30,74 : 58 = 0^{fr},53$. Donc le premier tonneau qui a coûté $121^{fr},37$ contient $121^{fr},37 : 0^{fr},53 = 229^l$; et le second tonneau qui a coûté $152^{fr},11$ contient $152^{fr},11 : 0^{fr},53 = 287$ litres.

432. On veut fumer un champ de 3 hectares 8 ares 65 centiares; on estime qu'il faut 3 m. cubes d'engrais à $6^f,25$ le mètre cube pour une surface de $7^a,75$; combien faudra-t-il de mètres cubes pour fumer ce champ et quelle sera la dépense?

R. Il faut pour un are $3^{m\ cub} : 7^a,75 = 0^{m3},387\ldots$ d'engrais et pour la surface du champ $0^{m3},387\ldots + 308^a,65 = 119^{m3}44$ lesquels à $6^{fr},25$ donnent $6^{fr},25\ldots + 119,447 = 746^{fr},55$ pour la dépense demandée.

433. Un agriculteur cède un champ de $86^a,35$ valant 110 fr. l'are, en échange d'un autre champ de $1^{ha},37$; à combien revient l'are de ce dernier champ?

R Les $86^a,35$ du 1er champ valent $110^{fr} \times 86,35 = 9498^{fr},50$; donc le prix de l'are du 2e champ sera $9498,50 : 137 = 69^{fr},33$.

434. La provision de houille nécessaire à une usine est de 650 000 kilog.; on fait un premier achat de 472 800 kilog. à $34^{fr},75$ la tonne; on achète le reste à $3^{fr},50$ le quintal métrique. Qu'a-t-on dépensé pour cette provision?

R. Le premier achat a coûté $34^{fr},75 \times 472^t,8 = 16\,429^{fr},80$; il reste à acheter $650\,000^{kg} - 472\,800$ kilog. $= 177\,200$ kilog. ou 1772 quintaux métriques, lesquels à raison de $3^{fr},50$ coûtent 6202 fr. On a donc dépensé en tout $22\,631^{fr},80$.

***435.** Un *bassin de radoub* a une capacité de 18 000 mètres cubes, on emploie pour le vider 3 pompes qui fournissent chacune $56^{m\ cub},7$ par minute; quel temps faudra-t-il aux 3 pompes fonctionnant ensemble pour mettre à sec ce bassin?

R. Les trois pompes fournissent $56,7 + 3 = 170^{m3},1$ par minute; donc les 3 pompes fonctionnant ensemble mettront 18 000 : 170,1 = 105,82 c'est-à-dire 105 minutes 82 centièmes de minute ou bien 106 minutes et mieux 1 heure 46 minutes.

436. Dans la construction d'un chemin de fer on veut faire sauter un rocher qui obstrue la voie ; on emploie pour cela 636 kilog. de *dynamite*, valant 3^f,50 le kilog. ; combien coûtera la matière explosible nécessaire à ce travail ?

R. Elle coûtera 3^{fr},50 $\times$ 635 = 2222^{fr},50.

437. Si, au lieu de la dynamite (problème précédent), on avait employé de la poudre de mine, valant 2^f,50 le kilog., quelle aurait été la dépense, sachant qu'il faut 6 fois plus de poudre que de dynamite pour produire le même effet ?

R. Il aurait fallu 635 $\times$ 6 = 3810^{kg}, lesquels à 2^{fr}, 50 auraient coûté 9525 fr.

438. On met en perce un tonneau de vin de 258 litres à 52^f,65 l'hectol., tous frais compris ; on demande 1° combien il faudra de bouteilles de 0^l,75 à 0^f,20 la pièce ; 2° à quel prix reviendra une bouteille de ce vin, verre compris.

R. Il faudra 258^l : 0^l,75 = 344 bouteilles ; le vin coûtant 0^{fr},5265 le litre, le contenu de la bouteille vaudra 0^{fr},5265 $\times$ 0,75 = 0^{fr},394 875 ou 0^{fr},395. La bouteille de vin vaudra donc 0^{fr},395 + 0^{fr},20 = 0^{fr},595 (verre compris).

439. Une personne a 159^f,60 d'économie ; avec cette somme elle veut acheter de la toile de deux qualités, une à 3^f,40 le mètre et l'autre à 2^f, 30 ; elle en veut autant de mètres de l'une que de l'autre ; quel est ce nombre de mètres ?

R. Autant de fois 159^{fr},60 contiendra la somme des deux prix (3^{fr},40 + 2^{fr},30) ou 5^{fr},70 autant on aura de mètres de chaque toile ; la division donne 28^m de chaque qualité.

440. On a mis 7 barreaux de fer de 23 millimètres d'épaisseur à une fenêtre qui a 1^m,153 d'ouverture ; quelle est la largeur des vides laissés entre les barreaux également espacés ?

R. Les barreaux prennent un espace de 0^m,023 $\times$ 7 = 0^m,161 et forment 8 vides ; donc la largeur d'un vide est égale à $(1^m,153 - 0^m,161) : 8 = 0^m, 124$.

441. Un stère de bois de chauffage, sec, ne pèse que 450 kilog., à cause des vides laissés entre les bûches ; à quel prix faudra-t-il vendre les 100 kilog. de ce bois, si le stère coûte 11f,80 ? — Dire pourquoi la vente du bois au poids vaut mieux que la vente au stère.

R. Si 450 kilog. valent $11^{fr},80$ le kilog. vaudra $11,80 : 450 = 0^{fr},0262$; donc il faudra vendre le bois $2^{fr},62$ les 100 kilog.

La vente au poids est préférable à la vente au stère parce que le poids est indépendant de la forme et de l'arrangement des bûches ; il y a donc plus d'exactitude dans la mesure au poids que dans la mesure au stère ; c'est par la même raison que le poids tend de plus en plus à remplacer les mesures de capacité, soit pour les solides comme le blé, la houille etc., soit pour les liquides comme l'huile, le vin, l'alcool, etc.

442. Par le procédé des bûcherons 100 kilog. de bois frais ne donnent que 18 kilog. de charbon ; quel est le prix de revient de 100 kilog. de charbon, si les 100 kilog. de bois frais valent $1^f,25$ pris sur place ?

R. Les 18 kilog. de charbon coûtent $1^{fr}, 25$; donc 1 kilog. coûte $1^{fr},25 : 18 = 0^{fr},0694$ et les 100 kilog. reviennent à $6^{fr}, 94$.

443. Il faut 7 décalitres et demi d'olives pour obtenir un décalitre d'huile ; on demande combien il faudra d'olives pour remplir d'huile un tonneau de 364 litres de capacité.

R. S'il faut 7 décalitres et demi ou 75^l d'olives pour obtenir 1 décalitre d'huile, pour 364^l ou $36^{dcca},4$ il faudra $75^l \times 36,4 = 2730^l$ ou 273 décalitres d'olives.

444. Un capitaliste avait acheté 25 *actions* de chemin de fer au prix de $925^f,60$ chacune ; il les a revendues en faisant un bénéfice de 4190f,40 ; à quel *cours* les a-t-il vendues et de quelle somme dispose-t-il après cette vente ?

R. Les 25 actions avaient coûté $925^{fr},60 \times 25 = 23\,140$ fr. Après la vente, il dispose de 23 140 fr.

$+$ 4190^{fr},40 $=$ 27 330^{fr},40 ; il a donc revendu ses actions au prix de 27 330^{fr},40 : 25 $=$ 1093^{fr},216.

445. Une barre de fer d'un mètre de longueur se dilate de 0^{m},000 3051 lorsqu'on élève sa température de 25° ; que deviendra la longueur d'une poutre en fer de 7^{m},35 de long, si on élève également sa température de 25° ?

R. La dilatation de la poutre pour 25° est égale à 0^{m},0003051 $\times$ 7^{m},35 $=$ 0^{m},002242485. La longueur de la poutre, après la dilatation, est 7^{m},35 $+$ 0^{m},002242485 $=$ 7^{m},352242485.

446. Avant l'adoption du système métrique, les mesures de longueur usitées en France étaient la *toise*, le *pied*, le *pouce*, la *ligne*, le *point*. La toise valait 6 pieds ; le pied se subdivisait en 12 pouces ; le pouce, en 12 lignes; la ligne, en 12 points. Ces mesures converties en mètres et fractions de mètre donnent : la toise $=$ 1^{m},94904 ; le pied $=$ 0^{m},32484 ; le pouce $=$ 0^{m},02707 ; la ligne $=$ 0^{m},002256. D'après cela, combien une longueur de 4 toises 5 pieds 7 pouces 11 lignes vaut-elle de mètres ?

R. 4 toises valent 1^{m},94904 $\times$ 4 $=$ 7^{m},79616
    5 pieds   0^{m},32484 $\times$ 5 $=$ 1^{m},62420
    7 pouces   0^{m},02707 $\times$ 7 $=$ 0^{m},18949
  11 lignes   0^{m},002256 $\times$ 11 $=$ 0^{m},024816

La longueur demandée $=$ 9^{m},634666.

447. Deux lampes, l'une à huile, l'autre à pétrole, brûlent par heure, la première 42 gr. d'huile de colza à 1^{f},40 le kilog.; la seconde 36 gr. de pétrole à 0^{f},666 le kilog. ; combien coûte l'heure d'éclairage pour chaque lampe?

R. La lampe à huile coûte 1^{fr},40 $\times$ 0^{kg},042 $=$ 0^{fr},0588 ; et la lampe à pétrole coûte 0^{fr},666 $\times$ 0^{kg},036 $=$ 0^{fr},023976, par heure.

REMARQUE. — On ne doit pas oublier que si l'énoncé indique le prix du kilog., la virgule décimale doit être placée après les kilogrammes dans le second facteur. Cette observation s'applique à toutes les unités de mesure ; c'est d'ailleurs ce que nous avons déjà fait remarquer au probl. n° 400.

448. Un décalitre d'huile d'olive coûte 16^f,40 et pèse 9^{kg},15; on demande combien il y a de litres dans 100 kilog. d'huile et quel est le prix d'un kilog. ?

R. 1° Si le décal. pèse 9^{kg},15 le poids d'un litre sera 0^{kg},915 ; or, **autant de fois** 0^{kg},915 **sera contenu dans** 100^{kg} **autant on aura de litres d'huile** ; la division donne 109^l,289.

2° Puisque 9^{kg},15 coûtent 16^{fr},40 le kilog. coûtera 16,40 : 9,15 $=$ 1^{fr},792 ou bien 1^{fr},80.

449. Deux pièces de toile de même qualité ont, l'une 1^m,05 de largeur et l'autre 0^m,80 ; la première coûte 2^f,95 le mètre ; à quel prix faut-il acheter la seconde pour qu'il soit indifférent de prendre de l'une ou de l'autre ?

R. La qualité de la toile étant la même, le prix du mètre dépend seulement de la largeur ; or, une largeur de 1^m,05 ou de 105 centimètres coûte 2^{fr},95 le mètre ; donc une largeur de 1 centimètre coûtera 2^{fr},95 : 105 $=$ 0^{fr},0281. Donc enfin pour une largeur de 80 centimètres le prix sera 0^{fr},0281 $\times$ 80 $=$ 2^{fr},248 et mieux 2^{fr},25.

450. Douze pains de savon frais pèsent chacun 19^{kg},7 et coûtent 72^f,60 les 100 kilog. Quel est le prix d'un kilog. de savon sec si les 12 pains perdent en séchant 15^{kg},85 ?

R. Les 12 pains pèsent 19^{kg},7 $\times$ 12 $=$ 236^{kg},40 et coûtent 0^{fr},726 $\times$ 236,40 $=$ 171^{fr},6264. Par la dessiccation les 236^{kg},40 se réduisent à 236^{kg},40 $-$ 15^{kg},85 $=$ 220^{kg},55 ; donc le kilog. de savon sec revient à 171^{fr},6264 : 220,55 $=$ 0^{fr},778 ou bien, 0^{fr},78 le kilog.

451. Un rentier possède 44 obligations de la Compagnie des chemins de fer d'Orléans ; 24 de ces obligations sont *nominatives* et les autres *au porteur* ; elles rapportent chacune 7^f,50 par semestre ; mais les nominatives sont frappées d'un impôt de 0^f,225 par coupon de 7^f,50 et celles au porteur d'un impôt de 0^f,56 : quel est le revenu *net*, par semestre, des 44 obligations ?

R. Les 44 obligations à 7^{fr},50 rapporteraient par semestre 330 fr. ; mais il faut déduire 1° l'impôt de

0^{fr},225 sur 24 obligations, soit 0^{fr},225 $\times$ 24 $=$ 5^{fr},40 ; 2° l'impôt de 0^{fr},56 sur 20 obligations soit 0^{fr},56 $\times$ 20 $=$ 11^{fr},20 ; somme à déduire 5^{fr},40 $+$ 11^{fr},20 $=$ 16^{fr},60. Donc le revenu net semestriel sera 330 $-$ 16,60 $=$ 313^{fr},40.

452. On a 25 wagons chargés de *minerai de fer*; chaque wagon en contient 8^{tonnes},67. On demande quelle quantité de fer on pourra obtenir, sachant que le fer extrait de ce minerai représente seulement les 0,38 de son poids.

R. La quantité de minerai est de 8^t, 67 $\times$ 25 $=$ 216^t,75. La 100° partie de ce poids est 2^t,1675; donc les 38 centièmes donneront 2^t,1675 $\times$ 38 $=$ 82^t,365 ou 82 365 kilog. de fer.

453. On estime qu'un tombereau à deux colliers chargé de 1340 kilog. peut faire chaque jour 34 kilomètres. On évalue à 650 mètres de parcours le temps perdu pour le chargement. On demande combien ce tombereau ferait de voyages par jour pour transporter du gravier à 2500 mètres du point de départ.

R. Le tombereau fait, par voyage, aller et retour, 5000 mètres auxquels il faut ajouter 650 mètres pour compenser le temps perdu, soit pour un voyage 5650 mètres. Le tombereau fera donc par jour 34000^m : 5650 $=$ 6 voyages (aller et retour).

454. A l'âge de 25 ans, il suffit de verser chaque année une somme de 5 fr. à la *Caisse des retraites pour la vieillesse* pour avoir 73^f, 25 de rente à l'âge de 60 ans; on demande quelle économie par jour devrait faire un ouvrier prévoyant pour s'assurer à 60 ans, dans les conditions qui précèdent, une rente viagère de 500 fr.?

R. Autant de fois 500 fr. contiendront 73^{fr},25 autant de fois il faudra 5 fr. par an pour avoir, à 60 ans, une rente de 500 fr; la division donne 6^{fois}, 826 ; c'est-à-dire qu'il lui faudra 5^{fr} $\times$ 6,826 $=$ 34^{fr},13 par an et 34,13 : 365 $=$ 0 ,093506, ou 0^{fr},094 par jour ; en d'autres termes, il suffit à une personne de 25 ans de faire une économie de 0^{fr},10 seulement par jour, pour se créer, à l'âge de 60 ans, une rente annuelle et viagère de 500 fr. garantie par l'État (*). (*Loi du* 18 *juin* 1850.) Ce résultat important mérite de fixer l'attention des maîtres et des élèves.

455. Quelle économie par jour (probl. précédent), devrait faire l'ouvrier pour s'assurer une rente viagère de 300 fr., si au lieu d'être âgé de 25 ans, il avait : 1° 30 ans ; 2° 40 ans ?

(A 30 ans, 5 fr. par an donnent une rente de $51^f,44$; à 40 ans, 5 fr. par an donnent une rente de $23^f,39$).

R. D'après le raisonnement du probl. précédent on trouve que si l'ouvrier est âgé de 30 ans il doit verser

$$\frac{300 \times 5}{51,44} = 29^{fr},16 \text{ par an.}$$

A l'âge de 40 ans il lui faudra $\dfrac{300 \times 5}{23,39} = 64^{fr},125$;

donc il faudra à l'ouvrier âgé de 30 ans $29^{fr},16 : 365 = 0^{fr},07989$ ou 8 CENTIMES par jour.

S'il est âgé de 40 ans, il lui faudra une économie de $64^{fr},125 : 365 = 0^{fr},1756$ ou 18 CENTIMES par jour.

456. Trois frères ont tiré au sort les immeubles suivants : au 1er est échu un pré de $2^{ha},15$ estimé 8765 fr. l'hectare ; au 2me, un bois de $4^{ha},58$ valant 3800 fr. l'hectare ; au 3me, une terre labour de $3^{ha},62$, valant 5950 fr. l'hectare. Combien le troisième héritier doit-il donner aux autres, pour que les parts soient égales ?

R. Le pré vaut $8765 \times 2^{ha},15 = 18844^{fr},75$
Le bois . . . . $3800 \times 4, 58 = 17404$ »
La terre labour $5950 \times 3, 62 = 21539$ »

Valeur de l'héritage. . . . 57787, 75

Chaque frère doit en avoir le tiers ou $19262^{fr},58$.

Donc le 1er doit recevoir $19262^{fr},58 — 18844^f,75 = 417^{fr},83$ et le second $19262^{fr},58 — 17404 = 1858$ fr., 58 c.

457. Un mètre cube d'eau de mer contient $26^{kg},5$ de sel ; com.

bien faudra-t-il faire évaporer d'eau de mer pour charger de sel 30 wagons portant chacun 7 tonnes et un quart de tonne?

R. Chaque wagon porte 7 tonnes et quart ou 7250^{kg}; les 30 wagons porteront $7250 \times 30 = 217500^{kg}$ de sel; donc pour la charge de ces wagons il faudra faire évaporer $217500^{kg} : 26^{kg},5 = 8207^{m3},54$ ou 8207 mètres cubes et demi d'eau de mer.

458. On a payé $81^{fr},10$ pour 3^{m} de drap et 14^{m} de toile; si on n'avait pris que les 3^{m} de drap et seulement 10^{m} de toile on n'aurait payé que $71^{fr},30$; quel est le prix du mètre de drap et du mètre de toile?

R. Ce problème appartient à la série des *problèmes à deux inconnues et à deux équations.* Nous avons donné (page 12) une théorie arithmétique de ces questions suivies d'une règle générale.

D'après cette règle, on dispose comme il suit les données du problème.

3^{m} drap et 14^{m} toile coûtent $81^{fr},10$.

3^{m} drap et 10^{m} toile coûtent $71^{fr},30$.

Sous cette forme on voit que la différence $81^{fr},10 - 71^{fr},30$ ou $9^{fr},80$ est la valeur des $14^{m} - 10$ ou 4 mètres de toile; 1 mètre de toile coûte donc $9^{fr},80 : 4 = 2^{fr},45$.

Pour avoir le prix d'un mètre de drap on dira (d'après l'une des deux expressions ci-dessus), 3^{m} de drap et 10^{m} de toile ou $(2^{fr},45 \times 10^{m} = 24^{fr},50)$ valent $71^{fr},30$; donc 3^{m} drap valent $71^{fr},30 - 24^{fr},50 = 46^{fr},80$; et 1 mètre de drap vaut $46^{fr},80 : 3 = 15^{fr},60$.

Ce problème type est un des plus simples de la série.

459. Une lampe modérateur brûle 23^{gr} d'huile par heure; elle reste allumée chaque soir 3 heures et demie. L'huile qu'on emploie coûte $1^{fr},45$ le kilog.; quelle sera la dépense de l'éclairage par jour et par mois?

R. La lampe brûle par soirée $23^{gr} \times 3,5 = 80^{gr},5$ et la dépense est de $1^{fr},45 \times 0^{kg},0805 = 0^{fr},1167$;

la dépense par mois sera donc $0^{fr},1167 \times 30 = 3^{fr},50$.

460. Deux ouvriers ont reçu une somme de $86^{fr},25$ pour un travail qu'ils ont fait ensemble : le premier a fait 17 journées et le second 24, mais celui-ci gagnait $0^{fr},25$ de moins que le premier. Comment doivent-ils répartir la somme qu'ils ont reçue?

R. Le 1er ouvrier a gagné $0^{fr},25$ de plus que le 2e et a fait 17 journées; il commencera donc par prélever $0^{fr},25 \times 17 = 4^{fr},25$ ce qui réduit la somme à partager à $86^{fr},25 - 4^{fr},25 = 82^{fr}$, or ces 82 francs représentent alors $17 + 24$ ou 41 journées de *même prix*, et ces journées reviennent à $82 : 41 = 2^{fr}$. Ainsi, le 1er ouvrier gagnait $2^{fr},25$ et le second 2^{fr}; le premier ouvrier touchera donc $2^{fr},25 \times 17 = 38^{fr},25$ et le deuxième ouvrier, $2^{fr} \times 24 = 48^{fr}$.

Remarque. — En général, si on a plus de deux ouvriers, il faut toujours, par une série de soustractions, ramener toutes les journées au prix de la journée de l'ouvrier le moins payé.

461. Le *bronze d'aluminium* est un alliage composé de 90 parties de cuivre et de 10 parties d'aluminium. En admettant que le cuivre coûte $2^{fr},15$ le kilog. et l'aluminium 130 fr. le kilog., on demande 1° combien il faut allier d'aluminium à un lingot de cuivre pesant $12^{kg},55$ et 2° quelle sera la valeur intrinsèque du lingot obtenu.

R. Les $12^{kg},55$ de cuivre représentent les 90 *centièmes* du lingot demandé ; il suit de là que si on divise $12^{kg},55$ par 90, on aura la *centième* partie du poids total du lingot cherché. La division donne $12^{kg},55 : 90 = 0^{kg},139444$ pour la centième partie du lingot. Le poids de l'aluminium sera donc $0^{kg},1394 \times 10 = 1^{kg},394$.

Ainsi on aura pour la valeur du lingot

Cuivre $12^{kg},55$ à $2^{fr},15$. . . . $26^{fr},9825$
Aluminium $1^{kg},394$ à 130^{fr} . . . . . $181^{fr},22$

Total. . . . . $208^{fr},2025$

462. Un manœuvre transporte sur un chariot à bras des matériaux à 100 mètres de distance; il porte chaque fois 180 kilog.; l'aller et le retour lui prennent 6 minutes et le chargement 5 minutes : sa journée est de 10 heures de travail. Cela posé, on demande 1° combien de quintaux métriques il transportera dans la journée; 2° combien il en aurait transporté si la distance n'avait été que de 60 mètres, et si l'aller et le retour ne lui avaient pris que 4 minutes.

R. Pour un voyage il lui faut $6 + 5 = 11$ minutes; autant de fois 11 sera contenu dans 10 heures ou 600 min. autant il fera de voyages. La division donne 54, c'est-à-dire 54 voyages; il transporte donc dans la journée $180 \times 54 = 9720^{kg}$, ou 97 quintaux métriques.

Dans le 2e cas, il aurait transporté $\dfrac{600 \times 180}{9} =$ $12\,000^{kg}$ ou 120 quintaux métriques.

463. Deux trains partent en même temps à 5 heures du matin, l'un de Marseille, l'autre d'Avignon, se dirigeant sur Paris; le 1er marche avec une vitesse de 50 kilom. à l'heure; le second avec une vitesse de 30 kilom. On sait que la distance de Marseille à Avignon est de 120 kilom. A quelle heure les deux trains se rencontreraient-ils, si le second ne se garait pas en temps utile?

R. Sous ce titre *Problèmes des courriers et des mobiles,* on discute en algèbre diverses questions qui peuvent être résolues par l'arithmétique, comme on va le voir dans la solution du problème proposé.

En effet, soit MAR la ligne ferrée, M Marseille, A Avignon, R le point de rencontre, MA ou 120 kilom. la distance qui sépare les deux villes (fig. 14); le train

Fig. 14.

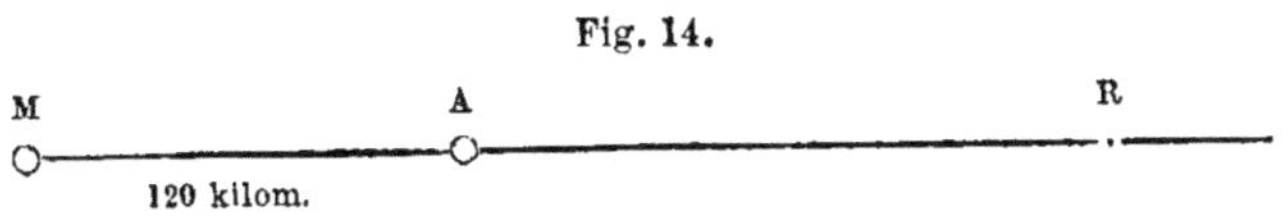

qui part d'Avignon a 120 kilom. d'avance sur celui qui part de Marseille. Il faut donc que ce dernier gagne peu à peu cette avance par son excès de vitesse; or, pendant que le train de Marseille fait 50 kilom. à l'heure, celui d'Avignon n'en fait que 30; d'où il suit que le train de Marseille gagne par heure $50 - 30 = 20$ kilom.; donc autant de fois 20 kilom. seront contenus dans l'avance de 120 kilom., autant il faudra d'heures pour que le train de Marseille atteigne celui d'Avignon. La division donne 6 heures. La rencontre aurait donc lieu à $5^h + 6^h$ ou 11 heures du matin.

Vérification. Dans 6 heures, le train d'Avignon s'est éloigné de cette ville de $30^{km} \times 6 = 180^{km}$. Le train de Marseille a parcouru $50^{km} \times 6 = 300^{km}$. Or, si à 180 kilom. parcourus par le train d'Avignon, on ajoute l'avance de 120 kilom., on trouve également 300 kilom., c'est-à-dire que la rencontre se ferait à 300 kilom. de Marseille ou à 180 kilom. d'Avignon. (Par précaution le train d'Avignon devrait se garer, au plus tard, à St-Rambert qui se trouve à 291^{km}. de Marseille.)

RÈGLES SUR LES MOBILES.

En généralisant le résultat ci-dessus, on obtient les deux règles suivantes :

1° TEMPS INCONNU. *Lorsque deux mobiles animés de vitesses différentes vont dans le même sens et parcourent d'un mouvement uniforme* * *une ligne droite ou courbe, on détermine le* TEMPS *qui s'écoule de leur point de départ au point de leur rencontre, en divisant la distance connue qui sépare les deux mobiles par la différence de leurs vitesses.*

2° ESPACES PARCOURUS. *Lorsqu'on a calculé le temps employé par les deux mobiles pour se rencontrer, on détermine* L'ESPACE *parcouru par chaque mo-*

---

* On dit qu'un mobile se meut d'un MOUVEMENT UNIFORME *quand il parcourt des espaces égaux dans des temps égaux.* On appelle alors VITESSE du mobile *l'espace parcouru dans l'unité de temps* (la seconde, ou la minute, ou l'heure, ou, etc.). Il faut adopter pour les deux mobiles les *mêmes* unités de temps et d'espace.

bile, en multipliant la vitesse de chaque mobile par le temps qu'on a trouvé (*).

Ces deux règles, déduites d'un raisonnement arithmétique, résultent des formules que nous avons discutées dans nos *Éléments d'Algèbre* (page 67... 70 et 106... 110). — Voir d'ailleurs la démonstration algébrique de ces deux règles au probl. n° 584.

Exercices sur le mètre carré.

OBSERVATION.

Dans les exercices qui suivent, nous désignerons le mètre carré, par les initiales supérieures ^{m2}, les décimètres carrés par ^{dm2}, les centimètres carrés par ^{cm2} et les millimètres carrés par ^{mm2}.

464. $15^{m2},6143 = 15$ mètres carrés 61 décimètres carrés 43 centimètres carrés.

$$3^{m2},894513 = 3^{m2}\ 89^{dm2}\ 45^{cm2}\ 13^{mm2}.$$
$$2^{m2},835 = 2^{m2}\ 83^{dm2}\ 50^{cm2}.$$
$$0^{m2},16345 = 16^{dm2}\ 34^{cm2}\ 50^{mm2}.$$
$$0^{m2},3 = 30^{dm2}\ ;\ 0^{m2},001 = 10^{cm2}.$$

465. Huit mètres carrés dix-sept décimètres carrés soixante-quatre centimètres carrés $= 8^{m2},1764$.

Vingt-sept mètres carrés cinquante-huit décimètres carrés quatre centimètres carrés $= 27^{m2},5804$.

Cent-quarante-deux mètres carrés huit décimètres carrés $= 142^{m2},08$.

Dix-neuf décimètres carrés trois centimètres carrés $= 0^{m2},1903$.

Quarante centimètres carrés treize millimètres carrés $= 0^{m2},004013$.

Un décimètre carré, quinze millimètres carrés $= 0^{m2},010015$.

(*) En général, si on représente par v la vitesse d'un mobile, par e l'espace parcouru dans un temps t, on aura la formule

$$e = v \times t$$

formule qui fait connaître ou v ou t quand on connaît l'espace e et l'un des facteurs v ou t.

466. Quelle est la surface d'un carré qui a 34 mètres de côté?

R. Cette surface est $34^m \times 34^m = 1156$ mètres carrés.

467. Un carré a 5 mètres 37 centimètres de côté ; quelle est sa surface ?

R. Cette surface $= 5^m,37 \times 5^m,37 = 28^{m2},8369$ c'est-à-dire 28^{m2} 84^{dm2} 69^{cm2}.

468. Exprimer en décimètres carrés, centimètres carrés, etc., la surface d'un carré qui a $0^m,548$ de côté.

R. La surface demandée égale $0^m,548 \times 0,548 = 0^{m2},300304$ ou 30^{dm2} 3^{cm2} 4^{mm2}.

469. On demande la surface d'un rectangle qui a 13 mètres de longueur et 7 mètres de largeur.

R. On a $13^m \times 7^m = 91$ mètres carrés.

470. Un tableau rectangulaire a $1^m,15$ de longueur sur 5 décimètres de largeur ; quelle est sa surface ?

R. Elle est de $1^m,15 \times 0^m,5 = 0^{m2},575$ ou 57^{dm2} 50^{cm2}.

471. Quelle est la surface d'une ardoise qui a 24 centimètres de longueur sur 16 centimètres de largeur ?

R. Elle est de $0^m,24 \times 0^m,16 = 0^{m2},0384$ ou 3^{dm2} 84^{cm2}.

472. On demande la surface d'un jardin carré qui a $128^m,56$ de côté.

R. Cette surface est de $128^m,56 \times 128^m,56 = 16\,527^{m2}$, c'est-à-dire 1^{ha} 65^a 27^c

473. Exprimer en hectares, ares et centiares, la surface d'un champ rectangulaire qui a $318^m,5$ de longueur sur $129^m,74$ de largeur.

R. La superficie est $318^m,5 \times 129^m,74 = 41\,322^{m2}$, c'est-à-dire 4 hectares 13 ares 22 centiares.

Exercices sur les volumes.

OBSERVATION.

Dans les exercices qui suivent, nous désignerons le mètre cube par les initiales supérieures ^{m3}, les décimètres cubes par ^{dm3}, les centimètres cubes, par ^{cm3}, les millimètres cubes par ^{mm3}.

474. *R.* $25^{m3},578421 = 25$ mètres cubes 578 décimètres cubes 421 centimètres cubes.

$4^{m3}, 596300451 = 4$ mètres cubes 596 décimèt. cubes 300 centimèt. cubes 451 millimèt. cubes.

$150^{m3}, 37 = 150$ mèt. cubes 370 décim. cubes.

$0^{m3}, 8945 = 894$ décim. cub. 500 centim. cub.

$0^{m3}, 5 = 500$ décimètres cubes, ou 5 *dixièmes* de mètre cube.

$0^{m3}, 00101 = 1$ décim. cub. 10 centim. cubes.

475. *R.* Sept mètres cubes cent cinquante-quatre décimètres cubes $= 7^{m3}, 154.$

Un mètre cube quinze décimètres cubes quarante centimètres cubes $= 1^{m3}, 01504.$

Cent soixante mètres cubes neuf décimètres cubes $= 160^{m3}, 009.$

Vingt-sept décimètres cubes deux centimètres cubes $= 0^{m3}, 027002.$

Quarante-six centimètres cubes seize millim. cubes $= 0^{m3}, 000046016.$

Quatre décimètres cubes cinquante-huit millimètres cubes $= 0^{m3}, 004000058.$

PROBLÈMES SUR LES VOLUMES.

476. Quel est le volume ou la solidité d'un cube qui a $3^{m},27$ d'arête ?

R. Ce volume est $3^{m},27 \times 3, 27 \times 3, 27 = 34^{m3}, 965783$, c'est-à-dire $34^{m3},965^{dm3}783^{cm3}.$

477. Exprimer en fraction de mètre cube le volume d'un cube dont l'arête a 78 millimètres de longueur.

R. On a $0^{m}, 078 \times 0^{m}, 078 \times 0^{m}, 078 = (0^{m},078)^{3}$

$= 0^{m3},000\,474\,552$; c'est-à-dire 474 centimètres cubes 552 millimètres cubes.

*** 478.** Un bloc de pierre a $2^{m},17$ de longueur, $0^{m},86$ de largeur et $0^{m},39$ d'épaisseur ; quel est son volume et quel en est le poids si le décimètre cube de cette pierre pèse 2 kilog. ?

R. Le volume du bloc égale $2^{m},17 \times 0^{m},86 \times 0^{m},39 = 0^{m3},727818$ ou $727^{dm3},818$; et si le décimètre cube pèse 2^{kg}, le poids de la pierre sera $2^{kg} \times 727^{dm3},818 = 1455^{kg},636$.

479. Exprimer en décimètres, centimètres et millimètres cubes le volume d'une boîte de forme rectangulaire ayant 31 centimètres de longueur, 18 centimètres de largeur, et 127 millimètres de hauteur.

R. Ce volume $= 0^{m},31 \times 0^{m},18 \times 0^{m},127 = 0^{m3},0070866$; c'est-à-dire 7 décimètres cubes 86 centimètres cubes 600 millimètres cubes.

PROBLÈMES SUR LES RAPPORTS DES MESURES MÉTRIQUES.

Quelle fraction du mètre peut-on faire en plaçant sur la même ligne les pièces suivantes :

480. 10 pièces de 1 fr. et 10 pièces de 2 fr. ?

R. On fera une longueur de $0^{m},50$.

481. 2 pièces de 2 fr. et 2 pièces de 1 fr. ?

R. Les 4 pièces feront une longueur de $0^{m},1$.

482. 2 pièces de 1 fr. moins 2 pièces de 50 c.

R. La différence sera de $0^{m},01$.

483. 1 pièce de 5 fr. en argent moins 1 pièce de 2 fr.?

R. La différence est de $0^{m},01$.

484. 1 pièce de $0^{fr},50$ moins 1 pièce de 5 fr. en or ?

R. Elles ont une différence de $0^{m},001$.

485. Quelle longueur fait-on avec 27 pièces de 5 fr. en argent?

R. La longueur est $0^{m},037 \times 27 = 0^{m},999$.

486. Quelle est la longueur d'une règle sur laquelle on peut placer, l'une à côté de l'autre, 15 pièces de 20 fr., 2 pièces de 5 fr. en argent, plus une pièce de 50 c. ?

R. La longueur cherchée est de $0^m,407$.

487. Un professeur propose à ses élèves de déterminer la longueur du tableau noir au moyen du diamètre des monnaies. A cet effet, après avoir porté plusieurs fois de suite une pièce de 2 fr. sur cette longueur, il trouve qu'elle y est contenue exactement 56 fois. Dire quelle est cette longueur.

R. Le tableau a $1^m,512$ de longueur.

488. Combien faudrait-il mettre de pièces de 5 fr. en argent, les unes à la suite des autres, pour faire le tour du Globe, en suivant l'équateur qui est d'environ 40 000 000 de mètres ?

R. Il faudrait 1 081 081 081 pièces de 5 fr.

489. Quel est le poids d'un sac d'argent de 1000 fr., abstraction faite du poids du sac ?

R. Le poids de 1000 fr. en argent est de 5 kilog.

*** 490.** Combien y a-t-il de pièces de 20 fr. dans un sac pesant net $225^{gr},806$?

R. Le sac contient $225^{gr},806 : 6^{gr},4516 = 35$ pièces de 20 francs.

491. En supposant qu'un sac pèse net $12^{kg},50$ quelle somme doit-il contenir en argent ?

R. Il y a dans le sac 2500 fr.

*** 492.** Une bourse renferme 50 pièces de 20 fr. et un certain nombre de pièces de 10 fr. ; dire combien il y a de ces dernières pièces, sachant que le poids de toutes les pièces réunies est de $467^{gr},741$.

R. Les 50 pièces de 20 fr. pèsent $6^{gr},4516 \times 50 = 322^{gr},58$; or, la différence $467^{gr},741 - 322^{gr},58 = 145^{gr},161$ représente le poids des pièces de 10 fr., on aura donc $145^{gr},161 : 3,2258 = 45$ pièces de 10 fr.

493. Un bijou en or pèse autant qu'une pièce de 2 francs, plus une pièce de 50 c.; quel est le poids de ce bijou?

R. Ce bijou pèse $10^{gr} + 2^{gr},5 = 12^{gr},5$.

494. Un objet, placé dans le plateau d'une balance fait équilibre à 12 pièces de 5 fr. en argent, 8 pièces de 1 fr., plus 2 pièces de 50 c. On veut savoir le poids de cet objet.

R. L'objet fait équilibre à 69 fr. ; il pèse donc $5 \times 69 = 345^{gr}$.

495. Un homme de force moyenne peut porter un poids de 65 kilog. ; quelle somme pourrait-il porter en or ou en argent ?

R. Il peut porter en argent $65\,000^{gr} : 5 = 13\,000$ fr. et en or, il porterait une somme 15,5 fois plus grande ou 201 500 fr.

496. Combien faudrait-il d'hommes de force moyenne (n° précédent) pour porter 1 000 000 fr. en argent ?

R. 1 000 000 pèse $5\,000\,000^{gr}$ ou 5000^{kg} et la division de 5000^{kg} par 65 donne 76,9 c'est-à-dire qu'il faut 77 hommes.

497. Un cheval de roulier est capable de traîner sur une charrette un poids de 1000 kil. : d'après cela, combien faudrait-il de charrettes attelées d'un cheval de même force pour porter 1 000 000 000 de francs en argent ?

R. Un milliard en argent pèse $5\,000\,000^{kg}$; il faudrait donc 5000 charettes.

498. Quelle est la valeur d'un gramme d'argent monnayé ?
R. Un gramme d'argent monnayé vaut $0^{fr},20$.

499. Quelle est la valeur d'un gramme d'or monnayé ?
R. Un gramme d'or monnayé vaut 15,5 fois $0^{fr},20^{c}$. ou $3^{fr},10$.

500. Un particulier a reçu en argent une somme dont le poids était de $2^{kg},625$; on demande quel eût été le poids de cette même somme en or.

R. Ce poids aurait été de $2625^{gr} : 15,5 = 169^{gr},35$ en or.

501. Quel est le poids de l'eau pure contenue dans 3 décilitres ? — 18 décimètres cubes ? — 13 litres 5 décilitres ? — 128 décimètres 2 centimètres cubes ? — 3 m. cubes 42 décimètres cubes ? — 416 litres 79 centilitres ? — 15 centimèt. cubes ? — 44 millimèt. cubes ?

R. Le poids
de 3 décilitres ou 300 millilitres = 300 gram. ;
de 18 décimètres cubes = 18 kilogrammes ;

de $13^l,5 = 13^{kg},500$;
de $128^{dm3},002 = 128^l,002 = 128^{kg},002$;
de $3^{m3},042 = 3042^{dm3} = 3042^l = 3042^{kg}$;
de $416^l,79 = 416^l,790 = 416^{kg},790$;
de $15^{cm3} = 15$ grammes ;
de $44^{mm3} = 0^{cm3},044 = 0^g,044$.

502. Combien y a-t-il de litres ou de décimètres cubes dans un poids d'eau pure, exprimé par 3 hectogram. 2 ? — 124 kilog., 1 hectogramme ? — 5 kilogrammes ? — 0 kilogram. 63 ? — 42 kilogram. 85 ? — 138 kilogram. 6 ? — 1334 kilogrammes ?

R. On vient de voir dans le problème précédent que le kilog. d'eau pure correspond à la capacité du litre ou du décimètre cube ; d'après cela,

$3^{hectogr.},2$ d'eau pure $= 0^{kg},32 = 0^l,32$;
$124^{kg},1 = 124^l,1$;
5 kilogr. $= 5$ litres ;
$0^{kg},63 = 0^l,63$;
$42^{kg},85 = 42^l,85$;
$128^{kg}, 6 = 128^l,6$;
$1334^{kg} = 1334$ litres.

503. Un vase plein d'eau pèse 3 kilog. 7 ; le poids du vase est de 5 hectogrammes : quelle est sa capacité ?

R. Le poids de l'eau $= 3^{kg},7 — 0^{kg},5 = 3^{kg},2$, donc la capacité du vase est de $3^l,20$.

504. On ne connaît pas la capacité d'un tonneau, mais on sait que vide, il pèse 35 kg. et que plein d'eau, il pèse $368^{kg},7$; dire quelle est la capacité du tonneau.

R. Le poids net de l'eau $= 368^{kg},7 — 35^{kg} = 333^{kg},7$; la capacité du tonneau est donc égale à $333^l,70$.

505. Quel est le poids d'un bloc de marbre de 1 mètre cube 135 décimètres cubes, sachant que le poids du marbre est 2,67 fois celui de l'eau ?

R. Si le volume du bloc, c'est-à-dire si les 1135^{dm3} exprimaient un volume d'eau pure, ce volume d'eau pèserait 1135^{kg} et puisque le marbre, sous le même volume, pèse 2,67 fois plus, le poids du bloc de marbre sera de 1135^{kg} $\times$ 2,67 $=$ 3030^{kg},45.

506. On a mesuré les dimensions d'un bassin, et l'on trouve qu'il peut contenir 5 mètres cubes 454 décimèt. cubes d'eau ; combien de litres contient-il ?

R. Les 5^{m3},454 valent 5454 décimètres cubes ; le bassin contient donc 5454 litres.

507. On admet que, à poids égal, le volume de l'argent monnayé est environ dix fois plus petit que le volume de l'eau ; cela posé, on demande quel est le volume occupé par une somme de 1500 fr. en pièces de 5 fr. en argent.

R. Les 1500^{fr} en argent pèsent 5^{gr} $\times$ 1500 $=$ 7500^{gr} ; or si ce poids exprimait un certain volume d'eau, il correspondrait à 7^{dm3},500 et puisque à poids égal le volume de l'argent est 10 fois plus petit que le volume de l'eau, les 1500^{fr} d'argent occuperont un volume de 7^{dm3},500 : 10 $=$ 0^{dm3},750 c'est-à-dire 750 centimètres cubes.

PROBLÈMES DE RÉCAPITULATION
SUR LE SYSTÈME MÉTRIQUE.

508. Combien un kilomètre carré contient-il d'hectares ?

R. Un kilomètre vaut 1000^{m} ; un kilom. carré vaut 1000 $\times$ 1000 $=$ 1 000 000^{m2} ; et comme l'hectare vaut 10 000^{m2}, le kilom. carré vaudra 100 hectares.

509. La superficie de la France est de 52 millions 900 mille hectares ; combien cette superficie contient-elle de kilom. carrés ?

R. Puisque le kilom. carré vaut 100 hectares, il suffit de diviser par 100 un nombre d'hectares pour convertir ce nombre en kilomètres carrés ; les 52 900 000^{ha} valent donc 529 000 kilom. carrés.

510. Que valent 18 quintaux métriques de houille à raison de 34^{f},50 la tonne ?

R. D'après l'observation du probl. 400, puisque on demande ce que valent 18 quintaux métriques, il faut que l'unité de prix corresponde au quintal métrique ; or, la tonne valant $34^{fr},50$ le quintal métrique vaut $3^{fr},45$ et 18 quintaux vaudront $3^{fr},45 \times 18 = 62^{fr},10$.

511. La vitesse de l'électricité est si grande que ce fluide peut faire 10 fois le tour du Globe dans une seconde. Quelle est cette vitesse ?

R. Cette vitesse est de $40\,000\,000^m \times 10 = 400\,000\,000^m$ ou $400\,000$ kilom., par seconde.

512. Transportée par chemin de fer, la houille paye $0^c,015$ par tonne et par kilomètre. Combien payera-t-on pour 24 500 kilog. transportés à 243 kilomètres ?

R. $24\,500^{kg} = 24^t,5$; pour 243 kilom., le transport d'une tonne coûtera $0^{fr},045 \times 243$, et pour $24^t,5$ on payera $0^{fr},045 \times 243 \times 24,5 = 267^{fr},90$ à 1 centime près.

513. Le transport des matières lourdes et encombrantes (blé, sel, pierres, houille, etc.) se fait par les canaux de navigation (*) à 1 centime par tonne et par kilomètre ; on demande quelle économie on réaliserait si on pouvait expédier par canaux la houille du problème précédent.

R. D'après le problème précédent le transport par canaux coûterait $0^{fr},01 \times 243 \times 24,5 = 59^{fr},535$. L'économie serait donc de $267^{fr},90 - 59^{fr},535 = 208^{fr},365$.

514. On a fabriqué 218 rames de papier pesant chacune $18^{kg},4$. Combien a-t-on employé de chiffons, s'il en faut un quintal métrique pour obtenir 67 kilog. de papier ?

R. Les 218 rames pèsent $18^{kg},4 \times 218 = 4011^{kg},2$; or, autant de fois $4011^{kg},2$ contiendront 67^{kg}, autant il faudra de quintaux métriques de chiffons. La division donne $59^q,8686$ ou $5986^{kg},86$ de chiffons.

515. Combien faut-il de pièces de 5 centimes, ou de 2 fr., ou de 10 fr. pour remplacer dans le plateau d'une balance le poids d'un hectogramme ?

R. Il faut pour un hectogramme $100 : 5^{gr} = 20$

(*) Voir notre *Géographie de la France*, p. 163.

pièces de 5 centimes, ou 100 : 10^{gr} = 10 pièces de 2^{fr}, ou bien 100 : 3^{gr},2258 = 31 pièces de 10 fr.

REMARQUE. — Il ne faut pas oublier qu'un kilogramme d'or monnayé vaut 3100 fr.; un hectogramme d'or vaut donc 310 fr. ou 31 pièces de 10 fr.

*** 516.** Un kilogramme de houille produit autant de chaleur que 1^{kg},70 de charbon de bois. Quelle quantité de ce charbon faut-il pour remplacer 750 kilog. de houille?

R. Pour remplacer 750 kilog. de houille, il faut 1^{kg},70 × 750 = 1275 kilog. de charbon de bois.

517. Un fermier a transformé en beurre le lait de ses vaches; il a obtenu ainsi 165 kilog. de beurre qu'il a vendu 1^{f},45 le demi-kilog.; on sait qu'il faut en moyenne 28 litres de lait pour obtenir 1 kilog. de beurre. Si au lieu d'en faire du beurre, le fermier avait pu vendre le lait 0^{f},15 seulement le litre, quel bénéfice aurait-il réalisé?

R. Le kilog. de beurre vaut 2^{fr},90 et les 165 kilog. valent 2^{fr},90 × 165 = 478^{fr},50; il faut 28 litres de lait pour 1 kilog. de beurre, il a donc fallu 28^{l} × 165 = 4620 litres pour les 165^{kg} de beurre. Si le fermier avait vendu le lait à 0^{fr},15 le litre, il aurait retiré 0^{fr},15 × 4620 = 693^{fr}; il aurait donc réalisé un bénéfice de 693^{fr} — 478^{fr},50 = 214^{fr},50.

518. Quel poids obtient-on en pesant ensemble nos 5 pièces d'or et nos 5 pièces d'argent ?

R. La somme de nos 5 pièces d'or vaut 185^{fr}, et comme 1 gramme d'or monnayé vaut 3^{f},10 les cinq pièces d'or pèsent ensemble 185 : 3,10 = 59^{gr},677.

La valeur de nos cinq pièces d'argent est de 8^{fr},70 et comme un gramme d'argent monnayé vaut 0^{fr},20 les cinq pièces pèsent ensemble 8,70 : 0,20 = 43^{gr},50; donc les 10 pièces réunies pèsent 59^{fr},677 + 43,50 = 103^{gr},177.

519. On veut planchéier une salle de 12^{m},65 de longueur, sur 7^{m},2 de largeur, en employant des planches de 4 mètres de longueur sur 28 centimètres de largeur. Combien faudra-t-il de ces planches ?

R. La surface de la salle est $12^m,65 \times 7^m,2 = 91^{m2},08$; celle d'une planche est de $4^m \times 0,28 = 1^{m2},12$; il faudra donc $91^{m2},08 : 1,12 = 81,33$ c'est-à-dire 81 planches 1 tiers ou mieux 82 planches.

520. On a 5000 fr. à placer; vaut-il mieux acheter des obligations rapportant net $14^f,54$ au prix de 283 fr. ou des rentes sur l'État, au cours de $108^f,50$ et rapportant 5 fr. ?

R. Une obligation de 283^{fr} rapporte $14^{fr},54$; donc 1 fr. en obligations rapporte $14^{fr},54 : 283 = 0^{fr},051377$; d'autre part, 1^{fr} placé en rente sur l'État rapporte $5 : 108,5 = 0^{fr},046081$; on voit que les obligations dont il s'agit rapportent plus que la rente 5%.

Si on veut connaître la différence des revenus, on aura dans le 1er cas $0^{fr},051377 \times 5000 = 256^{fr},885$ et dans le 2e cas $0^{fr},046081 \times 5000 = 230^{fr},405$. La différence est de $26^{fr},48$.

REMARQUE. — On peut, dans un résultat final, se contenter de 2 ou 3 décimales; mais lorsqu'un quotient doit être multiplié par un facteur, il faut chercher un nombre de décimales d'autant plus grand que le facteur est lui-même plus grand; ainsi, dans ce problème, le revenu de 1 fr. devait être multiplié par 5000; c'est pour cela qu'on a poussé le quotient jusqu'à la 6me décimale.

521. Combien faudra-t-il de rouleaux de papier peint, de 8 mètres de long sur 48 centimètres de large, pour couvrir les quatre murs d'une salle ayant $7^m,45$ de longueur, sur $4^m,98$ de largeur et $3^m,65$ de hauteur (sans tenir compte des portes et des fenêtres) ?

R. La longueur totale des 4 murs $= 24^m,86$; on a donc pour la surface totale des quatre murs $24,86 \times 3,65 = 90^{m2},7390$ et, puisqu'un rouleau a une surface de $8 \times 0,48 = 3^{m2},84$ il faudra $90^{m2},7390 : 3,84 = 23,63$ c'est-à-dire 23 rouleaux et 2 tiers ou mieux 24 rouleaux.

522. Combien y a-t-il de mètres cubes d'air dans une salle d'étude qui a $9^m,9$ de longueur, $6^m,4$ de largeur, sur $4^m,15$ de hauteur ?

R. Cette salle contient $9^m,9 \times 6^m,4 \times 4^m,15 = 262^{m3},944$ d'air.

523. On fait creuser, à raison de 25 centimes le mètre cube, un canal d'arrosage de 183 mètres de longueur sur $1^m,2$ de largeur et $0^m,8$ de profondeur ; combien dépensera-t-on pour ce travail ?

R. Le volume du canal $= 183 \times 1,2 \times 0,8 = 175^{m3},680$. On dépensera donc $0^{fr},25 \times 175,680 = 43^{fr},92$.

524. Le Soleil est 1 279 267 fois plus gros que la Terre. Si on représente le volume de la Terre par un centimètre cube, comment le volume relatif du Soleil sera-t-il représenté ou exprimé en mètres cubes et fraction de mètre cube ?

R. Le volume du Soleil sera représenté par 1 279 267 centimètres cubes ou $1^{m3}279^{dm3}267^{cm3}$.

525. Combien y a-t-il de litres d'eau dans une citerne de forme cubique ayant $2^m,27$ d'arête et remplie aux trois quarts seulement ?

R. La capacité de la citerne égale $2,27 \times 2,27 \times 2,27 = 11^{m3}697 083$ ou $11 697^l,083$; pour avoir la quantité d'eau demandée, il faut retrancher un quart de $11 697,083$; ce quart est $2924^l,27075$; on aura donc pour les trois quarts de la citerne $11 697^l,083 - 2924^l,27075 = 8772^l,81225$ ou 87 hectolitres 73 litres.

526. On veut construire un réservoir de forme carrée qui puisse contenir 6500 litres d'eau, avec une base de $1^m,83$ de côté. Quelle sera la profondeur du réservoir ?

R. La surface du fond égale $1,83 \times 1,83 = 3^{m2},3489$; cette surface multipliée par la profondeur égale $6^{m3},500$; donc $6^{m3},500$ est le produit de deux facteurs dont l'un $3^{m2},3489$ est connu et l'autre (la profondeur) est inconnu. La division de $6^{m3},500$ par $3^{m2},3489$ donne $1^m,9$ pour la profondeur demandée.

Remarque. — Quand on calcule des surfaces et des volumes il faut que *toutes les dimensions soient exprimées avec la même unité linéaire*, le mètre par exemple ; dans ce cas, les surfaces sont exprimées en mètres carrés et les volumes en mètres cubes. Cette observation importante trouve ici son application ; il a fallu, en effet, remplacer les 6500 litres ou les 6500 décimètres cubes par $6^{m3},500$ la virgule décimale devant être placée après les mètres linéaires, les mètres carrés, les mètres cubes. (Voir *Nouvelle Arith.* p. 300-306.)

*** 527.** La lumière parcourt dans une seconde 75 mille lieues de 4 kilom. On demande à quelle distance la Terre se trouve de la Lune et du Soleil, sachant que la lumière nous arrive de la Lune en une seconde 28 centièmes de seconde, et du Soleil, en huit minutes et vingt-trois centièmes de minute.

R. La distance de la Terre à la Lune est égale à $75\,000 \times 4^{km} \times 1^s,28 = 384\,000^{km}$ ou 96 000 lieues. De même, puisque le temps que met la lumière pour venir du Soleil est de $8^{min},23$ ou de $8^{min},23 \times 60 = 493^s,8$ on aura pour la distance de la Terre au Soleil $75\,000 \times 4^{km} \times 493,8 = 148\,140\,000^{km}$ ou 37 035 000 lieues.

528. Quel temps faudrait-il à une locomotive, faisant le kilomètre à la minute, pour franchir les distances qui nous séparent de la Lune et du Soleil ? (*Voir le problème précédent.*)

R. A 1 kilom. par minute, la locomotive fait 60^{km} par heure et $60 \times 24 = 1440^{km}$ par jour ; il lui faudrait donc, pour aller à la Lune, $384\,000 : 1440 = 263^{jours},88$. Pour aller au Soleil la locomotive mettrait $148\,140\,000 : 1440 = 102\,833^{jours},33$ ou 281 ans,73.

529. Le temps que met la lumière pour arriver de l'étoile la plus rapprochée de la Terre, est de 3 ans et demi ; combien de fois cette étoile est-elle plus éloignée de la Terre que le Soleil ?

R. 3 ans et demi réduits en secondes valent 110 376 000 secondes ; ce nombre multiplié par 300 000 kilom. (vitesse de la lumière par seconde) donne 33 112 800 000 000 kilom. pour la distance de l'étoile. Cette distance divisée par $148\,140\,000^{km}$ (distance de la Terre au Soleil) $= 223\,524$; c'est-à-dire que l'étoile la plus voisine est 223 524 fois plus éloignée de nous que le Soleil.

Remarque. — Dans ce problème et le précédent, on a pris l'année commune de 365 jours ; le calcul aurait été plus exact si on avait adopté pour facteur la durée de l'année tropique qui est de $365^{jours},242264$ ou 365 jours $5^h\ 48^m\ 51^s,6$.

530. Un mètre de fil de fer galvanisé pèse $27^{gr},6$; combien y a-t-il de mètres du même fil dans une masse de 5 kilog. ?

R. Il y en a autant que 5000^{gr} contiennent $27^{gr},6$; la division donne $181^m,16$ à un centimètre près.

531. On veut recouvrir d'une couche de gravier de 10 centimètres d'épaisseur une allée de 16 mètres de largeur, sur 316 mètres de longueur. Combien faudra-t-il de mètres cubes de gravier ?

R. Il faudra $316^m \times 0^m,1 \times 16^m = 505^{m3},600.$

532. Une prairie de 2 hectares 37 ares a donné une première coupe de foin de $11\,399^{kg},70$; la seconde a produit $2002^{kg},65$ de moins que la première, et la troisième a donné $7086^{kg},30$ de moins que la seconde ; les frais de toute nature, loyer compris, se sont élevés à 559 fr. par hectare ; les coupes se sont vendues en moyenne $8^f,50$ les 100 kilog. On demande quel est le rendement en foin et le revenu net par hectare.

R. Les trois coupes ont produit $11\,399^{kg},70 + 9397^{kg},05 + 2310^{kg},75 = 23\,107^{kg},50$; donc le rendement en foin par hectare est égal à $23\,107^{kg},50 : 2^{ha},37 = 9750$ kilog. Le revenu net par hectare sera égal à $(8^{fr},50 \times 97^q,50) - 559^{fr} = 269^{fr},75.$

533. En vendant du café $2^f,20$ le demi-kilog., un marchand a fait un bénéfice de $58^f,75$ sur une balle qui lui coûte $515^f,45$; combien cette balle contient-elle de kilog. de café ?

R. La vente a donné une recette de $515^{fr},45 + 58^{fr},75 = 574^{fr},20$ et à $4^{fr},40$ le kilog., on trouvera que la balle contenait $574,20 : 4,40 = 130^{kg},5.$

534. Un mur d'enceinte a $64^m,75$ de longueur sur $3^m,18$ de hauteur, fondations comprises ; ces fondations ont $0^m,80$ de profondeur sur $0^m,50$ d'épaisseur ; le mur au-dessus du sol a une épaisseur de $0^m,38$. Que doit-on payer pour cette construction à raison de $7^f,50$ le mètre cube ?

R. Fondations $64^m,75 \times 0^m,8 \ \times 0^m,5 \ = 25^{m3},900$
Mur extérieur $64^m,75 \times 2^m,38 \times 0^m,38 = 58^{m3},560$

$$\text{Volume total.} \ldots \ldots 84^{m3},460$$

On payera donc $7^{fr},50 \times 84,46 = 633^{fr},45$.

535. Sur les plateaux d'une balance, une bouteille vide fait équilibre à $3^f,27$ en monnaie de bronze ; la bouteille remplie d'eau est ensuite équilibrée par une somme de $8^f,45$ de la même monnaie ; on demande le poids et la capacité de la bouteille.

R. En monnaie de bronze, les centimes correspondent aux grammes ; la bouteille vide pèse donc 327 grammes, et pleine d'eau elle pèse 845^{gr} ; ainsi, le poids net de l'eau est de $845^{gr} - 327^{gr} = 518$ gr. ; et comme un gramme d'eau pure est le poids d'un centimètre cube, la capacité de la bouteille est de 518 centim. cubes, ou $0^l,518$.

Densités des corps.

536. On appelle *densités* ou *poids spécifiques* des corps les *différents* poids qu'ont les corps ramenés au même volume. On sait. en effet, que sous le *même volume* l'or pèse plus que le plomb, le plomb plus que le fer, le fer plus que le marbre, le marbre plus que l'eau, l'eau plus que l'huile, etc.

Pour avoir la densité des différents corps, on compare leur poids au *poids d'un égal volume d'eau, pris pour unité ; on aura donc la densité d'un corps, en divisant le poids d'un volume quelconque de ce corps par le poids d'un égal volume d'eau.*

Cela compris, on demande la densité de l'or, sachant qu'un fragment de ce métal pèse $288^{gr},9$ et qu'un même volume d'eau pèse 15 grammes.

R. D'après la définition de la densité on aura $288^{gr},9 : 15 = 19,26$ pour la densité de l'or ; ce nombre *abstrait* signifie que *sous le même volume,* l'or pèse 19 *fois* 26 *centièmes de fois* plus que l'eau.

537. Un litre d'huile d'olive pèse 915 gr. ; quelle est la densité de l'huile ?

R. Un litre d'huile d'olive pèse 915^{gr} et un litre d'eau 1000^{gr} ; la densité de l'huile est donc $915 : 1000 = 0,915$. (Dans tous ces problèmes, on suppose l'eau à son maximum de densité, à $+ 4°$; *Arith.* p. 156.)

538. Sous la pression normale de $0^m,76$ un litre d'air pèse $1^{gr},293$; quelle est la densité de l'air par rapport à l'eau?

R. 1 litre d'air, sous cette pression, pèse $1^{gr},293$ et 1 litre d'eau 1000^{gr}; la densité de l'air est donc $1^{gr},293 : 1000 = 0,001293$, d'où il suit qu'un mètre cube d'air pèse $1^{kg},293$.

539. Quel est sous la même pression, le poids d'un kilomètre cube d'air? (Probl. précédent.)

R. Un kilomètre cube vaut $1000 \times 1000 \times 1000 = 1$ milliard de mètres cubes. Si on multiplie ce nombre par $1^{kg},293$ poids d'un mètre cube d'air, on trouvera pour le poids demandé $1\,293\,000\,000^{kg}$.

* **540.** Le poids d'un flacon vide est de 214 gr.; plein de mercure le flacon pèse $2294^{gr},2$ et plein d'eau 367 gr.; on demande la *densité* ou le *poids spécifique* du mercure.

R. Le flacon restant le même, les deux liquides ont le même volume et pèsent net, le mercure $2294^{gr},2 - 214^{gr} = 2080^{gr},2$ et l'eau $367^{gr}, - 214^{gr}, = 153^{gr}$; on aura donc pour la densité du mercure $2080,2 : 153 = 13,596.$ (Voir *probl.* n° 536.)

541. Un vase est rempli d'eau jusqu'à un orifice supérieur par où s'échappe le *trop-plein*; on plonge dans le vase un corps quelconque, un œuf, un fruit, etc., et on trouve que l'eau qui s'est échappée du vase après l'immersion du corps pèse 168 gr.; quel est le volume de ce corps?

R. Soit A (*fig.* 15) un vase rempli d'eau jusqu'à une tubulure T par laquelle s'échappe l'eau quand on immerge un corps C par exemple, soit enfin un petit vase B destiné à recevoir la quantité d'eau que l'immersion du corps C a fait échapper de la tubulure; il est évident que si le corps a été immergé sans secousse, la quantité d'eau qui tombe dans le vase B

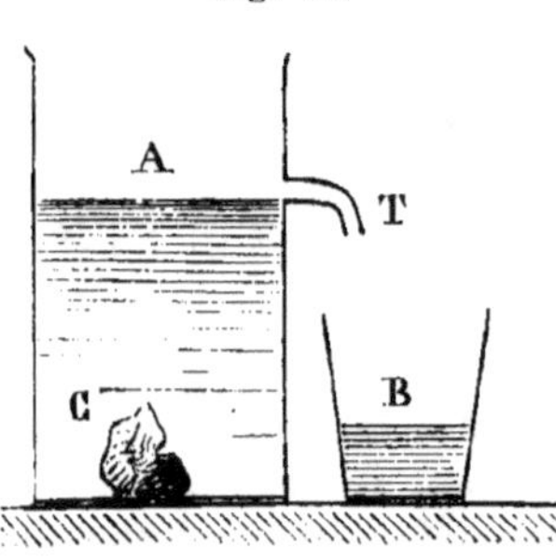

Fig. 15.

aura le MÊME VOLUME que le corps immergé et il sera facile d'avoir le *poids de cette eau*. On connaît alors toutes les conditions nécessaires pour calculer la densité du corps C (probl. 536).

D'un autre côté, le poids de l'eau contenue dans le vase B fait connaître le volume du corps C; en effet, puisque ce corps, d'après l'énoncé du problème, a fait déverser 168^{gr} d'eau, le volume du corps qui est le même que celui de l'eau déversée est égal à 168 centimètres cubes ou à 0^l,168 millilitres.

542. Un fragment de fer pèse 1059^{gr},44 et, plongé dans le vase précédent, il fait verser par l'orifice supérieur 136 gr. d'eau; quelle est la densité du fer?

R. D'après les explications du probl. précédent, on aura pour la densité du fer 1059^{gr},44 : 136^{gr} = 7,79.

543. On plonge dans le vase précédent, rempli d'eau jusqu'à l'orifice, un *corps flottant* qui s'enfonce jusqu'à ce qu'il ait déplacé un volume d'eau dont *le poids est précisément égal au poids du corps flottant*; or, l'eau qui s'est écoulée mesure 0^{lit},47; quel est le poids du corps flottant?

R. Le corps flottant fait échapper par la tubulure T (*fig.* 15) 0^l,47 ou 470 millilitres ou bien 470 centimètres cubes d'eau dont le poids est de 470 grammes; or ce poids est précisément celui du corps flottant.

544. Dans le problème précédent, après avoir de nouveau rempli le vase jusqu'à l'orifice, on remet le corps flottant et on le force de plonger en entier dans le liquide; l'eau qui s'échappe alors du vase pèse 786 gr.; quelle est la densité du corps flottant?

R. On a vu dans le problème qui précède que le poids du corps flottant est de 470^{gr}; le même corps plongé en entier déplace un volume d'eau dont le poids est de 786^{gr}; donc (probl. 536) la densité du corps flottant est égal à 470^{gr} : 786^{gr} = 0,598.

545. Une feuille de plomb a 4 millimètres d'épaisseur; on demande le poids d'un mètre carré de cette feuille, la densité du plomb étant 11,35?

R. Le volume de la feuille de plomb est égal à

$1^m \times 1^m \times 0^m,004 = 0^{m3},004$ ou 4 décimètres cubes; or, si ce volume représentait 4 décim. cubes ou 4 litres d'eau pure le poids serait de 4 kilog., mais le plomb pesant 11,35 fois plus que l'eau, le poids de la feuille sera de $4^{kg} \times 11,35 = 45^{kg},40$.

REMARQUE. — En général pour avoir en kilogrammes le poids d'un corps dont on connaît la densité, il faut 1° chercher son volume ; 2°convertir ce volume en décimètres cubes ; 3° multiplier les décimètres cubes par la densité du corps ; ce dernier produit donne le poids demandé.

546. Quel est le volume d'une statuette en bronze antique dont la densité est 9,2 et dont le poids est de 7795 grammes ?

R. D'après la remarque du problème précédent, le poids $7^{kg},795$ (converti en kilog.) est le produit du volume (exprimé en décimètres cubes) par 9,2 (densité connue); on aura donc le volume en décimètres cubes en divisant $7^{kg},795$ par 9,2 ; la division donne $0^{dm3},847$ c'est-à-dire, 847 centimètres cubes.

Volume des poutres.

547. On obtient le volume d'une *poutre équarrie en multipliant sa longueur par sa section rectangulaire mesurée au milieu de la longueur de la poutre.* D'après cela, quel est le volume d'une poutre équarrie qui a $6^m,75$ de long et dont le rectangle, au milieu de la poutre, a $0^m,38$ de long sur $0^m,27$ de large?

R. Ce volume, d'après la règle ci-dessus, est égal à $0^m,38 \times 0^m,27 \times 6^m,75 = 0^{m3},692\,550$, ou 693 décimètres cubes.

548. Pour obtenir le volume d'une poutre ronde, il faut 1° *mesurer sa longueur;* 2° *prendre la circonférence de la poutre au milieu de la longueur;* 3° *chercher le quart de cette circonférence et faire le carré de ce quart;* 4° enfin, *multiplier le carré obtenu par la longueur de la poutre;* ce dernier produit donne le volume demandé. D'après cela, quel est le volume d'une poutre ronde qui a $11^m,25$ de longueur et dont la circonférence, au milieu de cette poutre, est de $0^m,91$?

R. Prenons, d'après la règle ci-dessus, le quart de la circonférence trouvée, nous aurons $0^m,91 : 4 = 0^m,2275$; le carré de ce quart égale $0,2275 \times 0,2275 = 0^{m2},05175625$; multipliant alors ce dernier produit (simplifié) $0,0518$ la longueur par $11^m,25$ on aura pour le volume demandé $0^{m3},582$.

REMARQUE. — Pour simplifier l'opération on force la circonférence $0^m,91$ d'un centimètre et on a $0^m,92$ dont le quart est exactement $0^m,23$ au lieu de $0^m,2275$; ajoutons que les règles des n°s 547 et 548 ne donnent que des approximations considérées comme suffisantes dans la pratique. (Voir, pour plus d'exactitude, les procédés géométriques dans nos *Notions de géométrie pratique et d'arpentage*, pages 221...228, un vol. in-12, 7ᵉ édition. — Voir aussi *Nouvelle Arith.*, p. 310 et 311.)

549. Une poutre équarrie en chêne a $7^m,35$ de longueur; sa section moyenne rectangulaire est de $0^m,40$ sur $0^m,32$; quel est le volume de cette poutre et quel en est le prix à raison de $94^f,50$ le mètre cube?

R. Le volume de la poutre est $0^m,40 \times 0^m,32 \times 7^m,35 = 0^{m3},9408$ et son prix est de $94^{fr},50 \times 0,9408 = 88^{fr},90$.

550. On achète une poutre en sapin de $12^m,60$ de longueur; sa circonférence, au milieu, est de $0^m,92$. On demande le volume, le poids et le prix de cette poutre, sachant que le bois de sapin ne pèse que les $0,55$ du poids d'un égal volume d'eau, et que le mètre cube de sapin vaut $42^f,75$.

R. Le quart de la circonférence (au milieu de la poutre) est de $0^m,23$; le carré de $0^m,23$ est $0^{m2},0529$. On aura donc, volume de la poutre $= 0^{m2},0529 \times 12^m,60 = 0^{m3},666540$ ou 666 décim. cubes, 540 centimètres cubes. Un pareil volume d'eau pèserait $666^{kg},540$; puisque la densité du sapin est $0,55$ la poutre pèsera $666^{kg},54 \times 0,55 = 366^{kg},597$. (Voir la remarque du probl. 545.) Enfin le prix de la poutre est égal à $42^{fr},75 \times 0^{m3},66654 = 28^{fr},50$.

551. Sachant qu'à volume égal, le zinc est $7,19$ fois plus lourd que l'eau, déterminer l'épaisseur d'une feuille de ce métal pesant

100 grammes et ayant 26 centimètres de longueur, sur 157 millimètres de largeur.

R. Avant de résoudre ce problème, rappelons les principes suivants, d'une importance capitale pour le calcul des surfaces et des volumes.

1° *Toutes* les dimensions d'une surface ou d'un volume étant exprimées ou converties en *mètres linéaires*, la surface sera exprimée en *mètres carrés*, le volume en *mètres cubes* et le poids D'EAU PURE correspondant au mètre cube sera exprimé en *tonnes* (ou milliers de kilogrammes).

2° *Toutes* les dimensions étant exprimées ou converties en *décimètres linéaires*, la surface sera exprimée en *décimètres carrés*, le volume en *décimètres cubes* ou en *litres* et le poids d'eau pure correspondant au décimètre cube ou au litre sera exprimé en *kilogrammes*.

3° *Toutes* les dimensions étant exprimées ou converties en *centimètres linéaires* la surface sera exprimée en *centimètres carrés*, le volume en *centimètres cubes* ou en *millilitres* et le poids d'eau pure correspondant aux centimètres cubes sera le *gramme*.

Poids des corps. *On obtient le poids d'un corps en multipliant son volume ou mieux le poids d'eau correspondant, par la densité de ce corps.* (Voir la Table des densités, *Nouvelle Arith.*, page 313.)

Appliquons ces principes, en adoptant le décimètre linéaire, au probl. à résoudre.

Les 100 gr. seront remplacés par 0^{kg},100 ; les 0^{m},26 par 2^{dm},6 ; 0^{m},157 par 1^{dm},57. On aura donc l'expression suivante :

2^{dm},6 $\times$ 1^{dm},57 $\times$ *l'épaisseur cherchée* $\times$ 7,19 $=$ 0^{kg},100; ou 2^{dm},6 $\times$ 1^{dm},57 $\times$ 7,19 $\times$ *l'épaisseur cherchée* $=$ 0^{kg},100 ou, effectuant les calculs, 29,34958 $\times$ *l'épaisseur cherchée* $=$ 0^{kg},100.

Donc 0^{kg},100 est le produit de 2 facteurs dont l'un est connu et l'autre inconnu. La division donnera enfin 0^{kg},100 : 29,34958 $=$ 0^{dm},0034 ou 0^{m},00034 ou

3 *dixièmes* de millimètre pour l'épaisseur demandée.

552. L'or est si malléable que, sous l'action du marteau, il peut être réduit en feuilles d'un millième de millimètre d'épaisseur ; la densité de l'or battu étant de 19,36 on demande le volume et le poids d'une de ces feuilles d'or d'un décimètre carré de surface.

R. Si nous prenons (probl. précédent) le centimètre linéaire pour unité, nous aurons pour le volume de la feuille d'or $10^{cm} \times 10^{cm} \times 0^{cm},0001 = 0^{cm3},01$ c'est-à-dire un *centième* de centimètre cube ; son poids sera $0^{cm3},01 \times 19,36 = 0^{gr},1936$.

553. La section horizontale d'un tombereau faite à moitié de sa profondeur est un rectangle de $1^m,80$ de long sur $0^m,94$ de large ; la profondeur est de $0^m,65$; quelle est la capacité du tombereau ? (*Même règle que pour le probl.* 547.)

R. On aura pour la capacité demandée $1^m,8 \times 0^m,94 \times 0^m,65 = 1^{m3},0998$.

554. On a payé $41^f,15$ pour 9 journées de maçon et 7 journées de manœuvre ; une autre fois $37^{fr},40$ pour 4 journées de manœuvre et 9 journées de maçon. Combien chaque ouvrier gagnait-il par jour ?

R. Conformément à l'observation du probl. 458 et à la règle générale de la page 15, nous disposerons l'énoncé comme il suit :

9ʲ de maçon et 7ʲ de manœuvre coûtent $41^{fr},15$.
9ʲ de maçon et 4ʲ de manœuvre coûtent $37^{fr},40$.

La différence $41^{fr},15 - 37^{fr},4$ ou $3^{fr},75$ provient de la différence des journées de manœuvre ou $7 - 4 = 3$ journées ; une journée de manœuvre vaut donc $3^{fr},75 : 3 = 1^{fr},25$. Cette valeur fait connaître facilement le prix de la journée du maçon, qui est de $3^{fr},60$.

555. Avec 61 fr. on a acheté 8 kilog. de café et un kilog. de thé ; avec 103 fr. on a eu 4 kilog. de café et 3 kilog. de thé ; quel est le prix du café et du thé ?

R. D'après le probl. précédent, on disposera l'énoncé comme il suit :

8^{kg} café et 1^{kg} thé valent   61 fr.
4^{kg} café et 3^{kg} thé valent 103 fr.

En doublant les quantités du second achat, la 2e expression devient 8^{kg} café et 6^{kg} thé valent 206 fr. La différence des sommes payées 206 — 61 ou 145 fr. provient évidemment de la différence 6 — 1 ou 5^{kg} de thé. Le kilog. de thé vaut donc 145 : 5 = 29 fr; le kilog. de café vaut par conséquent 4 fr.

556. Un flacon plein d'eau pèse 217 grammes, et plein de mercure dont la densité est 13,596 il pèse $1829^g,29$; on demande la capacité et le poids du flacon. (Application des problèmes n°s 458, 554, 555.)

R. Ce problème est une intéressante application des deux problèmes qui précèdent. On a en effet :

le poids du flacon et le poids de l'eau = 217 gr.
le poids du flacon et le poids du mercure = $1829^{gr},29$

cette dernière expression peut être remplacée par la suivante :

le poids du flacon et 13,596 fois le poids de l'eau = $1829^{gr},29$.

Sous cette forme, on voit que la différence des poids $1829^{gr},29$ — 217^{gr} ou $1612^{gr},29$ est égale à 13,596 fois le poids de l'eau moins une fois ce poids, ou à 12,596 fois le poids de l'eau ; donc le poids de l'eau demandé est égal à $1612^{gr},29$: 12,596 = 128^{gr} ; par suite, la capacité du flacon est de 128 centimètres cubes, ou $0^l,128$.

Le poids du flacon se déduit de la première expression, c'est-à-dire en retranchant 128^{gr} (poids net de l'eau) de 217^{gr} (poids du flacon plein d'eau) ; cette différence donne 89^{gr} pour le poids du flacon.

557. Un tas de bois de chêne mesure $4^m,25$ de long, $3^m,40$ de large et $2^m,80$ de haut ; on demande 1° combien ce tas contient de stères ; 2° combien il contient de mètres cubes de bois *plein*, sachant que dans un stère de bois de chêne en branches assez droites il y a 0,55 de plein et 0,45 de vide.

R. Ce tas contient $4^m,25 \times 3^m,40 \times 2^m,800 = 40^{st},46$ et le nombre de mètres cubes de bois *plein* $= 40^{st},46 \times 0,55 = 22^{m3},253$.

Remarque. — Ce problème montre très bien la différence qu'il y a entre un *stère* et un mètre cube de bois ; il confirme aussi la supériorité de la mesure au poids sur la mesure au stère.

558. La densité du hêtre sec est 0,8 ; on sait en outre que les rondins de hêtre empilés dans le stère n'occupent que les 0,60 du mètre cube ; quel est, d'après cela, le poids d'un stère de hêtre ?

R. Si le stère n'avait pas de vide, le poids d'un mètre cube ou de 1000^{dm3} de hêtre serait égal à $1000^{dm3} \times 0,8 = 800$ kilog. ; mais comme le stère ne représente que les 0,60 du mètre cube *plein*, le poids d'un stère de hêtre sera $8000^{kg} \times 0,60 = 480$ kilog.

559. On admet qu'*à poids égal* la houille donne 2 fois plus de chaleur que le bois dur sec ; d'un autre côté, un stère de ce bois pèse en moyenne 450 kilog. Cela posé, si la houille coûte $3^f,50$ le quintal métrique et qu'un stère de bois dur sec coûte 10 fr., quel est le combustible le plus avantageux, et à quel prix faudrait-il acheter le quintal métrique de ce bois pour qu'il fût indifférent de brûler du bois ou de la houille ?

R. Un stère de bois sec pèse 450 kilog., et ne produit pas plus de chaleur que 225 kilog. de houille ; or, les 450^{kg} de bois coûtent 10 fr., tandis que 225^{kg} de houille coûtent $3^{fr},50 \times 2^q,25 = 7^{fr},875$; donc le chauffage à la houille est le moins cher, et pour qu'il fût indifférent de brûler du bois sec ou de la houille, il faudrait que les 450 kilog. ou les $4^q,5$ de bois fussent vendus $7^{fr},875$ c'est-à-dire $7^{fr},875 : 4^q,5 = 1^{fr},75$ le quintal métrique.

560. L'eau, en se congelant, augmente de volume, de sorte qu'un décimètre cube de glace ne pèse que 918 grammes ; d'après cela, quel sera le volume d'un hectolitre d'eau, après sa congélation ?

R. Dire qu'un décimètre cube de glace ne pèse que 918^{gr} c'est dire que 918^{gr} d'eau occupent, en se congelant, 1 décimètre cube ; d'où il suit que autant de fois 1 hectol. ou 100^{dm3} d'eau contiendront $0^{kg},918$ autant on aura de décimètres cubes ou de litres de glace. La division donne 108^{dm3},932 c'est-à-dire 109 litres environ.

561. Au niveau de la mer, la pression de l'air ou de l'atmosphère est égale au poids d'une colonne d'eau qui aurait 10^m,334 de hauteur ; cela posé, 1º quelle est la pression exercée par l'air sur une surface d'un décimètre carré et d'un centimètre carré ; 2ª quelle est la hauteur d'une colonne de mercure capable de produire une pression équivalente ; 3º quand on dit qu'une machine à vapeur fonctionne à 5 ou 6 *atmosphères*, que signifie cette expression ?

R. 1º Le volume d'une colonne d'eau ayant 1^{dm2} de base et 103^{dm},34 de hauteur (voir probl. 551) égale 103^{dm3},34 et pèse 103^{kg},34 ; telle est la pression exercée sur un décimètre carré de surface, et comme un centimètre carré est la 100ᵉ partie d'un décimètre carré, la pression exercée par la colonne d'eau sur un centimètre carré sera de 1^{kg},0334.

2º Le mercure ayant une densité de 13,596 il suffit, pour avoir la même pression, de diviser la hauteur 10^m,334 par 13,596 ce qui donne 0^m,76 pour la hauteur d'une colonne de mercure équivalente. (Cette colonne constitue le baromètre ordinaire.)

3º La pression de 1^{kg},0334 par centimètre carré est ce qu'on nomme *la pression d'une atmosphère* ; quand on parle d'une machine fonctionnant à 5 ou 6 atmosphères, cela signifie que la pression exercée par la vapeur sur les parois intérieures de la chaudière est égale à 5 ou 6 fois 1^{kg},0334 par centimètre carré.

Monnaies et alliages.

562. On a une masse de cuivre de 134^{kg},85 ; on demande 1º quelle quantité d'étain et de zinc il faut allier pour avoir le bronze des monnaies ; 2º combien, avec cet alliage, on pourra fabriquer de pièces de 5 centimes et de 10 centimes, en nombre égal.

R. Ce problème d'alliage rappelle celui du nº 461 ; en effet, les 134^{kg},85 de cuivre représentent les 95 *centièmes* du poids total de l'alliage ; donc en divisant

$134^{kg},85$ par 95 on aura $1^{kg},41947$ pour la *centième partie* de l'alliage; d'où il suit qu'il faudra $1^{kg},41947$ de zinc, et $1^{kg},41947 \times 4 = 5^{kg},677$ d'étain. Le poids total de l'alliage est donc $141^{kg},947$.

2° Une pièce de 10 centimes et une pièce de 5 centimes pèsent ensemble 15^{gr}; on aura donc $141\,947^{gr} : 15 = 9463$ pièces de chaque espèce à fabriquer.

563. On sait qu'au *titre légal* un kilogramme d'or monnayé vaut 3100 fr., et qu'un kilog. d'argent vaut 200 fr. D'après cela, quelle est la valeur d'un kilog. d'or pur et d'un kilog. d'argent pur?

R. Dans les monnaies d'or et d'argent le *cuivre n'est compté pour rien*, d'où il suit que les 900^{gr} d'or pur qui entrent dans un kilog. d'or monnayé valent 3100 fr. par conséquent 1^{gr} d'or pur vaut $3100^{fr} : 900 = 3^{fr},44444$; donc 1000^{gr} ou 1 kilog. d'or pur vaut $3444^{fr},44$.

De même, dans 1^{kg} d'argent monnayé à $\frac{900}{1000}$ les 900^{gr} d'argent pur valent 200 fr.; donc 1^{gr} d'argent monnayé vaut $200^{fr} : 900 = 0^{fr},22222$; donc enfin 1000^{gr} ou 1 kilog. d'argent pur vaut $222^{fr},22$.

564. La Direction de la Monnaie fait payer $6^{f},70$ la transformation d'un kilog. d'or, au titre légal, en monnaies usuelles; on demande quel est le prix de fabrication d'une pièce de 100 fr., de 50 fr. et de 20 fr.

R. Avec 1 kilog. d'or au titre légal, valant 3100 fr., on peut fabriquer 31 pièces de 100 fr., d'où il suit que le prix de fabrication d'une pièce de 100 fr. vaut $6,70 : 31 = 0^{fr},216$; pour une pièce de 50 fr., ce prix est la moitié, ou $0^{fr},108$ et pour une pièce de 20 fr. le 5e, ou $0^{fr},043$.

565. On paie $1^{r},50$ à la Monnaie, pour convertir en pièces un kilog. d'argent au titre légal; quel est, d'après cela, le prix de fabrication d'une pièce de 5 fr. ?

R. Avec un kilog. d'argent au titre de 0,900 on fait 40 pièces de 5^{fr}; la fabrication d'une de ces pièces coûte donc $1^{fr},50 : 40 = 0^{fr},0375$.

566. Les *pièces divisionnaires*, c'est-à-dire les pièces de 2 fr., de 1 fr., de 50 et de 20 centimes ont été, pendant longtemps, fabriquées au titre de 0,900; mais depuis 1866, le titre a été abaissé à 0,835 le poids restant le même; cela posé, calculer la différence de valeur qui existe entre l'ancienne pièce de 2 fr. et la nouvelle.

R. Une pièce de 2 fr. au titre ancien de 0,900 vaut 2 fr. d'argent, valeur intrinsèque ou réelle (frais de fabrication compris), d'où il suit que la valeur de 1 *millième* est 2^{fr} : 900 $=$ $0^{fr},0022222$ et celle de 835 *millièmes* de $0^{fr},0022222 \times 835$ $= 1^{fr},8555$. En d'autres termes, la valeur nominale (inscrite sur la pièce) d'une ancienne pièce de 2 fr. est égale à sa valeur intrinsèque qui est de 2 fr.; tandis que la valeur nominale de la nouvelle pièce de 2 fr. étant toujours de 2 fr., sa valeur intrinsèque n'est que de $1^{fr},8555$; ce qui signifie que dans la nouvelle pièce de 2 fr. il n'y a que $1^{fr},8555$ d'argent pur. La différence de valeur entre les deux pièces est donc de $0^{fr},144$.

Pour la pièce de 1 fr., la différence de valeur est de $0^{fr},0722$; pour celle de 50 centimes, elle est de $0^{fr},0361$; pour celle de 20 centimes, elle est de $0^{fr},0144$.

567. Indiquer pour chaque pièce d'or et pour chaque pièce d'argent le nombre de pièces nécessaires pour avoir le poids d'un kilogramme.

R. Un kilog. d'or monnayé valant 3100 fr., il faut pour 1 kilog. 31 pièces de 100 fr.; ou 62 pièces de 50 fr.; ou 155 pièces de 20 fr.; ou 310 pièces de 10 fr.; ou 620 pièces de 5 fr.

De même, 1 kilog. d'argent monnayé valant 200 fr., il faut pour 1 kilog. 40 pièces de 5 fr.; ou 100 pièces de 2 fr.; ou 200 pièces de 1 fr.; ou 400 pièces de 50 centimes; ou 1000 pièces de 20 centimes.

568. Déterminer, d'après les titres légaux, le poids de l'argent pur contenu dans la somme de nos cinq pièces d'argent.

R. La pièce de 5 fr. contient $25^{gr} \times 0,9 = 22^{gr},5$; les autres pièces divisionnaires qui sont au titre de 0,835 pèsent ensemble $10^{gr} + 5^{gr} + 2^{gr},5 + 1^{gr} = 18^{gr},5$ et contiennent $18^{gr},5 \times 0,835 = 15^{gr},4475$; donc nos 5 pièces d'argent contiennent ensemble $37^{gr},9475$ d'argent pur.

569. Parmi nos monnaies d'or, d'argent et de bronze, quelles sont celles dont la valeur intrinsèque est égale à la valeur nominale et celles dont la valeur intrinsèque est inférieure à la valeur nominale inscrite sur ces monnaies?

R. Toutes nos monnaies d'or ainsi que la pièce de 5 fr. en argent ont une valeur intrinsèque égale à leur valeur nominale; mais, depuis que le titre des monnaies divisionnaires a été abaissé de 0,900 à 0,835 la valeur intrinsèque de ces pièces est inférieure à leur valeur nominale. (Voir probl. 566.) Quant aux monnaies de bronze, leur valeur intrinsèque est de beaucoup inférieure à leur valeur nominale, car 100 pièces de 10 centimes valent 10 fr. et pèsent 1 kilog; tandis que le kilog. de cuivre ou d'étain vaut environ 2 fr. et que le prix du zinc est encore moins élevé.

* **570.** On appelle *tolérance* la différence que la loi tolère en plus et en moins dans le titre et dans le poids des monnaies par rapport à leur titre légal et à leur poids légal.

Ainsi, la loi tolère 2 *millièmes d'écart* en plus et en moins dans le titre des monnaies d'or et de la pièce de 5 fr. en argent, et 3 *millièmes* dans le titre des autres monnaies d'argent. D'après cela, peut-on accepter comme *légales* des pièces d'or dont un fragment pesant $1^{gr},457$ contient 16 centigrammes de cuivre?

R. Au titre légal, les pièces d'or contiennent 100 *millièmes* de cuivre et avec la tolérance 102 *millièmes* au plus; or, le *millième* de $1^{gr},457$ étant $0^{gr},001457$ les 102 *millièmes* sont $0,001457 \times 102 = 0^{gr},148614$; donc on ne peut accepter les pièces proposées qui contiennent $0^{gr},16$ de cuivre.

571. La *tolérance* dans le poids des pièces d'or est de 1 millième pour celles de 100 fr. et de 50 fr.; de 2 millièmes pour celles de 20 fr. et de 10 fr.; de 3 millièmes pour celles de 5 fr.; on demande si l'on peut accepter comme légales une pièce de 20 fr. pesant $6^{gr},47$ et une pièce de 10 fr. pesant $3^{gr},19$.

R. Le poids *droit* ou exact de la pièce de 20 fr. étant

de $6^{gr},4516$ la *millième* partie de ce poids est $0,006451$ et les 2 *millièmes* $0^{gr},0129$; d'où il suit qu'avec la tolérance le poids *maximum* est $6^{gr},4516 + 0^{gr},0129 = 6^{gr},4645$ et le poids *minimum* $6^{gr},4516 — 0^{gr},0129 = 6^{gr},4387$; donc la pièce proposée pesant $6^{gr},47$ et excédant le maximum légal n'est pas une pièce légale.

On trouverait de même que la pièce de 10 fr. proposée qui pèse $3^{gr},19$ n'est pas légale, puisque la pièce légale de 10 fr. doit peser, au minimum, $3^{gr},2193$.

572. La tolérance en poids pour les pièces d'argent est de 3 millièmes pour la pièce de 5 fr.; de 5 millièmes pour les pièces de 2 fr. et de 1 fr.; de 7 millièmes pour la pièce de 50 c. et de 10 millièmes pour la pièce de 20 c. Cela posé, quel est le poids *maximum* et le poids *minimum* de nos pièces d'argent?

R. La pièce de 5 fr. pèse 25^{gr}; les trois *millièmes* de ce poids valent $0^{gr},075$; donc une pièce de 5 fr. doit peser *au plus* $25^{gr},075$ et *au moins* $24^{gr},925$; de même, la pièce de 2 fr. pesant 10^{gr}, les 5 *millièmes* de ce poids valent $0^{gr},05$; d'où il suit que le poids *maximum* d'une pièce de 2 fr. est $10^{gr},05$ et le poids *minimum* $9^{gr},95$.

De même, la pièce de 1 fr. doit peser *au plus* $5^{gr},025$ et *au moins* $4^{gr},975$; la pièce de 50 centimes doit peser *au plus* $2^{gr},5175$ et *au moins* $2^{gr},4825$. Enfin la pièce de 20 centimes pèsera *au plus* $1^{gr},007$ et *au moins* $0^{gr},993$.

573. On a un lingot d'or au titre légal pesant 5800 gr.; on le remet à la Monnaie pour le convertir en pièces de 5 fr., de 10 fr. et de 20 fr. On demande 1° combien on aura de ces diverses pièces si on frappe 3 fois plus de pièces de 20 fr. que de 10 fr.; 2 fois plus de pièces de 10 fr. que de 5 fr.; 2° combien on paiera pour frais de fabrication. (Voir le problème 564.)

R. Un lingot d'or au titre légal et pesant $5^{kg},800$ vaut $3100^{fr} \times 5^{kg},8 = 17\,980$ fr.

D'un autre côté, il faut fabriquer, pour une pièce de 5 fr., deux pièces de 10 fr. et 6 pièces de 20 fr. Ces 9 pièces réunies valent 145 fr.; autant de fois ce nombre sera contenu dans 17 980 fr., autant de fois on aura une pièce de 5 fr., deux pièces de 10 fr. et six pièces de 20 fr. La division donne 124; on fabriquera donc 124 pièces de 5 fr.; $124 \times 2 = 248$ pièces de 10 fr. et $124 \times 6 = 744$ pièces de 20^{fr}. La valeur totale de ces pièces donne en effet 17980 fr.

Observations sur les alliages.

Les élèves et les candidats ont quelque peine à résoudre les questions de monnaies, compliquées d'une question d'alliage. Pour faciliter l'étude de ces questions, il importe de rappeler le principe suivant :

Dire qu'un lingot d'or ou d'argent est au titre de $\frac{860}{1000}$ ou 0,860 c'est dire qu'après avoir divisé le poids du lingot en 1000 parties égales, 860 de ces parties sont de métal pur et que le reste 1000 — 860 ou 140 parties sot de cuivnre.

Ainsi, supposons qu'on ait un lingot d'argent de 3^{kg}. au titre de 0,860 et qu'on veuille savoir combien ce lingot contient d'argent pur ou combien il contient de cuivre.

Il suffira de multiplier 3 kilog. (poids du lingot) par 0,860 ; le produit 2^{kg},580 sera le poids de l'argent pur, et le produit 3^{kg}. par 0,140 donnera 0^{kg},420 pour le poids du cuivre.

REMARQUE. — On voit que la quantité d'argent pur (2^{kg},580) est le *produit* du *poids* du lingot par le *titre* (0,860) du lingot; d'où il suit que si le poids du lingot était inconnu et que la quantité d'argent pur et le titre fussent donnés, on déterminerait le poids (*facteur inconnu*) en divisant le poids de l'argent pur (*produit connu*) par le titre (*facteur connu.*)

La même remarque s'applique au cuivre du lingot.

(Le Maître doit insister, à l'aide de nombreux exemples, jusqu'à ce que la théorie qui précède soit bien comprise.)

Cela posé, nous pourrons résoudre aisément les deux problèmes fondamentaux de l'alliage de monnaies.

1er PROBLÈME. Étant donné un lingot d'argent de 3 kilog. au titre de 0,860 combien faut-il ajouter d'argent pur, pour ÉLEVER le titre du lingot à 0,900 (*titre des pièces* de 5 fr.)?

SOLUTION. Quelle que soit la quantité d'argent pur

à ajouter, la quantité de cuivre du lingot reste *constante*, c'est-à-dire égale à $0^{kg},420$ (valeur trouvée ci-dessus); mais puisque le titre doit être élevé à 0,900 la quantité de cuivre $0^{kg},420$ représentera dans le nouveau lingot les 0,100 ou la *dixième* partie du nouveau lingot; par conséquent le poids du nouveau lingot sera $0^{kg},420 \times 10 = 4^{kg},200$; donc la quantité d'argent nécessaire pour élever le titre du lingot à 0,900 est égale à $4^{kg},200 - 3^{kg}, = 1^{kg},200$.

2me PROBLÈME. Étant donné un lingot d'argent de 3 kilog. au titre de 0,860 combien faut-il ajouter de cuivre pour ABAISSER son titre à 0,835 (*titre des pièces d'argent divisionnaires*)?

SOLUTION. Pour abaisser le titre du lingot de 0,860 à 0,835 il faut ajouter une certaine quantité de cuivre; or, quel que soit ce cuivre additionnel, la quantité d'argent pur que contient le lingot ($2^{kg},580$) reste *constante*. La question est alors ramenée à celle-ci : *Quel est le poids d'un lingot d'argent qui contient* $2^{kg},580$ *d'argent pur, et dont le titre est de 0,835 ?*

D'après la remarque qui précède, on obtient ce poids en divisant l'argent pur par le nouveau titre 0,835 ; on aura donc, *poids du nouveau lingot* $= 2^{kg},580 : 0,835 = 3^{kg},0898$; donc le poids du cuivre ajouté sera de $3^{kg},0898 - 3^{kg} = 0^{kg},0898 = 89^{gr},8$

Appliquons ces principes aux deux problèmes suivants :

574. Combien faut-il ajouter d'or pur à un lingot de 325 gr au titre de 0,800 pour élever ce titre à 0,900 ?

R. Calculons combien le lingot proposé contient de cuivre ; nous aurons $325^{gr} \times 0,200 = 65^{gr}$; ce poids de cuivre représentera dans le nouveau lingot (au titre de 0,900) la 10e partie du poids de ce lingot ; donc le nouveau lingot pèsera 650^{gr}; d'où il suit que l'or pur à ajouter égale $650^{gr}, - 325 = 325$ grammes.

575. On a fondu 10 couverts d'argent pesant ensemble 1635 gr au titre de 0,950; combien faut-il ajouter de cuivre pour avoir un lingot à 0,900 et combien aurait-il fallu de cuivre pour abaisser le titre à 0,835

R. Cherchons d'abord le poids de l'argent pur contenu dans les 1635^{gr}, du lingot ; nous aurons 1635 $\times$ 0,950 = 1553^{gr},25 ; ce poids d'argent pur (qui reste *le même* dans les deux cas) est le produit du poids inconnu du nouveau lingot par le nouveau titre 0,900 ; donc le nouveau lingot pèsera 1553^{gr},25 : 0,900 = 1725^{gr},833 ; donc le cuivre à ajouter égale 1725^{gr},833 — 1635^{gr} = 90^{gr},833.

En second lieu et par la même méthode, en divisant 1553^{gr},25 par 0,835 on aura 1860^{gr},18 pour le poids du lingot à 0,835. Il faudra donc ajouter 1860^{gr},18 — 1635^{gr}, = 225^{gr},18 de cuivre pour abaisser le titre du 1er lingot de 0,950 à 0,835. (*Voir les problèmes sur la règle d'alliage.*)

576. Un navire cuirassé faisant 24^{km},25 à l'heure s'éloigne de la côte ; il s'en trouve à 6 kilom. au moment où part à sa poursuite un bateau *porte-torpille* faisant 35^{km},40 à l'heure ; dans combien de temps le porte-torpille atteindra-t-il le cuirassé ?

(*Application du problème 463.*)

R. La différence des vitesses des deux navires est 35^{km},40 — 24^{km},25 = 11^{km},15 et la distance qui les sépare est de 6^{km}. D'après la théorie et la règle données au probl. 463, on aura pour le temps demandé 6^{km} : 11^{km},15 = 0^h,538 c'est-à-dire 538 *millièmes* d'heure. Or, quand on a des heures ou des *fractions décimales d'heure* on les convertit en minutes en les multipliant par 60 ; on aura donc 0,538 $\times$ 60 = 32^{min},28. Multipliant de même la fraction décimale 0,28 par 60 pour la convertir en secondes on aura 0,28 $\times$ 60 = 16^s,8. Le temps demandé exprimé en minutes et secondes est donc 32^{m}16^s,8 c'est-à-dire 32 minutes 16 secondes 8 *dixièmes* de seconde.

On trouve en effet que l'espace parcouru par le porte-torpille dans 0^h,538 est égal à 35^{km},40 $\times$ 0^h,538 = 19^{km},045 ; de son côté, le cuirassé fera, dans le même temps, 24^{km},25 $\times$ 0^h,538 = 13^{km},046. Si on ajoute à ce dernier nombre les 6^{km} d'avance ou retrouve le même nombre 19^{km},045 à 1 *mètre près*.

NOMBRES COMPLEXES.

DIVISION DU TEMPS ET DE LA CIRCONFÉRENCE.

Nota. Les calculs et les problèmes qui suivent sont réservés aux élèves du cours supérieur.

On appelait autrefois NOMBRE COMPLEXE *un nombre concret composé d'unités de diverses grandeurs.* Cette définition générale s'applique plus particulièrement à l'ancien système des poids et mesures dans lequel les subdivisions de l'unité étaient *arbitraires* et non décimales comme les subdivisions des nouvelles mesures. Aussi, les calculs présentaient des complications et des longueurs dont ne se font pas une idée les élèves qui connaissent seulement la remarquable simplicité du système métrique.

Mais comme les divisions du temps et de la circonférence ne sont pas des divisions décimales il est nécessaire d'appliquer à ces divisions le calcul des nombres complexes.

Calcul des nombres complexes.

Rappelons d'abord que les divisions du temps en *jours, heures, minutes,* et *secondes* sont désignées par les initiales supérieures ^{j}, ^{h}, ^{m}, ^{s}, et que les divisions de la circonférence sont désignées, le *degré* par °, la *minute* par ′ et la *seconde* par ″.

On appelle ANGULAIRES les minutes et les secondes de degré pour les distinguer des minutes et des secondes de temps.

Cela posé, nous commencerons cette étude par la résolution des problèmes suivants :

PREMIÈRE QUESTION. — *On demande de convertir en secondes angulaires un arc de 8° 35′ 23″.*

Disposition du calcul.

$$8^\circ\ 35'\ 23''$$
$$60$$
$$\overline{480'}$$
$$+35'$$
$$\overline{515'}$$
$$60$$
$$\overline{30900''}$$
$$+\ 23''$$
$$\overline{30923''}$$

On dira 1° vaut 60′ donc $8^\circ = 60' \times 8 = 480'$ auxquelles on ajoute les 35′ de l'arc, ce qui donne $480' + 35' = 515'$; et puisque 1′ vaut 60″ les 515 vaudront $60 \times 515 = 30\,900''$ et par l'addition des 23″ on aura enfin

Arc $8^\circ\ 35'\ 23'' = 30\,923''$.

On trouverait de même que $7^j\ 20^h\ 9^m 48^s = 677\,388^s$.

Deuxième question. — *Convertir en jours, heures, minutes et secondes une durée de* 3 957 227ˢ.

Disposition du calcul.

3957227ˢ	60		
357	65953ᵐ	60	
572	595	1099ʰ	24
322	553	139	45ʲ
227	il reste 13ᵐ	il reste 19ʰ	

Il reste... 47ˢ

Cette question est l'inverse de la précédente ; on la résout par des divisions successives ; ainsi une première division de 3 957 227ˢ par 60 donne 65 953ᵐ et pour reste 47ˢ ; divisant ensuite 65 953ᵐ par 60 on a 1099ʰ et 13^m pour reste ; divisant enfin les 1099^h par 24, on a 45^j et 19^h pour reste ; on a donc

$$3\,957\,227^s = 45^j\ 19^h\ 13^m\ 47^s.$$

On aurait de même $241\,224'' = 67^\circ 0' 24''$.

Troisième question. — *Un arc correspond à un angle de $86^\circ 34' 55''$. On demande d'exprimer les minutes et les secondes de cet angle en fraction décimale de degré.*

Disposition du calcul.

$$
\begin{array}{l}
34'\,55'' \\
60 \\
\hline
2040'' \\
+\,55'' \\
\hline
2095'' : 3600 \text{ ou } 20,95 \ \Big|\ 36 \\
\phantom{2095'' : 3600 \text{ ou } 2}295 \ \Big|\ 0,581944\ldots \\
\phantom{2095'' : 3600 \text{ ou } 29}70 \\
\phantom{2095'' : 3600 \text{ ou } 2}340 \\
\phantom{2095'' : 3600 \text{ ou } 29}160 \\
\phantom{2095'' : 3600 \text{ ou } 29}160 \\
\phantom{2095'' : 3600 \text{ ou } 290}16
\end{array}
$$

On convertit d'abord les minutes en secondes, ce qui donne $34' \times 60 = 2040''$; en ajoutant les $55''$ on a $2095''$ et comme il faut 60×60 ou $3600''$ pour 1°, les $2095''$ de l'arc proposé sont les $\frac{2095}{3600}$ d'un degré ; cette fraction convertie en fraction décimale donne $\frac{2095}{3600} = 0,581\,944\ldots$ on aura donc arc ou angle $86^\circ 34' 55'' = 86^\circ \frac{2095}{3600} = 86^\circ,581944\ldots$

On trouverait de même que $15^j\ 6^h\ 35^m\ 29^s,8 = 15^j,27465\ldots$

Remarque. — Les divisions de seconde s'évaluent en *dixièmes de seconde*; ainsi le dernier terme $29^s,8$ doit être lu 29 secondes 8 *dixièmes* de seconde.

Quatrième question. — *On demande de convertir en heures, minutes et secondes la durée moyenne d'une*

*année qui est, en jours et fraction décimale de jour,
égale à* 365^j,242264.

Disposition du calcul.

365^j,242264
24

969056
484528

5^h,814336
60

48^m,860160
60

51^s,609600

Pour convertir en heures des jours ou *une fraction
décimale de jour*, il suffit de multiplier les jours ou la
fraction décimale de jour par 24 ; de même, on convertit
les heures en minutes en multipliant les heures ou *la
fraction décimale d'heure* par 60, etc.

Comme dans la question à résoudre, il ne s'agit pas
de convertir les 365^j en heures, mais la fraction
0^j,242264 on multiplie seulement cette fraction par
24 *sans s'occuper des* 365^j ; on a pour produit 5^h,814336 ;
à son tour la *fraction décimale d'heure* 0^h,814336 est
multipliée par 60 et donne pour produit 48^m,860160 ;
la *fraction décimale de minute* 0^m,860160 multipliée par
60 donne enfin 51^s,609600. On a donc 365^j,242264
$=$ 365^j 5^h 48^m 5^s,6.

On trouverait de même que 12°,6738 $=$ 12°40′25″,7.

Le Maître doit varier comme exercices les quatre questions pré-
cédentes qui sont la base du calcul des nombres complexes relatifs
au temps et à la circonférence.

ADDITION ET SOUSTRACTION.

Nous avons déjà (page 107) exposé l'addition et la
soustraction pour les subdivisions du temps ; les
mêmes règles s'appliquent aux subdivisions de la cir-

conférence. (*Voir problèmes* 270, 271, 272, 273, 274,
582 et *Nouvelle Arith.* pages 286, 313 et 314.)

MULTIPLICATION ET DIVISION.

Avant d'exposer la règle générale de la multiplication et de la division des nombres complexes, traitons quelques questions très simples dans lesquelles le multiplicateur ou le diviseur est un nombre entier et abstrait.

On demande, par exemple, *de tripler un arc* de 76° 28′ 54″. — Évidemment l'opération se réduit ici à additionner trois nombres égaux à l'arc proposé; on aura donc

Opération.

$$
\begin{array}{rrr}
76° & 28′ & 54″ \\
76 & 28 & 54 \\
76 & 28 & 54 \\
\end{array}
$$

Somme provisoire	228°	84′	162″
Somme demandée	229°	26′	42″

Après avoir additionné séparément les secondes, les minutes et les degrés, on a obtenu la somme provisoire 228° 84′ 162″; mais 162″ = 2′ + 42″. On pose donc 42″ et on porte les 2′ à la colonne des minutes, ce qui donne 86′; or 86′ = 1° + 26′; on pose les 26′ à la colonne des minutes et on porte 1° à la colonne des degrés. On aura donc pour la valeur de l'arc demandé 229° 26′42″.

REMARQUE. — Il n'est pas nécessaire de reproduire le nombre donné autant de fois que l'indique le multiplicateur; il est clair qu'il suffit de multiplier séparément les secondes, les minutes et les degrés par le multiplicateur et de faire ensuite les conversions indiquées. L'opération prend alors la forme suivante :

Disposition du calcul.

$$
\begin{array}{rrr}
76° & 28′ & 54″ \\
 & & 3 \\
\end{array}
$$

Produit provisoire	228°	84′	162″
Produit demandé	229°	26′	42″

On demande le quart d'un angle de 153° 11′ 6″.

Opération.

	153°	11′	6″	4
1ᵉʳ quotient partiel.	38°			38° 17′ 46″,5
1ᵉʳ reste...........	1° ou 60′			
2ᵉ dividende partiel.......	71′			
2ᵉ quotient partiel........	17′			
2ᵉ reste...............	3′ ou 180″			
3ᵉ divende partiel...........	186″			
3ᵉ quotient partiel..........	46″,5			

On commence l'opération par la gauche, c'est-à-dire par les plus
hautes unités. En divisant 153° (premier dividende partiel) par
4 on a pour 1ᵉʳ quotient partiel 38° et pour reste 1°; on pose 38°
au quotient. Le degré qui reste est converti en minutes que l'on
ajoute aux 11′ du dividende, ce qui donne 71′ pour le 2ᵉ dividende partiel. On prend le quart de ce 2ᵐᵉ dividende et on trouve
pour 2ᵐᵉ quotient partiel 17′ et pour reste 3′. On pose 17′ au
quotient et les 3′ converties en 180″ sont ajoutées aux 6″ du dividende et forment le 3ᵐᵉ dividende partiel 186″, lequel divisé par
4 donne enfin le 3ᵐᵉ quotient partiel 46″,5 que l'on pose au
quotient.

Le quotient demandé est donc égal à 38° 17′ 46″,5.

Mais lorsque les deux nombres donnés pour la
multiplication ou la division sont complexes, on opère
d'après l'une des deux méthodes qui suivent :

Première méthode. — RÈGLE. *Pour effectuer
une multiplication ou une division de nombres complexes,
il faut convertir toutes les unités d'ordres inférieurs en
fraction décimale de l'unité principale* (3ᵉ question)
*et l'opération est ainsi ramenée à celle de deux nombres
décimaux.*

*Il ne reste plus ensuite qu'à traduire en nombre com-
plexe le nombre décimal que fournit l'opération* (4ᵉ question).

Nous avons suivi cette méthode et cette règle dans
notre *Supplément d'Arith.*, pages 70, 71 et 72.

9

Seconde méthode. — RÈGLE. *Il faut convertir les deux nombres complexes en unités de l'ordre inférieur ou de la plus petite espèce (1re question); on opère alors sur les deux nombres transformés comme sur des nombres entiers.*

Pour compléter l'opération, on convertit en nombre complexe le produit ou le quotient trouvé (2e question).

REMARQUE. — En divisant deux nombres complexes réduits en secondes, par exemple, on doit chercher la *partie décimale* du quotient. Il est ensuite facile de convertir cette partie décimale en nombre complexe (4e question).

Appliquons cette seconde méthode aux deux exemples de notre *Supplément d'Arith.*, pages 70 et 71.

PROBLÈME I. — Dans une circonférence de cercle, un arc d'un mètre de longueur correspond à un angle de 3° 47′ 29″; on demande à quel angle correspondra un arc de 61 mètres et demi.

Solution. — On démontre en géométrie qu'à un angle 2 fois, 3 fois, 4 fois..., plus grand, correspond un angle au centre 2 fois, 3 fois, 4 fois... plus grand; il faudra donc, pour résoudre le problème, prendre 61 fois et demi l'arc 3° 47′ 29″. Ce dernier arc, converti en secondes, est égal à 13649″; par conséquent (d'après la règle ci-dessus), l'arc demandé égale 13649″ × 61,5 = 839413″,5.

Il ne reste plus qu'à convertir ce produit en degrés, minutes et secondes; cette conversion donne enfin 233° 10′ 12″.

PROBLÈME II. — Le Soleil, dans son mouvement apparent, parcourt un arc de 15° par heure; cela posé, on demande quelle heure il est à Constantinople lorsqu'il est midi à Paris, sachant que la longitude orientale de Constantinople est 26° 38′ 50″.

Solution. — L'énoncé du problème montre qu'on aura autant d'heures de différence dans les méridiens, que la longitude proposée contiendra de fois 15°; on a donc une division à faire.

Les 26° 38′ 50″ de longitude convertis en secondes

$= 95930''$, et les $15°$ valent $54000''$; on aura donc pour quotient cherché $95930'' : 54000'' = 1,77648$; ce quotient exprime des heures et une fraction décimale d'heure; il suffit donc, pour achever le problème, de convertir la fraction décimale en minutes et secondes, ce qui donnera pour l'heure de Constantinople $1^h 46^m 35^s,3$ quand il est midi à Paris.

PROBLÈME III. — Calculer la longitude de Constantinople sachant qu'il est $1^h 46^m 35^s, 3$ dans cette ville, quand il est midi à Paris.

Solution. On sait que le Soleil décrit en une heure un arc de $15°$. Ces $15°$ convertis en secondes angulaires égalent $54\,000''$; or, puisque cet arc est décrit en 1^h ou 60^m ou 3600^s, il en résulte que dans *une seconde de temps,* le Soleil décrit un arc de $54\,000'' : 3600 = 15''$ ou 15 *secondes angulaires.*

Cela posé, la différence d'heure des deux méridiens, $1^h46^m35^s,3$ réduite en secondes de temps, égale $6395^s,3$; donc, l'arc décrit par le Soleil pendant ce temps sera égal à $15'' \times 6395,3 = 95929'',5$. Cet arc, converti en degrés, minutes et secondes, donne $26° 38' 49'',5$ pour la longitude demandée, à une demi-seconde angulaire près.

Il est évident que cette longitude est orientale.

Observation.

Le calcul des nombres complexes s'applique aux mesures des nations qui n'ont pas encore adopté le système métrique. On trouve dans l'Annuaire du Bureau des longitudes des Tables qui expriment, en mesures métriques, la valeur des mesures étrangères et des anciennes mesures françaises. Au moyen de ces Tables, il est facile de résoudre toutes les questions relatives à la conversion et au calcul de ces diverses mesures.

577. Toute circonférence se divise en 360 parties égales appelées *degrés,* chaque degré en 60 *minutes,* et chaque minute en 60 *secondes;* (on désigne les degrés, minutes et secondes par les signes : °, ', ", placés à droite du nombre, un peu en haut, tandis que les divisions du temps en *jours, heures, minutes* et *secondes* sont désignées par les initiales, *j, h, m, s.*).

Cela posé, combien y a t-il de mètres dans un degré ? — dans une minute ? dans une seconde du méridien de Paris ?

R. La longueur d'un *degré* est la 360° partie de 40 000 000 m. ou 111 111^m,111. — La longueur d'une *minute* égale 111 111^m,111 : 60 = 1851^m,85 et la longueur d'une *seconde* = 1851^m,85 : 60 = 30^m,86.

578. On appelle *lieue géographique* la 20° partie d'un degré de méridien terrestre; combien la lieue géographique vaut-elle de mètres ?

R. Cette longueur est 111 111^m,111 : 20 = 5555^m,56.

579. On donne le nom de *mille marin* au tiers de la lieue géographique; combien y a-t-il de mètres dans un mille marin ?

R. Le mille marin vaut 5555^m,56 : 3 = 1851^m,85.

580. Puisque la Terre exécute son mouvement de rotation en 24 heures, de combien de degrés un point quelconque du globe se déplace-t-il en une heure ?

R. Il se déplace de la 24° partie de 360°, c'est-à-dire de 15°.

581. Expliquer comment un télégramme, parti de Paris à midi, peut être reçu en Amérique à 7 ou 8 heures du matin du même jour.

R. Quand il est midi à Paris, il est 11^h du matin dans un lieu dont le méridien est à 15° à l'*ouest* du méridien de Paris; il est 10^h pour le méridien qui est à 2 fois 15° ou 30°, etc.; or, le méridien moyen de l'Amérique étant à 75° ou 5 fois 15° de longitude occidentale, il est 7 heures du matin pour toutes les villes de l'Amérique situées sur ce méridien, quand il est midi à Paris; on sait d'ailleurs que la vitesse de l'électricité est telle qu'elle parcourt la distance de Paris à New-York, par exemple, presque instantanément; il suit de là qu'un télégramme expédié de Paris, à midi, peut arriver en Amérique à 7 ou 8ʰ du matin du même jour.

582. On démontre en géométrie que, dans un triangle quelconque, la somme des trois angles est toujours égale à 180°; cela posé, un des angles d'un triangle est de 34° 42′ 37′′, un autre angle est de 66° 50′ 48′′; quelle est la valeur du troisième?

R. Additionnons les deux angles donnés, nous aurons :

$$
\begin{array}{r}
34^\circ\ 42'\ 37'' \\
66^\circ\ 50'\ 48'' \\
\hline
\end{array}
$$

somme des deux angles $101^\circ\ 33'\ 25''$

Pour calculer la valeur du 3° angle, il faut retrancher la somme des deux premiers de 180′′ ou mieux, comme nous l'avons indiqué page 109, de 179° 59′ 60′′, on aura donc :

$$
\begin{array}{r}
179^\circ\ 59'\ 60'' \\
101^\circ\ 33'\ 25'' \\
\hline
\end{array}
$$

3° angle $= 78^\circ\ 26'\ 35''$

583. A midi précis, les deux aiguilles d'une montre sont superposées; on demande à quelle heure se fera la prochaine rencontre ou la superposition des deux aiguilles. (*Application des problèmes nᵒˢ 463 et 576.*)

R. Les deux aiguilles d'une montre peuvent être assimilées à *deux mobiles animés de vitesses différentes.* En effet, l'aiguille des minutes parcourt en une heure les 60 divisions du cadran, pendant que l'aiguille des heures n'en parcourt que 5. On peut donc appliquer au problème la théorie et la 1ʳᵉ règle du probl. nᵒ 463.

La différence des deux vitesses est égale à 60 — 5 = 55 et la distance qui, *à 1 h. précise*, sépare les deux aiguilles est égale à 5 divisions du cadran; donc le temps demandé pour la rencontre (APRÈS 1 HEURE) est égal à 5 (*distance des deux aiguilles*) divisé par 55 (*différence des vitesses*) ce qui donne $\frac{5}{55}$ ou $\frac{1}{11}$, c'est-à-dire *un onzième* d'heure.

Or $\frac{1}{11}$ d'heure vaut $60^{min} \times \frac{1}{11} = \frac{60}{11} = 5^{min} \frac{5}{11}$ ou bien 5^{min} $27^s,27$. Donc, le temps écoulé depuis midi jusqu'à la première rencontre des aiguilles est égal à 1^h 5^m $27^s,27$.

584. La Lune décrit en un jour un arc de 13° 10' 35" sur son orbite supposé circulaire, tandis que le Soleil ne décrit qu'un arc de 58' 59" sur son orbite aussi supposé circulaire. En supposant que les deux astres se meuvent dans le même plan, on demande quel temps s'écoulera entre deux passages de ces astres sur une même ligne droite les joignant à la Terre.

(Ce problème d'examen est une application des trois problèmes n°s 463, 576 et 583.)

R. Le mouvement circulaire du Soleil et de la Lune autour de la Terre (mouvement apparent pour le Soleil) offre une grande analogie avec le mouvement circulaire des deux aiguilles du probl. précédent et la solution repose sur la même théorie et les mêmes principes.

En effet, nous chercherons d'abord combien, dans son mouvement rétrograde vers l'est, la Lune met de jours pour revenir à son point de départ ; dans ce but, il faut calculer combien de fois la circonférence entière ou 360° contient l'arc journalier de 13° 10' 35". Pour faciliter le calcul, convertissons les degrés en secondes et nous aurons $360° = 360° \times 60 \times 60 = 1\,296\,000"$ et $13° \; 10' \; 35" = 47\,435"$; donc, pour décrire une circonférence entière, la Lune mettra en jours $1\,296\,000" : 47\,435" = 27^j,3216$.

Quelle est, pendant ces $27^j,3216$, l'arc décrit par le Soleil ? d'après l'énoncé, le Soleil décrivant par jour un arc de 58' 59" ou de 3539", s'est éloigné de sa conjonction ou du point de départ de $3539" \times 27^j,3216 = 96\,691",14$. Ce dernier arc représente la distance qui sépare la Lune du Soleil au moment où la Lune est revenue au point de départ (c'est la situation des deux aiguilles dans le probl. précédent à 1^h précise). Le problème est alors ramené aux données suivantes :

Distance qui sépare les deux astres $= 96\,691'',14$.

Différence des vitesses des deux astres égale

$$47\,435'' - 3539'' = 43\,896''.$$

Donc, *à partir de ce moment*, probl. 463, le temps qui s'écoulera pour que le Soleil, la Lune et la Terre soient sur une même ligne droite sera égal à $96\,691'',14$: $43\,896'' = 2^{\text{j}},20233$. Donc enfin, il faudra $27^{\text{j}}3216 + 2^{\text{j}},20233 = 29^{\text{j}},52393$ ou $29^{\text{j}}\,12^{\text{h}}\,34^{\text{m}}$ pour le temps demandé.

DÉMONSTRATION ALGÉBRIQUE. Ce problème est fondé sur ce principe du mouvement uniforme : *les espaces parcourus par deux mobiles animés de vitesses différentes sont proportionnels à ces vitesses.* Il est bien évident, en effet, que si la vitesse d'un mobile devient 2 fois, 3 fois, 4 fois..... plus grande, l'espace parcouru sera lui-même 2 fois, 3 fois, 4 fois..... plus grand.

Cela posé, pendant que la Lune, animée d'une vitesse plus grande que celle du Soleil, parcourt le cercle entier ABRMA (fig. 16), le Soleil se déplace seulement de l'arc AB; cette distance AB est très facile à calculer, comme on vient de le voir. Le problème est alors ramené au cas du problème précédent. La Lune est au point A, le Soleil au point B, et on demande de déterminer le point R de la rencontre (ou plutôt de la nouvelle conjonction). La Lune a donc à décrire l'arc AB + BR, pendant que le Soleil décrira l'arc BR.

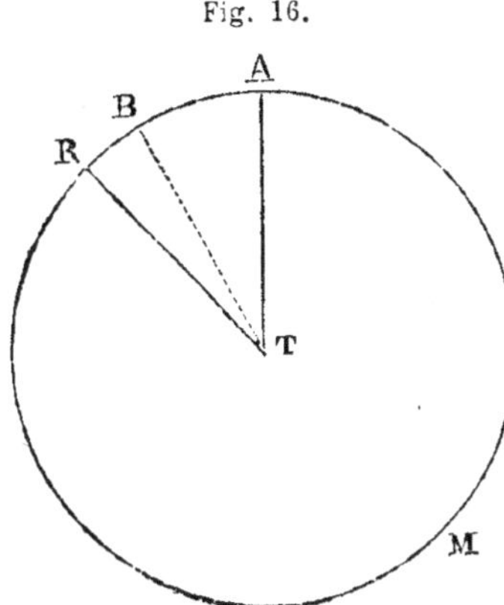

Fig. 16.

Or, en vertu du principe posé ci-dessus, en appelant V la vitesse de la Lune par jour et *v* celle du Soleil par jour, on aura la proportion ou l'égalité :

$$\frac{AB + BR}{BR} = \frac{V}{v}.$$

Mais, si dans une expression fractionnaire, on retranche le dénominateur du numérateur, on diminue l'expression fractionnaire d'une unité ; donc, dans l'égalité ci-dessus retranchons chaque dénominateur de son numérateur ; les fractions qui étaient égales diminuées chacune d'une unité resteront égales entre elles, ce qui donnera :

$$\frac{\text{arc } AB}{\text{arc } BR} = \frac{V - v}{v} \quad \text{ou bien, arc } BR = \frac{\text{arc } AB \times v}{V - v}.$$

Et, si on veut connaître le temps employé par le Soleil (mobile qui va le moins vite) pour parcourir l'arc BR, il faudra diviser cet arc BR par v, ce qui donnera pour le temps demandé :

$$\text{Temps demandé} = \frac{\text{arc } AB}{V - v}$$

ce qui est conforme à la solution arithmétique ci-dessus ; et ce qui démontre les deux règles formulées dans le problème type n° 463.

Remarque I. — On sait que les deux mouvements dont il est ici question ont lieu de l'ouest à l'est, et *pour nous* (comme l'indique la figure) de droite à gauche, lorsque nous regardons ces astres au méridien.

Les $27^j,3216$ que met la Lune pour revenir à son point de départ A s'appelle la *révolution sidérale* et les $29^j,52393$ qu'elle met pour une nouvelle conjonction avec le Soleil, c'est-à-dire pour arriver au point R est ce qu'on nomme *révolution synodique, mois lunaire, lunaison.*

Disons enfin que dans son mouvement rétrograde vers l'est, le lever de la Lune est chaque jour retardé de $52^m42^s,3$ retard qui correspond à l'arc $13°10'35''$.

REMARQUE II. — Pour plus d'uniformité dans la méthode, nous avons calculé d'abord la révolution *sidérale* de la Lune ; ensuite la révolution synodique. Mais on pourrait obtenir directement la valeur de cette dernière révolution, en raisonnant comme il suit :

D'une conjonction à l'autre, la Lune parcourt la circonférence entière ABRMA ou 360° plus l'arc AR (fig. 16), pendant que le Soleil ne décrit que l'arc AR. On aura donc, d'après les principes rappelés ci-dessus :

$$\frac{360° + AR}{AR} = \frac{V}{v}$$

et en retranchant du numérateur de chaque fraction son dénominateur, on a

$$\frac{360°}{AR} = \frac{V - v}{v} \text{ d'où } AR = \frac{360° \times v}{V - v} ;$$

mais, en vertu de la formule $e = v \times t$ (page 157), si on divise la valeur de l'arc AR (qui représente ici petit e) par v, on aura t ; donc

$$t = \frac{360°}{V - v}.$$

Cette formule conduit à la règle suivante :

RÈGLE. *Si on admet que deux astres se meuvent dans un même plan, d'un mouvement uniforme et circulaire, le temps qui s'écoule entre deux conjonctions est égal à 360° divisés par la différence des vitesses angulaires des deux astres.* (Voir probl. 1, série III.)

Appliquons cette règle au problème proposé.

On a vu que 360° réduits en secondes angulaires valent 1 296 000″ et que la différence des vitesses des deux astres est égale à 43 896″ ; en divisant le premier nombre par le second, on obtient pour la révolution synodique cherchée 29ʲ,52 393 ou bien 29ʲ 12ʰ 34ᵐ, nombre trouvé par la première méthode.

DES FRACTIONS ORDINAIRES.

Rappelons quelques principes fondamentaux :

1° *On rend une fraction 2 fois, 3 fois, 4 fois... plus grande en multipliant son* NUMÉRATEUR *par 2, par 3, par 4...* (multiplication toujours possible).

2° *On rend une fraction 2 fois, 3 fois, 4 fois.... plus petite, en multipliant son* DÉNOMINATEUR *par 2, par 3, par 4...* (multiplication toujours possible).

3° *On ne change pas la valeur d'une fraction en multipliant ou en divisant ses deux termes par le même nombre.*

Mais on change la valeur d'une fraction *quand on* AJOUTE *un même nombre au numérateur et au dénominateur ;* la nouvelle fraction est alors plus grande.

Soit, par exemple, la fraction $\frac{5}{8}$; si on ajoute 2 unités à ses deux termes, on a la nouvelle fraction $\frac{7}{10}$; nous disons que cette fraction $\frac{7}{10}$ est plus grande que $\frac{5}{8}$. En effet, la fraction donnée $\frac{5}{8}$ diffère de l'unité de $\frac{3}{8}$, tandis que la fraction $\frac{7}{10}$ n'en diffère que de $\frac{3}{10}$; par conséquent, la fraction $\frac{7}{10}$ différant moins de l'unité que la fraction $\frac{5}{8}$ est évidemment plus grande que $\frac{5}{8}$.

REMARQUE I. — En ajoutant le même nombre aux deux termes d'une fraction, la différence du numérateur au dénominateur est *constante*. (*Nouvelle Arith.* n° 39.)

REMARQUE II. — Si, au lieu d'une fraction proprement dite, on avait un nombre fractionnaire tel que $\frac{12}{7}$ dans lequel le numérateur serait plus grand que le dénominateur, l'expression deviendrait plus petite en ajoutant le même nombre à ses deux termes (*même démonstration*).

4° De même, *on change la valeur d'une fraction lorsqu'on retranche un même nombre à ses deux termes;* dans ce cas, la nouvelle fraction est plus petite.

Soit la fraction $\frac{8}{9}$, si on retranche 3, par exemple, à ses deux termes, on obtient la nouvelle fraction $\frac{5}{6}$ plus petite que le première. En effet, la fraction $\frac{8}{9}$ diffère de l'unité de $\frac{1}{9}$, tandis que la fraction $\frac{5}{6}$ en diffère de $\frac{1}{6}$, c'est-à-dire, d'une quantité plus grande. Donc $\frac{5}{6}$ est plus petit que $\frac{8}{9}$.

Remarque. — Si le numérateur de l'expression fractionnaire était plus grand que le dénominateur comme dans $\frac{11}{7}$, par exemple, l'expression deviendrait plus grande si on retranchait le même nombre à ses deux termes.

Applications.

Les questions et les problèmes d'examen pour le certificat d'études et le brevet élémentaire portent souvent sur les deux principes que nous venons d'exposer; citons quelques exemples.

Problème I. — Quel nombre faut-il ajouter aux deux termes de la fraction $\frac{4}{5}$ pour que la nouvelle fraction ne diffère plus de l'unité que de $\frac{1}{15}$?

Solution. La fraction demandée doit avoir pour dénominateur 15 ou un multiple de 15 ; pour connaître ce multiple, on cherche la différence des deux termes de la fraction proposée ; la différence est $7 - 4 = 3$; cette différence 3, qui reste *constante*, est le multiple cherché, donc 15×3 ou 45 est le dénominateur de la nouvelle fraction et, comme la fraction proposée a pour dénominateur 7, on en déduit que le nombre qu'il faut ajouter aux deux termes de la fraction est $45 - 7 = 38$. On a ainsi :

$$\frac{4 + 38}{7 + 38} = \frac{42}{45}, \text{ fraction demandée,}$$

cette fraction diffère en effet de l'unité de $\frac{3}{45}$ ou $\frac{1}{15}$.

PROBLÈME II. — Le 26 mai 1880, l'âge de Paul était les $\frac{55}{71}$ de celui de Pierre ; le 26 juillet suivant, il en était les $\frac{7}{9}$. Trouver la date de la naissance de chacun d'eux ; les mois seront comptés de 30 jours et l'année de 360 jours. (*Dijon* — Brevet simple).

Solution. Pour la solution arithmétique de ce problème rappelons quelques principes :

1° On ne peut ajouter que des unités de même nom, des mètres à des mètres, des jours à des jours, des mois à des mois, etc.

2° La même fraction peut être exprimée d'une infinité de manières ; mais toutes ces expressions équivalentes sont égales à *une fraction irréductible* (réduite à sa plus simple expression) dont les deux termes ont été multipliés par un même nombre, ce qui ne change pas la valeur de la fraction.

Cela posé, nous dirons : au 26 mai, l'âge de Paul était les $\frac{55}{71}$ de celui de Pierre, ce qui signifie que l'âge de Paul était exprimé par 55, et celui de Pierre, par 71 ; mais ces nombres expriment-ils des jours, des mois ou des années ? c'est ce qu'on ignore ; supposons un instant que ces nombres expriment des mois on aurait alors, d'après l'énoncé, la fraction

$$\frac{55 \;+\; 2^{m}}{71 \;+\; 2^{m}} \text{ égale } \frac{7}{9}$$

c'est-à-dire que, d'après le 2e principe, rappelé ci-dessus, le dénominateur $71 + 2$ ou 73 devrait être un multiple de 9, ce qui n'est pas ; nous en concluons d'abord que les nombres 55 et 71 n'expriment pas des mois ; essayons de multiplier les deux termes de la fraction $\frac{55}{71}$ par 2, par 3, par 4... La première multiplication par 2 nous conduit à l'expression suivante qui est l'expression cherchée

$$\frac{110 \;+\; 2^{m}}{142 \;+\; 2^{m}} = \frac{112}{144} = \frac{7}{9}$$

En effet, il est facile de voir que le nombre 144 est un multiple de 9 ; or, $144 = 9 \times 16$ et $112 = 7 \times 16$; les deux fractions sont donc égales et la première $\frac{112}{144}$ exprime des mois.

Il résulte de là que Paul avait 112 mois ou 9 ans 4 mois, le 26 juillet et que Pierre avait alors 144 mois ou 12 ans.

Donc, Paul est né le 26 mai 1871 et Pierre le 26 juillet 1868.

Ce problème renferme plusieurs questions importantes sur la théorie des fractions. A ce point de vue il est très intéressant.

Exercices sur la simplification des fractions.

585. $\dfrac{4}{8} = \dfrac{1}{2}, \quad \dfrac{5}{15} = \dfrac{1}{3}, \quad \dfrac{4}{24} = \dfrac{1}{6}.$

$\dfrac{5}{25} = \dfrac{1}{5}, \quad \dfrac{7}{28} = \dfrac{1}{4}, \quad \dfrac{6}{36} = \dfrac{1}{6},$

$\dfrac{7}{49} = \dfrac{1}{7}, \quad \dfrac{8}{56} = \dfrac{1}{7}, \quad \dfrac{9}{63} = \dfrac{1}{7}.$

586. $\dfrac{8}{12} = \dfrac{4}{6} = \dfrac{2}{3}, \quad \dfrac{9}{18} = \dfrac{1}{2}, \quad \dfrac{8}{24} = \dfrac{4}{12} = \dfrac{1}{3},$

$\dfrac{5}{20} = \dfrac{1}{4}, \quad \dfrac{6}{24} = \dfrac{3}{12} = \dfrac{1}{4}, \quad \dfrac{5}{30} = \dfrac{1}{6},$

$\dfrac{9}{45} = \dfrac{1}{5}, \quad \dfrac{11}{77} = \dfrac{1}{7}, \quad \dfrac{12}{60} = \dfrac{6}{30} = \dfrac{3}{15} = \dfrac{1}{5}.$

587. $\dfrac{15}{45} = \dfrac{3}{9} = \dfrac{1}{3}, \quad \dfrac{12}{18} = \dfrac{6}{9} = \dfrac{2}{3},$

$\dfrac{25}{70} = \dfrac{5}{14}, \quad \dfrac{33}{55} = \dfrac{3}{5}, \quad \dfrac{42}{54} = \dfrac{21}{27} = \dfrac{7}{9},$

$\dfrac{45}{108} = \dfrac{5}{12}, \quad \dfrac{18}{72} = \dfrac{9}{36} = \dfrac{3}{12} = \dfrac{1}{4}, \quad \dfrac{27}{81} = \dfrac{3}{9} = \dfrac{1}{3}.$

588. $\dfrac{54}{144} = \dfrac{6}{16} = \dfrac{3}{8}, \quad \dfrac{80}{125} = \dfrac{16}{25}, \quad \dfrac{105}{115} = \dfrac{21}{23},$

$$\frac{111}{333} = \frac{37}{111} = \frac{1}{3}, \quad \frac{128}{250} = \frac{64}{125}, \quad \frac{4752}{6039} = \frac{528}{671} = \frac{48}{61},$$

$$\frac{5045}{9370} = \frac{1009}{1874}.$$

589. $\frac{18}{144} = \frac{2}{16} = \frac{1}{8}, \quad \frac{34}{435}$ fraction irréductible;

$$\frac{42}{54} = \frac{21}{27} = \frac{7}{9}, \quad \frac{72}{108} = \frac{8}{12} = \frac{4}{6} = \frac{2}{3},$$

$$\frac{90}{126} = \frac{10}{14} = \frac{5}{7}, \quad \frac{126}{540} = \frac{14}{60} = \frac{7}{30}.$$

590. $\frac{218}{312} = \frac{109}{156}, \quad \frac{435}{1044} = \frac{5}{12}, \quad \frac{594}{648} = \frac{297}{324}, \quad \frac{506}{924} = \frac{23}{42},$

$$\frac{696}{2232} = \frac{29}{93}, \quad \frac{1423}{2204} \text{ irréductible}; \quad \frac{3760}{9024} = \frac{5}{12}.$$

Réduction des entiers en fractions.

591. 2 unités $= \frac{6}{3}$; 5 unités $= \frac{20}{4}$; 6 $= \frac{48}{8}$; 14 $= \frac{224}{16}$; 7 $= \frac{77}{11}$.

592. 3 unités $= \frac{30}{10}$; 9 $= \frac{288}{32}$; 11 $= \frac{275}{25}$.

593. $2\frac{1}{3} = \frac{7}{3}$; $3\frac{1}{4} = \frac{13}{4}$; $5\frac{12}{17} = \frac{97}{17}$; $9\frac{3}{5} = \frac{48}{5}$; $7\frac{2}{11} = \frac{79}{11}$; $8\frac{13}{24} = \frac{205}{24}$; $12\frac{7}{8} = \frac{103}{8}$; $23\frac{3}{7} = \frac{164}{7}$

Extraction des entiers contenus dans une expression fractionnaire.

594. $\frac{8}{3} = 2\frac{2}{3}$; $\frac{11}{2} = 5\frac{1}{2}$; $\frac{19}{4} = 4\frac{3}{4}$; $\frac{9}{5} = 1\frac{4}{5}$; $\frac{12}{9} = 1\frac{3}{9} = 1\frac{1}{3}$; $\frac{22}{7} = 3\frac{1}{7}$; $\frac{18}{5} = 3\frac{3}{5}$; $\frac{42}{7} = 6$; $\frac{56}{8} = 7$.

595. $\frac{74}{6} = 12\frac{2}{6} = 12\frac{1}{3}$; $\frac{112}{11} = 10\frac{2}{11}$; $\frac{153}{14} = 10\frac{13}{14}$; $\frac{27}{9} = 3$; $\frac{48}{7} = 6\frac{6}{7}$; $\frac{66}{12} = 5\frac{6}{12} = 5\frac{1}{2}$; $\frac{82}{31} = 2\frac{20}{31}$; $\frac{543}{15} = 36\frac{3}{15} = 36\frac{1}{5}$; $\frac{4167}{124} = 33\frac{75}{124}$.

Réduction des fractions ordinaires au même dénominateur.

596. 1° $\dfrac{2}{8}$ $\dfrac{4}{5}$ $\qquad$ 2° $\dfrac{3}{4}$ $\dfrac{5}{9}$

$R.$ $\dfrac{10}{40}$ $\dfrac{32}{40}$ $\qquad$ $R.$ $\dfrac{27}{36}$ $\dfrac{20}{36}$

3° $\dfrac{4}{7}$ $\dfrac{3}{11}$ $\qquad$ 4° $\dfrac{3}{5}$ $\dfrac{11}{12}$

$R.$ $\dfrac{44}{77}$ $\dfrac{21}{77}$ $\qquad$ $R.$ $\dfrac{36}{60}$ $\dfrac{55}{60}$

597. 1° $\dfrac{5}{6}$ $\dfrac{3}{7}$ $\dfrac{3}{11}$

$R.$ $\dfrac{385}{462}$ $\dfrac{198}{462}$ $\dfrac{126}{462}$

2° $\dfrac{6}{7}$ $\dfrac{1}{4}$ $\dfrac{3}{15}$

$R.$ $\dfrac{360}{420}$ $\dfrac{105}{420}$ $\dfrac{84}{420}$

3° $\dfrac{3}{7}$ $\dfrac{2}{3}$ $\dfrac{5}{7}$ $\dfrac{4}{13}$

$R.$ $\dfrac{819}{1911}$ $\dfrac{1274}{1911}$ $\dfrac{1365}{1911}$ $\dfrac{588}{1911}$

ou en supprimant une fois le facteur 7,

$$\dfrac{117}{273} \qquad \dfrac{182}{273} \qquad \dfrac{195}{273} \qquad \dfrac{84}{273}$$

598. En introduisant dans les fractions suivantes les simplifications signalées dans la remarque de la page 188 de l'*Arithmétique*, on a

1° $\dfrac{3}{4}$ $\dfrac{5}{6}$ $\dfrac{21}{24}$

$R.$ $\dfrac{18}{24}$ $\dfrac{20}{24}$ $\dfrac{21}{24}$

2°	$\dfrac{1}{3}$	$\dfrac{3}{4}$	$\dfrac{5}{8}$	$\dfrac{11}{32}$
$R.$	$\dfrac{32}{96}$	$\dfrac{72}{96}$	$\dfrac{60}{96}$	$\dfrac{33}{96}.$
3°	$\dfrac{2}{3}$	$\dfrac{4}{9}$	$\dfrac{5}{6}$	$\dfrac{7}{18}$
$R.$	$\dfrac{12}{18}$	$\dfrac{8}{18}$	$\dfrac{15}{18}$	$\dfrac{7}{18}.$

4°	$\dfrac{1}{2}$	$\dfrac{2}{8}$	$\dfrac{5}{9}$	$\dfrac{7}{18}$	$\dfrac{9}{72}$
$R.$	$\dfrac{36}{72}$	$\dfrac{18}{72}$	$\dfrac{40}{72}$	$\dfrac{28}{72}$	$\dfrac{9}{72}$

Exercices sur l'addition des fractions ordinaires.

599. 1° $\dfrac{1}{7} + \dfrac{3}{7} = R.\ \dfrac{4}{7}.$

2° $\dfrac{2}{15} + \dfrac{4}{15} + \dfrac{7}{15} + \dfrac{3}{15} = R.\ \dfrac{16}{15}$ ou $1\dfrac{1}{15}.$

3° $\dfrac{5}{42} + \dfrac{7}{42} + \dfrac{38}{42} = R.\ \dfrac{50}{42}$ ou $1\dfrac{4}{21}.$

600. 1° Soit à additionner les fractions suivantes :

$$\frac{1}{2} + \frac{2}{3} + \frac{3}{4}$$

$$\frac{6}{12} + \frac{8}{12} + \frac{9}{12}$$

$R.$ $\dfrac{23}{12}$ ou en extrayant les entiers $1\dfrac{11}{12}.$

2° On trouvera de même que les fractions

$$\frac{13}{14} + \frac{9}{15}$$

équivalent à $\dfrac{195}{210} + \dfrac{126}{210}$

dont la somme $= R.\ \dfrac{321}{210}$ ou $1\,\dfrac{37}{70}$

3° De même $\dfrac{2}{3} + \dfrac{1}{4} + \dfrac{4}{5}$

quivalent à $\dfrac{40}{60} + \dfrac{15}{60} + \dfrac{48}{60}$

dont la somme $= R.\ \dfrac{103}{60}$ ou $1\,\dfrac{43}{60}$

4° Enfin les fractions $\dfrac{8}{130} + \dfrac{17}{149}$

équivalent à $\dfrac{1192}{19370} + \dfrac{2210}{19370}$

dont la somme $= R.\ \dfrac{3402}{19370}$ ou, en simplifiant la fraction, $\dfrac{1701}{9685}$

601 1° Les fractions $\dfrac{3}{4} + \dfrac{2}{5} + \dfrac{5}{6}$

équivalent à $\dfrac{45}{60} + \dfrac{24}{60} + \dfrac{50}{60}$

dont la somme $= R.\ 1\,\dfrac{59}{60}$

2° Les fractions $\dfrac{1}{2} + \dfrac{4}{7} + \dfrac{1}{20} + \dfrac{11}{13}$

équivalent à $\dfrac{1820}{3640} + \dfrac{2080}{3640} + \dfrac{182}{3640} + \dfrac{3080}{3640}$

dont la somme $= R.\ \dfrac{7162}{3640}$ ou mieux $1\,\dfrac{1761}{1820}$

3° Les fractions $\dfrac{1}{6} + \dfrac{2}{7} + \dfrac{73}{952}$

équivalent à $\dfrac{6664}{39984} + \dfrac{11424}{39984} + \dfrac{3066}{39984}$

dont la somme est $\dfrac{21154}{39984}$ ou mieux $\dfrac{1511}{2856}$ en divisant les deux termes par 14, diviseur commun.

4° Enfin les fractions $\dfrac{3}{5} + \dfrac{5}{9} + \dfrac{4}{11} + \dfrac{1}{18}$

équivalent à $\dfrac{5346}{8910} + \dfrac{4950}{8910} + \dfrac{3240}{8910} + \dfrac{495}{8910}$

dont la somme $= R. \dfrac{14031}{8910}$ ou mieux $1 \dfrac{5121}{8910}$

et encore $1 \dfrac{569}{990}$ en simplifiant la fraction.

602. 1° Soit à additionner :

1°
$$4 \frac{1}{3} \qquad \frac{2}{6}$$
$$3 \frac{1}{2} \qquad \frac{3}{6}$$
Total : $R.$ 7 unités $\dfrac{5}{6}$

2°
$$15 \frac{1}{4} \qquad \frac{21}{84}$$
$$24 \frac{2}{3} \qquad \frac{56}{84}$$
$$5 \frac{2}{7} \qquad \frac{24}{84}$$
Total : $R.$ 45 unités $\dfrac{17}{84}$

3°
$$7 \frac{4}{5} \qquad \frac{24}{30}$$
$$18 \frac{1}{3} \qquad \frac{10}{30}$$
$$11 \frac{5}{6} \qquad \frac{25}{30}$$
Total : $R.$ 37 unités $\dfrac{29}{30}$

4°
$$9 \frac{3}{7} \qquad \frac{2640}{6160}$$
$$17 \frac{2}{11} \qquad \frac{1120}{6160}$$
$$42 \frac{1}{5} \qquad \frac{1232}{6160}$$
$$56 \frac{13}{16} \qquad \frac{5005}{6160}$$
Total : $R.$ 125 unités $\dfrac{8837}{6160}$

PROBLÈMES

SUR L'ADDITION DES FRACTIONS ORDINAIRES.

603. En ajoutant les $\frac{2}{5}$ d'un nombre aux $\frac{3}{7}$ de ce nombre, quelle fraction de ce nombre obtient-on ?

R. Les $\frac{2}{5}$ et les $\frac{3}{7}$ d'un nombre valent les $\frac{29}{35}$ de ce nombre.

604. Quel temps a-t-il fallu à un ouvrier pour faire un travail qui a exigé 4 journées $\frac{2}{3}$; 5 journées $\frac{3}{4}$; 2 journées $\frac{7}{10}$ et 6 journées $\frac{4}{5}$?

R. La somme des journées est égale à $19^j \frac{11}{12}$.

605. Le cinquième et le tiers d'un nombre font 24 ; quel est ce nombre ?

R. La somme des deux fractions donne $\frac{8}{15}$ ou, ce qui revient au même, 8 fois le $\frac{1}{15}$ du nombre cherché ; or, d'après l'énoncé, 8 fois le $\frac{1}{15}$ du nombre $= 24$; d'où il suit que si on divise 24 par 8, le quotient 3 sera le $\frac{1}{15}$ du nombre demandé ; ce nombre est donc $3 \times 15 = 45$; ce qu'il est facile de vérifier.

606. Un tuyau de fontaine coulant seul remplirait un bassin en 8 heures, tandis qu'un autre tuyau le remplirait en 5 heures ; si les deux tuyaux coulaient ensemble, quelle partie du bassin rempliraient-ils dans une heure ?

R. Dans une heure, le premier tuyau remplit le $\frac{1}{8}$ et le second, le $\frac{1}{5}$ du bassin ; les deux tuyaux coulant ensemble rempliraient $\frac{1}{8} + \frac{1}{5} = \frac{13}{40}$ du bassin, en une heure.

607. Une citerne peut être vidée par une pompe en 9 heures ; par une seconde pompe en 12 h. ; par une troisième, en 4 h. seulement ; quelle partie de la citerne serait vidée en 1 heure par les trois pompes fonctionnant ensemble ?

R. Dans une heure, la première pompe vide $\frac{1}{9}$ du bassin, la deuxième $\frac{1}{12}$ et la troisième $\frac{1}{4}$. Donc les trois ensemble videront en une heure $\frac{1}{9} + \frac{1}{12} + \frac{1}{4} = \frac{16}{36}$ ou les $\frac{4}{9}$ du bassin.

608. En ajoutant la moitié, le tiers et le quart d'un nombre, on obtient une somme qui excède le nombre de 5 unités ; quel est ce nombre ?

R. $\frac{1}{2} + \frac{1}{3} + \frac{1}{4} = \frac{13}{12}$, somme qui excède l'unité de $\frac{1}{12}$; d'où il suit que le $\frac{1}{12}$ du nombre cherché égale 5. Ce nombre est donc $5 \times 12 = 60$.

Exercices sur la soustraction des fractions ordinaires.

609. 1° $\dfrac{5}{6} - \dfrac{2}{6} = $ R. $\dfrac{3}{6}$ ou $\dfrac{1}{2}$.

2° De $\dfrac{7}{8}$ ôtez $\dfrac{3}{4} = \dfrac{28}{32} - \dfrac{24}{32} = $ R. $\dfrac{4}{32}$ ou $\dfrac{1}{8}$.

3° De $\dfrac{4}{9}$ ôtez $\dfrac{1}{5} = \dfrac{20}{45} - \dfrac{9}{45} = $ R. $\dfrac{11}{45}$.

4° De $\dfrac{2}{3}$ ôtez $\dfrac{6}{13} = \dfrac{26}{39} - \dfrac{18}{39} = $ R. $\dfrac{8}{39}$.

610. 1° $\dfrac{39}{40} - \dfrac{21}{23} = \dfrac{897}{920} - \dfrac{840}{920} = $ R. $\dfrac{57}{920}$.

2° $\dfrac{15}{21} - \dfrac{10}{37} = \dfrac{555}{777} - \dfrac{210}{777} = $ R. $\dfrac{345}{777}$

ou $\dfrac{115}{259}$ en divisant les deux termes par 3.

3° $\dfrac{23}{24} - \dfrac{86}{100} = \dfrac{2300}{2400} - \dfrac{2064}{2400} = $ R. $\dfrac{236}{2400}$

ou $\dfrac{59}{600}$ en divisant les deux termes par 4.

4° $\dfrac{13}{27} - \dfrac{54}{143} = \dfrac{1859}{3861} - \dfrac{1458}{3861} = $ R. $\dfrac{401}{3861}$.

611. 1° De $5\ \dfrac{2}{3}\quad \dfrac{8}{12}$ 2°   De $8\ \dfrac{3}{4}\quad \dfrac{6}{8}$

ôtez $3\ \dfrac{1}{4}\quad \dfrac{3}{12}$ ôtez $6\ \dfrac{1}{2}\quad \dfrac{4}{8}$

Différence $=$ R. 2 unités $\dfrac{5}{12}$.   Différence $=$ R. 2 unités $\dfrac{2}{8}$ ou $\dfrac{1}{4}$.

$$\text{De } 22 \quad \frac{2}{7} \quad \frac{18}{63}$$

4° $$\text{De } 49 \quad \frac{19}{20} \quad \frac{57}{60}$$

$$\text{ôtez } 13 \quad \frac{7}{9} \quad \frac{49}{63}$$

$$\text{ôtez } 34 \quad \frac{5}{6} \quad \frac{50}{60}$$

Différence $= R.$ 8 unités $\dfrac{32}{63}.$ Différence $= R.$ 15 unités $\dfrac{7}{60}.$

612. 1° De 43

2° De 16

ôtez 9 $\dfrac{5}{8}$

ôtez » $\dfrac{3}{7}$

Différence $= R.$ 33 unités $\dfrac{3}{8}.$ Différence $= R.$ 15 unités $\dfrac{4}{7}.$

3° De 8

4° De 315 $\dfrac{41}{43}$

ôtez » $\dfrac{17}{20}$

ôtez 102

Différence $= R.$ 7 unités $\dfrac{3}{20}.$ Différence $= R.$ 213 unités $\dfrac{41}{43}.$

PROBLÈMES

SUR LA SOUSTRACTION DES FRACTIONS ORDINAIRES.

613. Un jardinier a vendu le tiers et les $\frac{4}{7}$ de ses fruits ; combien lui en reste-t-il ?

$R.$ $\frac{1}{3} + \frac{4}{7}$ égalent les $\frac{19}{21}$ de ses fruits ; il lui en reste donc $\frac{2}{21}.$

614. Trois personnes doivent une somme : la 1re en doit le 6e la seconde les $\frac{5}{8}$; combien doit la 3e ?

$R.$ $\frac{1}{6} + \frac{5}{8} = \frac{38}{48}$ de la dette ; donc la 3me personne doit les $\frac{10}{48}$ ou les $\frac{5}{24}.$

615. Sur une pièce de toile de $52^{\text{m}} \frac{1}{2}$ de longueur, on a pris d'abord $6^{\text{m}} \frac{3}{4}$; ensuite $21^{\text{m}} \frac{7}{8}$; à quelle longueur la pièce est-elle réduite ?

$R.$ $6 \frac{3}{4} + 21 \frac{7}{8} = 28 \frac{5}{8}$; il reste donc $52 \frac{1}{2} - 28 \frac{5}{8}$ $= 23^{\text{m}} \frac{7}{8}$ de toile.

616. On a fauché dans un jour la moitié d'un champ de luzerne ; le lendemain, on en a fauché les $\frac{3}{8}$; que reste-il encore à faire pour que le champ soit entièrement fauché ?

R. On a fauché $\frac{1}{2} + \frac{3}{8} = \frac{7}{8}$ du champ ; il reste encore $\frac{1}{8}$ à faucher.

617. Une lampe brûle $\frac{1}{4}$ de litre d'huile de moins qu'une seconde lampe qui en brûle $\frac{2}{5}$ de litre de plus qu'une troisième ; combien la première brûle-t-elle d'huile de plus que la dernière ?

R. Si la 3me lampe brûlait un litre d'huile, la 2me brûlerait $1 + \frac{2}{5} = \frac{7}{5}$ de litre et la 1re $\frac{7}{5} - \frac{1}{4} = \frac{23}{20}$; d'où il suit que la 1re lampe brûle $\frac{3}{20}$ de litre de plus que la dernière.

618. Une mère et sa fille mettent 8 jours pour faire une broderie ; la mère seule la ferait en 11 jours ; quelle partie du travail 'a fille fait-elle en 1 jour ?

R. Puisque la mère seule ferait le travail en 11 jours, elle fait par jour $\frac{1}{11}$ de la broderie et dans 8 jours elle en fait les $\frac{8}{11}$, d'où il suit que la fille fait en 8 jours les $\frac{3}{11}$ restants ; elle fait donc par jour 8 fois moins ou $\frac{3}{88}$ du travail.

619. La différence entre les $\frac{2}{7}$ et les $\frac{4}{11}$ d'une somme en or est 420 fr. ; quelle est cette somme et quel en est le poids ?

R. La différence entre les $\frac{2}{7}$ et les $\frac{4}{11} = \frac{6}{77}$; cette différence $\frac{6}{77} = 420$ fr ; or, puisque les *six soixante-dix-septièmes* égalent 420 fr., cette somme divisée par 6 donnera 70 fr. pour $\frac{1}{77}$ de la somme demandée ; cette somme est donc égale à 70 fr. $\times$ 77 $= 5390$ fr., en or.

Si cette somme était en argent, elle pèserait $5^{\text{gr}} \times 5390$ et en or elle pèse 15,5 fois moins ; on aura donc pour le poids demandé $\dfrac{5^{\text{gr}} \times 5390}{15,5} = 1738^{\text{gr}}, 71.$

620. Trois ouvriers ont à réparer un chemin : le 1er et le 2e feraient ce travail en 12 heures ; le 1er et le 3e le feraient en 15 h. ; le 2e et le 3e, en 10 h. ; cela posé, on demande quelle fraction du travail chaque ouvrier fait en 1 heure et combien d'heures il faudra aux trois ouvriers travaillant ensemble, pour réparer le chemin.

R. Ce problème est une application du problème 268. Nous chercherons d'abord quelle fraction de travail chaque groupe de deux ouvriers fait en 1 heure ; nous aurons d'après l'énoncé :

$$\text{Le } 1^{er} \text{ ouv. et le } 2^{me} \text{ ouv. font } \tfrac{1}{12} \text{ du travail}$$
$$\text{Le } 1^{er} \text{ ouv. et le } 3^{me} \text{ ouv. font } \tfrac{1}{15}$$
$$\text{Le } 2^{me} \text{ ouv. et le } 3^{me} \text{ ouv. font } \tfrac{1}{10}$$

Les trois groupes d'ouvriers font ensemble en une heure $\tfrac{1}{12} + \tfrac{1}{15} + \tfrac{1}{10} = \tfrac{30}{120}$ du travail. Mais comme chaque ouvrier *est compté deux fois*, les trois ouvriers ne feront en réalité que la moitié de $\tfrac{30}{120}$ ou $\tfrac{15}{120}$ du travail par heure.

Pour déterminer maintenant la fraction de travail que chaque ouvrier fait en une heure, on dira : les 3 ouvriers font ensemble $\tfrac{15}{120}$ du travail en une heure ; puisque le 2e et le 3e en font $\tfrac{1}{10}$ ou $\tfrac{12}{120}$, le 1er ouvrier fera $\tfrac{15}{120} - \tfrac{12}{120} = \tfrac{3}{120}$ du travail en une heure.

De même, puisque le 1er ouvrier et le 3^e font $\tfrac{1}{15}$ ou $\tfrac{8}{120}$, le 2^e ouvrier en fera $\tfrac{15}{120} - \tfrac{8}{120} = \tfrac{7}{120}$.

De même, le 3e ouvrier fera $\tfrac{15}{120} - \tfrac{10}{120} = \tfrac{5}{120}$.

En effet, les 3 ouvriers font par heure $\tfrac{3}{120} + \tfrac{7}{120} + \tfrac{5}{120} = \tfrac{15}{120}$ ou $\tfrac{1}{8}$ du travail en une heure ; donc enfin il faudra 8 heures aux trois ouvriers travaillant ensemble pour réparer le chemin.

Exercices sur la multiplication des fractions ordinaires.

621. $1^o\ \dfrac{5}{6} \times \dfrac{3}{7} = \dfrac{5 \times 3}{6 \times 7} = R.\ \dfrac{15}{42}$ ou $\dfrac{5}{14}$.

$2^o\ \dfrac{4}{11} \times 9 = \dfrac{4 \times 9}{11} = R.\ \dfrac{36}{41}$ ou $3\ \dfrac{3}{11}$.

$3^o\ \dfrac{5}{9} \times \dfrac{12}{25} = \dfrac{5 \times 12}{9 \times 25} = R.\ \dfrac{60}{225}$ ou $\dfrac{4}{15}$.

$4^o\ 4 \times \dfrac{1}{2} = \dfrac{4 \times 1}{2} = R.\ \dfrac{4}{2}$ ou 2 unités.

622. $1°\ \dfrac{8}{11} \times 7 = \dfrac{8 \times 7}{11} = R.\ \dfrac{56}{11}$ ou $5\ \dfrac{1}{11}$.

$2°\ \dfrac{9}{20} \times \dfrac{14}{35} = \dfrac{9 \times 14}{20 \times 35} = R.\ \dfrac{126}{700}$ ou $\dfrac{9}{50}$.

$3°\ \dfrac{2}{3} \times \dfrac{15}{22} = \dfrac{2 \times 15}{3 \times 22} = R.\ \dfrac{30}{66}$ ou $\dfrac{5}{11}$.

$4°\ 9 \times \dfrac{5}{6} = \dfrac{9 \times 5}{6} = R.\ \dfrac{45}{6}$ ou $\dfrac{15}{2}$ ou $7\ \dfrac{1}{2}$.

623. $1°\ 9 \times \dfrac{18}{31} = \dfrac{9 \times 18}{31} = R.\ \dfrac{162}{31}$.

$2°\ \dfrac{3}{5} \times 15 = \dfrac{3 \times 15}{5} = R.\ \dfrac{45}{5}$ ou 9 unités.

$3°\ 2\ \dfrac{1}{3} \times 17 = \dfrac{7}{3} \times 17 = \dfrac{7 \times 17}{3} = R.\ \dfrac{119}{3}$ ou $39\ \dfrac{2}{3}$.

$4°\ 14 \times 6\ \dfrac{3}{5} = 14 \times \dfrac{33}{5} = \dfrac{14 \times 33}{5} = R.\ \dfrac{462}{5}$ ou $92\ \dfrac{2}{5}$.

624. $1°\ 1\ \dfrac{2}{8} \times 7 = \dfrac{10}{8} \times 7 = \dfrac{10 \times 7}{8} = R.\ \dfrac{70}{8}$ ou $8\ \dfrac{3}{4}$.

$2°\ 6 \times 4\ \dfrac{5}{15} = 6 \times \dfrac{65}{15} = \dfrac{6 \times 65}{15} = R.\ \dfrac{390}{15}$ ou 26 unités.

$3°\ 4\ \dfrac{30}{52} \times \dfrac{72}{108} = 4\ \dfrac{15}{26} \times \dfrac{2}{3} = \dfrac{119}{26} \times \dfrac{2}{3} = R,\ \dfrac{238}{78}$ ou $\dfrac{119}{39}$.

$4°\ 11\ \dfrac{45}{90} \times 2\ \dfrac{7}{28} = 11\ \dfrac{1}{2} \times 2\ \dfrac{1}{4} = \dfrac{23}{2} \times \dfrac{9}{4}$ $= R.\ \dfrac{207}{8}$ ou $25\ \dfrac{7}{8}$ en extrayant les entiers.

Exercices sur les fractions de fractions.

625. Le $\dfrac{1}{2}$ de $\dfrac{3}{4} = \dfrac{1 \times 3}{2 \times 4} = R.\ \dfrac{3}{8}$.

$$\text{Le } \frac{1}{11} \text{ de } \frac{2}{3} = \frac{1 \times 2}{11 \times 3} = R. \ \frac{2}{33}.$$

$$\text{Le } \frac{1}{3} \text{ de } \frac{5}{7} = \frac{1 \times 5}{3 \times 7} = R. \ \frac{5}{21}.$$

$$\text{Les } \frac{3}{8} \text{ de } \frac{11}{13} = \frac{3 \times 11}{8 \times 13} = R. \ \frac{33}{104}.$$

626. $\text{Les } \dfrac{2}{3} \text{ de } \dfrac{2}{7} \text{ de } \dfrac{3}{5} = \dfrac{2 \times 2 \times 3}{3 \times 7 \times 5}.$

En divisant les deux termes de cette dernière expression fractionnaire par le facteur commun 3, on obtiendra l'expression suivante :

$$\frac{2 \times 2}{7 \times 5} = R. \ \frac{4}{35}$$

$$\text{Les } \frac{5}{8} \text{ de } 21 = \frac{5}{8} \times 21 = R. \ \frac{105}{8} \text{ ou } 13 \frac{1}{8}.$$

$$\text{Le } \frac{1}{6} \text{ des } \frac{3}{4} \text{ de } 16 = R. \ \frac{1 \times 3 \times 16}{6 \times 4}.$$

Simplifiez cette expression en divisant les deux termes par les facteurs communs 3 et 4, vous aurez :

$$\frac{1 \times 1 \times 4}{2} = R. \ \frac{4}{2} \text{ ou } 2 \text{ unités.}$$

627. $\text{Les } \dfrac{4}{10} \text{ de } 7 = \dfrac{4 \times 7}{10} = \dfrac{28}{10} \text{ ou } 2 \text{ unités } \dfrac{4}{5}.$

$$\text{Le } \frac{1}{8} \text{ de } \frac{1}{2} \text{ de } 56 = \frac{1 \times 1 \times 56}{8 \times 2} = \frac{1 \times 1 \times 7}{1 \times 2}$$

$$= R. \ \frac{7}{2} \text{ ou } 3 \frac{1}{2}.$$

$$\text{Les } \frac{3}{4} \text{ des } \frac{5}{8} \text{ de } 309 = \frac{3 \times 5 \times 309}{4 \times 8} = \frac{4635}{32} \text{ ou } 144 \frac{27}{32}.$$

PROBLÈMES

SUR LA MULTIPLICATION DES FRACTIONS ORDINAIRES.

628. Quels sont les $\frac{3}{4}$ de 756 fr. 60?

R. Les $\frac{3}{4}$ de $756^{fr},60 = 756^{fr},60 \times \frac{3}{4} = \dfrac{756,60 \times 3}{4}$
$= 567$ fr. 45.

629. Quel est le tiers et demi de 40 fr. ?

R. Un tiers et demi $= \frac{1}{3} + \frac{1}{6} = \frac{3}{6}$ ou $\frac{1}{2}$; donc un tiers et demi de 40 fr. $= 20$ fr.

630. Un ouvrier tisseur fait par jour les $\frac{5}{7}$ de mètre d'une étoffe ; combien en fera-t-il dans les $\frac{3}{4}$ d'une journée?

R. L'ouvrier fera les $\frac{3}{4}$ de $\frac{5}{7}$ de mètre ou $\dfrac{5 \times 3}{7 \times 4}$
$= \dfrac{15}{28}$ de mètre.

631. Exprimer en mois et en jours les $\frac{43}{100}$ ou les 0,43 d'une année.

R. Une année vaut 365 jours. Les $\frac{43}{100}$ de $365 = \dfrac{365 \times 43}{100} = 156^j$ et $\frac{95}{100}$ de jour ; or $156^j \frac{95}{100}$ divisés par 30^j donnent 5^{mois} 6^{jours} $\frac{95}{100}$ de jour.

On pourrait dire aussi les 0,43 de 365 jours égalent $365 \times 0,43 = 156^j,95 = 5^{mois},231$ c'est-à-dire 5 mois et 0,231 de mois ou de 30 jours $= 30^j \times 0,231 = 6^j,95$; on a donc 5 mois $6^j,95$ à $\frac{1}{100}$ près.

632. Quels sont les $\frac{75}{100}$ ou les 0,75 de 7 heures?

R. Les 0,75 de $7^h = 7^h \times 0,75 = 5^h, 25$ c'est-à-dire, 5 heures et 0,25 d'heure ou de 60 minutes, ou $60 \times 0,25 = 15$ minutes ; la solution demandée est donc 5 heures 15 minutes ou 5 h. $\frac{1}{4}$.

633. Exprimer en minutes, secondes et dixièmes de seconde les $\frac{37}{100}$ ou les 0,37 d'un degré de la circonférence.

R. Un degré vaut 60′ et une minute, 60″; 1° vaut donc $60 \times 60 = 3600″$ angulaires et les $\frac{37}{100}$ de 3600″

$$= \frac{3600″ \times 37}{100} = \frac{133200}{100} = 1332″.$$ En divisant ce nombre par 60, pour le convertir en minutes, on aura enfin $1332″ : 60 = 22$ minutes 12 secondes exactement, sans fraction de seconde.

634. Une société industrielle verse à une Caisse de secours les $\frac{3}{25}$ de ses revenus annuels; combien versera-t-elle à la Caisse, si les revenus d'une année s'élèvent à la somme de 65 348ᶠ, 30 ?

R. La Société versera à la Caisse $\dfrac{65\,348^{\text{fr}},30 \times 3}{25}$

$= 7841^{\text{fr}},796.$

635. La solution d'un problème exprimée en années donne 3,17. Combien a-t-on d'années, de mois et de jours ?

R. L'expression 3,17 signifie 3 ans $\frac{17}{100}$ d'année ou de 365 jours; la fraction d'année égale donc $\dfrac{365 \times 17}{100}$

$= 62^{\text{j}},05$ ou 2 mois $2^{\text{j}},05$; donc enfin l'expression ci-dessus égale 3 ans 2 mois $2^{\text{j}},05.$

636. Un maçon gagne 3ᶠ,50 et son manœuvre 1ᶠ,15 par jour; que doit-on pour 8 journées $\frac{2}{3}$ du maçon et 7 journées $\frac{1}{5}$ du manœuvre?

R. On doit au maçon $\dfrac{3^{\text{f}},50 \times 26}{3} = 30^{\text{f}},33$;

et au manœuvre $\dfrac{1^{\text{f}},15 \times 36}{5} = 8^{\text{f}},28.$

637. A chaque tour une vis s'avance de $\frac{1}{6}$ de millimètre; de combien s'est-elle avancée après 27 tours $\frac{3}{4}$?

R. A chaque tour la vis s'avance de $0^{\text{m}},001 \times \frac{1}{6}$

$$= \frac{0^{m},001}{6} \text{ et après 27 tours } \tfrac{3}{4} \text{ ou } \tfrac{111}{4} \text{ elle s'est avancée}$$

$$\text{de } \frac{0^{m},001}{6} \times \frac{111}{4} = 0^{m},004625.$$

658. Un marchand achète $138^{m},60$ d'une étoffe à $12^{f},25$ le mètre; il en vend les $\tfrac{2}{7}$ à $14^{f},20$ le mètre. A quel prix doit-il céder le mètre de ce qui reste, pour gagner 325 fr. sur le tout?

R. L'achat de l'étoffe s'élève à $12^{f},25 \times 138^{m},60 = 1697^{f},85$; les $\tfrac{2}{7}$ de cette étoffe vendus à $14^{f},20$ donnent une recette de $\dfrac{138^{f},60 \times 2 \times 14,20}{7} = 562^{f},32$; comme le marchand veut gagner 325 fr. sur le tout, il doit faire une recette totale de $1697^{f},85 + 325 = 2022^{f},85$; mais il a déjà fait une recette de $562^{f},32$; il doit retirer encore $1460^{f},53$ qui représentent la valeur des $\tfrac{5}{7}$ de $138^{m},60$ ou de 99 mètres; il faudra donc revendre l'étoffe qui reste à $1460^{f},53 : 99 = 14^{f},75$ le mètre.

639. On a mis 458 jours pour creuser un tunnel; le travail moyen de chaque jour a été de $\tfrac{6}{7}$ de mètre; quelle est la longueur de ce tunnel?

R. Cette longueur est égale à $\tfrac{6}{7} \times 458 = 392^{m}\,\tfrac{4}{7}$ ou $392^{m},57$.

640. Un agent de change a vendu des *actions* pour une somme de 24 750 fr. et a reçu $\tfrac{1}{8}$ de franc de commission pour 100 fr. de capital; calculer cette commission.

R. Autant de fois le capital contient 100 fr. autant de fois il faudra payer $\tfrac{1}{8}$ de franc de commission; or 24 750 fr. $: 100 = 247^{f},50$; donc la commission demandée égale $\tfrac{1}{8} \times 247,50 = 247,50 : 8 = 30^{f},94$.

On pourrait dire aussi : puisqu'on paie $\tfrac{1}{8}$ de franc pour 100 fr. on payera 1 fr. pour 800 fr.; donc autant de fois le capital proposé contiendra 800 fr. autant de francs de commission on paiera; la division de 24 750 par 800 $= 30^{f},94$.

641. Le diamètre d'une table ronde est de $1^{m},38$; on obtient le pourtour ou la circonférence de la table en multipliant le diamètre par le nombre constant $\frac{22}{7}$ ou par $\frac{355}{113}$; quel est ce pour-tour?

R. La circonférence ou le pourtour de la table égale le diamètre $1^m,38 \times \frac{22}{7} = \dfrac{1^m,38 \times 22}{7} = 4^m,337.$

Si on avait multiplié le diamètre $1^m,38$ par $\frac{355}{113}$, on aurait eu pour la circonférence demandée $4^m,335$ au lieu de $4^m,337$; cette différence provient de ce que la fraction ou le rapport $\frac{22}{7}$ est plus grand et *moins exact* que le rapport $\frac{355}{113}$.

642. Une personne lègue les $\frac{2}{9}$ de ses biens à ses parents, les $\frac{3}{5}$ pour la construction d'une salle d'asile ; ces prélèvements faits, les $\frac{8}{11}$ de ce qui reste aux hospices et le dernier reste à la bibliothèque populaire ; la fortune léguée est de 135 000 fr. ; comment se fera la répartition?

R. Le 1er legs aux parents égale les $\frac{2}{9}$
de 135 000 fr. ou. · 30 000fr
Le 2me legs $=$ les $\frac{3}{5}$ de 135 000 fr. ou.   81 000
Ces deux legs font 111 000 fr. ; il reste
donc 24 000 fr.
Le 3me legs $=$ les $\frac{8}{11}$ de 24 000 fr. .   17 454, 54
Le 4me legs $=$ la différence 24 000 fr.
— 17454fr, 54 ou. 6 545, 46
Total égal. . . . 135 000, ..

643. Deux personnes employées dans un établissement ont des salaires différents dont la somme s'élève annuellement à 4400 fr. La première ne dépense chaque année que les $\frac{2}{3}$ de son salaire, et la seconde les $\frac{3}{4}$. Le montant de leurs économies s'élève chaque année à 1310 fr. On demande le salaire annuel de chacune d'elles. (*Ce problème d'examen est une application du probl. 555.*)

R. On trouvera la solution algébrique et arithmétique de ce problème pages 9 et 12.

644. Un paquebot part du Havre pour New-York. Après quelques jours de traversée, l'officier de quart trouve que, pour arriver à destination, il faut faire encore les $\frac{4}{5}$ de la route déjà parcourue. A quelle distance le paquebot est-il de New-York, si du Havre à cette ville on compte 5760 kilom.?

R. Puisque la distance du point d'observation à New-York égale les $\frac{4}{5}$ de la distance déjà parcourue, nous représenterons cette dernière distance par 1 ou par $\frac{5}{5}$; alors la distance totale du Havre à New-York sera représentée par $\frac{4}{5} + \frac{5}{5} = \frac{9}{5}$. En d'autres termes *la distance totale* (ou les 5760 kilom.) *égale 9 fois le $\frac{1}{5}$ de la distance parcourue;* par conséquent, si on divise les 5760 kilom. par 9 on connaîtra le $\frac{1}{5}$ de la distance parcourue; la division donne 640 kilom.; donc la distance parcourue égale $640^{km} \times 5 = 3200$ kilom. et le trajet à faire égale $640 \times 4 = 2560$ kilomètres.

Vérification. Pour vérifier la solution on additionne les deux distances trouvées et la somme doit égaler 5760 kilom.; ou bien on prend les $\frac{4}{5}$ de la distance parcourue et le produit doit donner 2560 kilom. C'est, en effet, ce qui a lieu.

Exercices sur la division des fractions.

645. 1° $\frac{4}{7}$ divisé par $\frac{2}{3} = \frac{4}{7} \times \frac{3}{2} = \frac{12}{14}$ ou $\frac{6}{7}$.

2° $\frac{8}{9}$ divisé par $5 = \frac{8}{9}$ divisé par $\frac{5}{1} = \frac{8}{9} \times \frac{1}{5} = R.\ \frac{8}{45}$.

3° $\frac{4}{5}$ divisé par $\frac{6}{11} = \frac{4}{5} \times \frac{11}{6} = R.\ \frac{44}{30}$ ou $\frac{22}{15}$ ou $1\frac{7}{15}$.

4° $\frac{8}{11}$ divisé par $\frac{3}{7} = \frac{8}{11} \times \frac{7}{3} = \frac{56}{33}$ et mieux $1\frac{23}{33}$.

646. 1° $\frac{5}{6}$ divisé par $\frac{4}{15} = \frac{5}{6} \times \frac{15}{4} = R.\ \frac{75}{24}$ ou $3\frac{1}{8}$.

2° $\frac{16}{61}$ divisé par $\frac{3}{4} = \frac{16}{61} \times \frac{4}{3} = R.\ \frac{64}{183}$.

3° $\frac{5}{11}$ divisé par $6 = \frac{5}{11}$ divisé par $\frac{6}{1} = \frac{5}{11}$ $\times \frac{1}{6} = R.\ \frac{5}{66}$.

4° 7 divisé par $\frac{1}{2} = \frac{7}{1} \times \frac{2}{1} = R.$ 14 unités.

647. 1° 8 divisé par $\frac{2}{9} = \frac{8}{1} \times \frac{9}{2} = R.\ \frac{72}{2}$ et mieux 36 unités.

2° $\frac{3}{7}$ divisé par $\frac{11}{45} = \frac{3}{7} \times \frac{45}{11} = R.\ \frac{135}{77}$ et mieux $1\ \frac{58}{77}$.

3° $3\ \frac{1}{2}$ divisé par $9 = \frac{7}{2}$ divisé par $\frac{9}{1} = \frac{7}{2}$ $\times \frac{1}{9} = R.\ \frac{7}{18}$.

4° 7 divisé par $1\ \frac{2}{5} = \frac{7}{1}$ divisé par $\frac{7}{5} = \frac{7}{1}$ $\times \frac{5}{7} = R.\ \frac{35}{7}$ et mieux 5 unités.

648. 1° $4\ \frac{5}{10}$ divisé par $8 = 4\ \frac{1}{2}$ divisé par $\frac{8}{1}$ $= \frac{9}{2} \times \frac{1}{8} = R.\ \frac{9}{16}$.

2° 12 divisé par $1\ \frac{7}{71} = \frac{12}{1}$ divisé par $\frac{78}{71} = \frac{12}{1}$ $\times \frac{71}{78} = R.\ \frac{852}{78}$ ou $\frac{426}{39}$ en divisant les deux termes par 2, ou bien encore $\frac{142}{13}$ en divisant de nouveau les deux termes par 3, et enfin $10\ \frac{12}{13}$ en extrayant les entiers.

3° $4\ \frac{15}{35}$ divisé par $\frac{18}{72} = 4\ \frac{3}{7}$ divisé par $\frac{1}{4} = \frac{31}{7}$ $\times \frac{4}{1} = R.\ \frac{124}{7}$ et mieux $17\ \frac{5}{7}$.

$$4°\ 2\,\tfrac{9}{45}\ \text{divisé par}\ 5\,\tfrac{51}{111} = 2\,\tfrac{1}{5}\ \text{divisé par}\ 5\,\tfrac{17}{37}$$

$$= \frac{11}{5} \times \frac{37}{202} = R.\ \frac{407}{1010}.$$

PROBLÈMES

SUR LA DIVISION DES FRACTIONS ORDINAIRES.

649. On a donné $8^f,75$ pour les $\tfrac{3}{20}$ d'une rame de papier ; quel est le prix de la rame ?

$R.$ Les $\tfrac{3}{20}$ de la rame ou 3 fois le 20e valent $8^{fr},75$; donc $8^f,75$ divisés par 3 donnent le prix de $\tfrac{1}{20}$ et la rame ou les $\tfrac{20}{20}$ coûtent 20 fois plus, c'est-à-dire qu'on a l'expression $\dfrac{8,75 \times 20}{3} = 58^f,333$.

On pourrait dire encore : si on connaissait le prix de la rame, en prenant les $\tfrac{3}{20}$ de ce prix, on aurait $8^f,75$; donc $8^f,75$ est le produit du prix de la rame (facteur inconnu) par $\tfrac{3}{20}$ (facteur connu). La division de $8^f,75$ par $\tfrac{3}{20}$ donne $8^f,75 \times \tfrac{20}{3} = 58^f,333$ solution conforme au nombre déjà trouvé.

650. Par quelle fraction faut-il multiplier $\tfrac{2}{3}$ pour avoir $\tfrac{8}{15}$?

$R.$ $\tfrac{8}{15}$ est le produit de $\tfrac{2}{3}$ par une fraction inconnue ; cette fraction est donc égale à $\tfrac{8}{15} \times \tfrac{3}{2} = \tfrac{24}{30} = \tfrac{4}{5}$.

***651.** Un nombre augmenté des $\tfrac{3}{4}$ de ce nombre égale 56 ; quel est ce nombre ?

$R.$ Un nombre quelconque 1 par exemple, augmenté de ses $\tfrac{3}{4}$ donne pour somme $\tfrac{4}{4} + \tfrac{3}{4} = \tfrac{7}{4}$ ou 7 fois le $\tfrac{1}{4}$ de ce nombre ; donc 56 est égal à 7 fois le $\tfrac{1}{4}$ du nombre demandé.

La division de 56 par 7 donne le $\tfrac{1}{4}$ de ce nombre et 4 fois ce $\tfrac{1}{4}$ ou $\dfrac{56 \times 4}{7}$ donnera 32 pour le nombre cherché. En effet, 32 augmenté de ses $\tfrac{3}{4}$ ou de 24 $=$ 56.

652. Un train rapide parcourt en 4 heures $\frac{3}{10}$ la distance de Paris à Brest qui est de 228 kilom.; combien ce train fait-il de kilom. à l'heure?

R. Si on connaissait le nombre de kilomètres parcourus en une heure, en multipliant ce nombre par $4\frac{3}{10}$ ou par $\frac{43}{10}$ on aurait 228. Le nombre demandé est donc égal à $\dfrac{228 \times 10}{43} = 53^{\text{km}},023$.

653. En augmentant un nombre du $\frac{1}{4}$ de ses $\frac{3}{5}$ on obtient 46 : quel est ce nombre?

R. Ce problème est une application du problème 651. En effet, le $\frac{1}{4}$ des $\frac{3}{5}$ du nombre égale $\frac{3}{20}$ de ce nombre; donc $\frac{20}{20} + \frac{3}{20}$ ou $\frac{23}{20}$ du nombre cherché égalent 46, et $\frac{1}{20} = 46 : 23 = 2$; donc enfin le nombre demandé égale 40.

654. Quel est le diamètre d'un bassin circulaire qui a $18^{\text{m}},75$ de circonférence? (*Voir probl. n° 641.*)

R. On a vu que la circonférence est le produit du diamètre par une *fraction constante* $\frac{22}{7}$; le diamètre est donc égal à la circonférence divisée par $\frac{22}{7}$. On aura donc $18^{\text{m}},75 : \frac{22}{7} = 18,75 \times \frac{7}{22} = 5^{\text{m}},965$.

655. Un ouvrier fait les $\frac{4}{9}$ de son ouvrage en 3 jours $\frac{1}{2}$; combien mettra-t-il de jours à le faire?

R. S'il faut 3 j $\frac{1}{2}$ ou $\frac{7}{2}$ de journée pour faire les $\frac{4}{9}$ de l'ouvrage pour $\frac{1}{9}$ il mettra 4 fois moins de temps ou $\dfrac{7}{2 \times 4}$ et pour l'ouvrage entier ou $\frac{9}{9}$ l'ouvrier mettra

$$\frac{7 \times 9}{2 \times 4} = \frac{63}{8} = 7 \text{ journées } \frac{7}{8}.$$

656. Dans une montre l'aiguille des heures parcourt $\frac{1}{60}$ du cadran en 12 minutes; quelle fraction de ce cadran parcourra cette aiguille dans 40 minutes, et combien cette fraction contient-elle de soixantièmes?

R. Dans 12 minutes l'aiguille des heures parcourt $\frac{1}{60}$ du cadran; dans une minute elle parcourt $\dfrac{1}{60 \times 12}$

et dans 40 minutes $\dfrac{1 \times 40}{60 \times 12} = \dfrac{40}{720} = \frac{1}{18}$ du cadran

ou $\frac{1}{18}$ des 60 divisions du cadran, c'est-à-dire $\dfrac{1 \times 60}{18}$

$= \frac{60}{18} = \frac{10}{3} = 3$ divisions $\frac{1}{3}$.

657. Un employé verse chaque mois à la Caisse d'épargne les $\frac{3}{10}$ de ses appointements ; au bout de 7 mois, son livret porte une économie de 350 fr. Combien gagne-t-il par an ?

R. En 7 mois l'économie est de 350 fr.; en un mois elle est de 50 fr. et dans 12 mois elle sera de 600 fr.; cette somme représente les $\frac{3}{10}$ de ses appointements; le $\frac{1}{10}$ égale $\frac{600}{3}$ et les $\frac{10}{10}$ seront $\frac{6000}{3} = 2000$ fr.

658. Trente litres d'eau salée contiennent en dissolution $0^{kg},08$ de sel ; quelle quantité d'eau faut-il ajouter à ce mélange pour qu'il ne contienne plus que $\frac{5}{7}$ de gramme de sel par litre ?

R. Si les 30 litres de la dissolution saline contiennent 80 grammes de sel, 1 litre en contiendra $\dfrac{80^{gr}}{30}$.

En d'autres termes, *pour avoir la quantité de sel par litre de dissolution, il faut diviser le poids du sel par le nombre de litres de la dissolution.* Or, d'après l'énoncé, les 80 gr. de sel divisés par le nombre de litres de la nouvelle dissolution doivent donner $\frac{5}{7}$ de gramme (par litre). D'où il suit que 80 gr. est le produit du nombre de litres total de la nouvelle solution par la fraction $\frac{5}{7}$. On trouvera donc ce nombre total de litres en divisant 80 gr. par $\frac{5}{7}$. Le quotient de 80 par $\frac{5}{7} = 80 \times \frac{7}{5}$ $= 112$ litres ; et, comme il y avait déjà 30 litres, il a fallu ajouter $112 - 30 = 82$ litres d'eau pure.

Exercices sur la réduction des fractions décimales en fractions ordinaires.

659. $0{,}4 = \frac{4}{10}$; $0{,}18 = \frac{18}{100}$; $0{,}014 = \frac{14}{1000}$;

$0{,}0046 = \frac{46}{10000}$; $5{,}8 = 5\,\frac{8}{10}$ ou $\frac{58}{10}$;

$$0{,}10016 = \frac{10016}{100000}; \qquad 4{,}18 = 4\,\tfrac{18}{100} \text{ ou } \frac{418}{100};$$

$$15{,}4 = 15\,\tfrac{4}{10} \text{ ou } \frac{154}{10}; \qquad 0{,}000016 = \frac{16}{1000000};$$

$$0{,}000\,017\,182 = \frac{17\,182}{1\,000\,000\,000};$$

$$0{,}000\,008\,613 = \frac{8\,613}{1\,000\,000\,000}.$$

Exercices sur la réduction des fractions ordinaires en fractions décimales.

660. $\dfrac{1}{2} = 0{,}5;$ $\qquad \dfrac{3}{4} = 0{,}75;$ $\qquad \dfrac{2}{5} = 0{,}4;$

$\dfrac{8}{25} = 0{,}32;$ $\qquad \dfrac{13}{6} = 2{,}166\ldots;$ $\qquad \dfrac{1}{32} = 0{,}03125;$

$\dfrac{8}{9} = 0{,}888\ldots;$ $\quad \dfrac{3}{7} = 0{,}428\ldots;$ $\quad \dfrac{11}{12} = 0{,}9166\ldots;$

$\dfrac{102}{471} = 0{,}216\ldots\ldots$

RAPPORTS ET PROPORTIONS.

Avant l'adoption de la méthode si simple et si rationnelle de la *réduction à l'unité*, toutes les questions relatives aux grandeurs proportionnelles, c'est-à-dire, toutes les règles de trois simples ou composées, d'intérêt et d'escompte, de société et de partage, étaient résolues au moyen d'une ou de plusieurs proportions.

La théorie des proportions formait alors une des parties les plus utiles de l'arithmétique; mais si cette théorie n'a plus aujourd'hui la même importance en arithmétique, elle l'a conservée en géométrie où les grandeurs sont représentées non par des nombres mais par des lignes. L'étude des propriétés des proportions est donc indispensable à tous les élèves qui veulent étudier sérieusement la géométrie.

Exercices.

661. 1° $\qquad 4 : 2 :: 6 : x$

$$\text{d'où } x = \frac{2 \times 6}{4} = R.\ 3.$$

2° $\qquad 3 : 12 :: x : 18$

$$\text{d'où } x = \frac{3 \times 18}{12} = R.\ 4,5.$$

3° $\qquad 5 : x :: 3 : 15$

$$\text{d'où } x = \frac{5 \times 15}{3} = R.\ 25.$$

4° $\qquad 215 : 26 :: 133 : x$

$$\text{d'où } x = \frac{26 \times 133}{215} = R.\ 16,08.$$

662. 1° $\quad 5,37 : 19 :: x : 12,5$

$$\text{d'où } x = \frac{5,37 \times 12,5}{19} = R.\ 3,53.$$

2° $\qquad \dfrac{4}{5} : \dfrac{1}{2} :: \dfrac{2}{7} : x$

$$\text{d'où } x = \frac{\frac{1}{2} \times \frac{2}{7}}{\frac{4}{5}} = \frac{2}{14} \text{ divisé par } \frac{4}{5} = \frac{2}{14} \times \frac{5}{4}$$

$$= R.\ \frac{10}{56} \text{ ou } \frac{5}{28}.$$

3° $\qquad 14 : x :: 8,2 : 12,47$

$$\text{d'où } x = \frac{14 \times 12,47}{8,2} = R.\ 21,29.$$

4° $\qquad x : \dfrac{3}{8} :: 7 : \dfrac{3.}{11}$

Le produit des moyens est d'abord $\dfrac{3}{8} \times 7 = \dfrac{21}{8}$

et ce produit $\dfrac{21}{8}$ divisé par l'extrême connu $\dfrac{3}{11}$ donne

enfin $x = \dfrac{21}{8} \times \dfrac{11}{3} = \dfrac{231}{24} = R.\ 9,62.$

GRANDEURS PROPORTIONNELLES.

QUESTIONS RÉSOLUES
PAR LA MÉTHODE DE RÉDUCTION A L'UNITÉ.

RÈGLES DE TROIS.

Pour appliquer sûrement la méthode de réduction à l'unité, il faut, d'après les principes exposés dans la *Nouvelle Arithmétique :*

1° Faire le tableau des données sur deux lignes parallèles et symétriques.

2° Réduire successivement à l'unité tous les termes de la ligne connue (ou de l'hypothèse) à l'exception du terme qui correspond à l'inconnue.

3° Ne jamais perdre de vue, dans le raisonnement, la nature CONCRÈTE de l'inconnue x.

On arrive ainsi à une expression fractionnaire finale qui donne la solution demandée. Dans cette expression le terme qui correspond à l'inconnue x est TOUJOURS au numérateur.

REMARQUE. — En traitant un exemple de la règle de trois composée (page 222), on a obtenu l'expression finale.

$$x = \frac{14 \times 3 \times 10 \times 108}{7 \times 9 \times 75}.$$

Or, la règle des *fractions de fractions*, n° 200, nous permet de donner à l'expression finale la forme :

$$x = 14 \times \frac{3}{7} \times \frac{10}{9} \times \frac{108}{75}.$$

De là, le théorème qui suit :

THÉORÈME.— *Dans une règle de trois composée, l'inconnue est égale à son terme correspondant multiplié par une suite de rapports directs ou inverses, déterminés par chacune des conditions du problème.*

Ce théorème fournit une nouvelle méthode de raisonnement pour les règles de trois composées. Mais la méthode de réduction à l'unité est suffisante.

PROBLÈMES

SUR LES RÈGLES DE TROIS.

Observation.

Lorsque les problèmes seront faciles à résoudre, nous donnerons simplement l'expression fractionnaire finale.

663. On a payé 153^f,60 pour 32 mètres d'étoffe, combien paiera-t-on pour 17 mètres de la même étoffe ?

R. La méthode de réduction à l'unité conduit à l'expression $\quad x = \dfrac{153^f,60 \times 17}{32} = 81^f,60.$

664. Combien aura-t-on de kilog. d'une marchandise pour 150 fr., si 37 kilog. coûtent 54 fr. ?

R. On aura $x = \dfrac{37^{kg} \times 150}{54} = 102^{kg},77.$

665. Que vaut 1^{hl},54 de vin, si une pièce du même vin contenant 325 litres coûte 109 fr. ?

R. 1^{hl},54 de ce vin vaudra $\dfrac{109^f \times 1,54}{3^{hl},25} = 51^f,65.$

666. Dans le mouvement annuel de la population française, on compte 84 décès pour 100 naissances ; quel est le nombre probable des décès dans une commune où il est né 358 enfants ?

R. Le nombre des décès probable est donné par l'expression $\dfrac{84 \times 358}{100} = 300,72,$ c'est-à-dire de 300 à 301 décès.

667. Nous avons vu, problème 420, que 122 kilog. de farine donnent 158^{kg},6 de pain ; combien aura-t-on de kilog. de pain avec 100 kilog. de farine ?

R. Si 122^{kg} de farine donnent 158^{kg},6 de pain ;

100 kilog. de farine donneront $\dfrac{158^{\text{kg}},6 \times 100}{122} =$ 130 kilog. de pain.

668. Il a fallu 29 jours à 14 ouvriers pour construire un mur d'enceinte ; en combien de jours 18 ouvriers auraient-ils exécuté ce travail ?

R. 14 ouvriers font le travail en 29 jours; un ouvrier mettra 14 fois plus de temps ou $29^{\text{j}} \times 14$ et 18 ouvriers mettront 18 fois moins de temps ou $\dfrac{29^{\text{j}} \times 14}{18} =$ 22 jours $\frac{5}{9}$.

669. Une *grosse* ou 12 douzaines de plumes coûte $1^{\text{f}},60$; quel est le prix du mille ?

R. Une grosse égale 144 ; donc 1000 plumes vaudront $\dfrac{1^{\text{f}},60 \times 1000}{144} = 11^{\text{f}},11$.

670. On obtient 17 p. 0/0 de rabais sur une marchandise avariée dont la facture s'élève à $132^{\text{f}},60$; à quelle somme se réduira cette facture ?

R. Les 0,17 de $132^{\text{f}},60 = 132^{\text{f}},60 \times 0,17 = 22^{\text{f}},54$; la facture sera réduite à $112^{\text{f}},06$.

671. On a payé $72^{\text{f}},85$ pour $7^{\text{hg}} \frac{3}{4}$ d'essence de menthe ; quel est le prix du kilog. de cette essence ?

R. 775 grammes coûtent $72^{\text{fr}},85$ donc 1000^{gr} coûteront $\dfrac{72^{\text{f}},85 \times 1000}{775} = 94$ fr.

672. Dans une imprimerie, une machine rotative imprime, coupe et compte dans une heure 40 000 exemplaires d'un journal. Combien obtiendra-t-on d'exemplaires si la machine fonctionne pendant 85 minutes ?

R. En 60 minutes on obtient 40 000 exemplaires, dans 85 minutes on obtiendra $\dfrac{40\,000 \times 85}{60} =$ 56 667 exemplaires.

673. On estime qu'il faut de 900 à 1000 kilog. de feuilles de mûrier pour 25 grammes de *graines* de vers à soie pendant les cinq ou six semaines que dure leur éducation ; combien de graines faut-il dans un domaine où l'on compte 108 mûriers donnant chacun en moyenne 45 kilog. de feuilles ?

R. Les 108 mûriers donnent 4860 kilog. de feuilles ; si pour 1000 kilog., il faut 25 gr. de graines, pour 1 kilog. de feuille il faut $\dfrac{25^{gr}}{1000}$ et pour 4860 kilog. il faudra $\dfrac{25^{gr} \times 4860}{1000} = 121^{gr},5$ de graines.

674. Un libraire achète à $1^f,10$ des volumes qu'il revend $1^f,50$; combien gagne-t-il *pour cent* sur le prix de vente ?

DISPOSITION DU CALCUL.

Prix de vente.	*Gain.*
$1^f,50$	$0^f,40$
100 fr.	x

On dira :

$1^{fr},50$ rapportent . . . . $\quad 0^f,40$

1 fr. rapporte . . . . $\quad \dfrac{0^f,40}{1^f,50}$

100 fr. rapportent . . . . $\quad \dfrac{0^f40 \times 100}{1^f,50} = 26^f,66$

C'est-à-dire que le libraire gagne le 26,66 *pour cent.*

675. On sait que 80 degrés du thermomètre *Réaumur* valent 100 degrés du thermomètre *centigrade*. On demande 1° combien 25 degrés Réaumur valent de degrés centigrades ; 2° combien 12 degrés centigrades valent de degrés Réaumur.

R. 80 degrés Réaumur égalent 100 degrés centigrades ; 25 degrés Réaumur valent :

$$\frac{100 \times 25}{80} = \frac{5}{4} \times 25 = 31 \text{ degrés C, 25.}$$

En second lieu 100 degrés C. valent 80 degrés R.; donc 12 degrés C. valent

$$\frac{80 \times 12}{100} = \frac{4}{5} \times 12 = 9 \text{ degrés R, 6.}$$

En d'autres termes, pour convertir des degrés R. en degrés C. on multiplie les degrés R. donnés par $\frac{5}{4}$; et pour convertir les degrés C. en degrés R. on multiplie les degrés C. par $\frac{4}{5}$.

676. Un entrepreneur qui employait 52 ouvriers pour achever un ouvrage en 20 jours, obtient un délai de 6 jours; à combien peut-il réduire le nombre de ses ouvriers?

R. Pour faire l'ouvrage en 20 jours il faut 52 ouvriers; pour le faire en un jour, il faudrait 20 fois plus d'ouvriers ou 52×20 et pour le faire en 26 jours, il suffit de $\dfrac{52 \times 20}{26} = 40$ ouvriers.

677. On a payé $27^f,48$ à l'octroi d'une ville pour un bœuf pesant 458 kilog.; combien paiera-t-on pour un troupeau de 17 bœufs pesant chacun en moyenne $426^{kg},7$?

R. Les 17 bœufs pèsent ensemble $7253^{kg},9$; si pour 458 kilog., on paie $27^{fr},48$ pour $7253^{kg},9$ on paiera $\dfrac{27,48 \times 7253,9}{458} = 435^{fr},23.$

678. De Paris à Angers on compte 308 kilom. et de Paris à Chartres, 88 kilom.; un billet de 2me classe coûte $8^f,10$ de Paris à Chartres. Combien paiera-t-on de Paris à Angers?

R. Pour 88 kilom. on paie $8^{fr},10$; pour 308 kilom. on paiera $\dfrac{8^f,10 \times 308}{88} = 28^{fr},35.$

679. On demande de vérifier le problème qui précède, en prenant pour *inconnue* la distance de Paris à Chartres.

R. Il faut prendre pour inconnue 88 kilom. Pour $28^f,35$ on parcourt 308 kilom.; pour 1 fr. on fera

$$\frac{308^{km}}{28,35}$$ et pour $8^{fr},10$ on fera $\dfrac{308^{km} \times 8,10}{28,35} = 88$ kilomètres, ce qui vérifie le résultat précédent.

680. Sachant que 55 florins d'Autriche valent $134^{fr},75$; que 50 roubles valent 196 fr., et que 47 dollars valent $253^{fr},80$; on demande d'exprimer en francs 1000 florins, 1000 roubles et 1000 dollars.

$R.$ D'après l'énoncé du problème

$$1000 \text{ florins} \ldots = \frac{134^{fr},75 \times 1000}{55} = 2450 \text{ fr.}$$

$$1000 \text{ roubles} \ldots = \frac{196^{fr} \times 1000}{50} = 3920 \text{ fr.}$$

$$1000 \text{ dollars} \ldots = \frac{253^{fr},80 \times 1000}{47} = 5400 \text{ fr.}$$

681. Les frais d'acquisition d'une maison (contrat, enregistrement, etc.) se sont élevés à $1899^{fr},625$. Combien a-t-on payé pour cent, si la maison a été achetée au prix de 20750 fr. ?

$R.$ Si pour 20750 fr. on a $1899^{fr},625$ de frais, pour 1 fr. on paiera $\dfrac{1899,625}{20750}$ et pour 100 fr. on paiera

$$\frac{1899^{fr},625 \times 100}{20750} = 9^{fr},15$$ c'est-à-dire 9,15 p. % ou 9,15 pour cent.

682. Une locomotive vaporise 5500 litres d'eau pour un parcours de 140 kilom. ; combien lui faut-il de mètres cubes d'eau pour aller de Marseille à Paris, éloignés de 863 kilom. ?

$R.$ La quantité d'eau demandée est donnée par l'expression.

$$x = \frac{5^{m3},5 \times 863}{140} = 33^{m3},903.$$

683. S'il faut 47 planches de $0^{m},27$ de largeur, pour parqueter un salon, combien aurait-il fallu employer de planches de même longueur si la largeur avait été de $0^{m},32$?

$R.$ Quand la largeur est de 27 centimètres, il faut 47 planches ; si la largeur était de 1 centimètre il en faudrait 27 fois plus ou 47×27 et si elle est de 32 centimètres il faudra $\dfrac{47 \times 27}{32} = 39$ planches $\frac{21}{32}$.

684. Un peuplier projette une ombre de $19^m,35$ pendant qu'un bâton vertical de $0^m,78$ de hauteur produit une ombre de $1^m,64$; quelle est la hauteur du peuplier, sachant que les ombres sont proportionnelles à la hauteur des objets placés d'aplomb sur le sol?

R. Une ombre de $1^m,64$ est donnée par une hauteur verticale de $0^m,78$; une ombre de 1^m correspondra à une hauteur de $\dfrac{0^m,78}{1,64}$; donc une ombre de $19^m,35$ correspondra à une hauteur verticale de $\dfrac{0^m,78 \times 19,35}{1,64} = 9^m,20$ (hauteur du peuplier).

685. Dans une usine on a brûlé 60750 kilog. de houille en 45 jours; combien faudra-t-il de tonnes de houille pour la consommation d'une année?

R. Il faudra pour un an ou 365 jours

$$\dfrac{60\,750^{kg} \times 365}{45} = 492\,750^{kg} \text{ ou } 492^{tonnes},750$$

de houille.

686. On a dépensé $367^f,50$ pour un essai de *vignes américaines*, sur une surface de $86^a,18$. Combien dépensera-t-on pour créer un vignoble de $2^{ha},38$ d'étendue?

R. La dépense est donnée par l'expression

$$\dfrac{367^f,50 \times 238}{86,18} = 1014^f,90.$$

687. Une lampe modérateur a consommé en 4 heures 50 minutes 168 gr. d'huile. On demande le nombre d'heures d'éclairage que l'on obtiendra avec un décalitre d'huile pesant $9^{kg},15$.

R. $4^h 50^m = 290$ minutes; s'il faut 168 grammes d'huile pour éclairer pendant 290 minutes, avec $9^{kg},15$

ou 9150 gr. on éclairera pendant $\dfrac{290^m \times 9150}{168} =$ 15794 min. ou $263^h\,14^m$.

688. Un lingot d'argent au titre de 0,835 vaut 564 fr. Quelle serait sa valeur si son titre était de 0,950 ?

R. La valeur d'un lingot d'or ou d'argent est, à poids égal, proportionnelle à son titre; il suit là que le lingot proposé vaut.

$$\frac{564^f \times 0,950}{0,835} = 641^f,67.$$

689. Sur 100 parties de *poudre de chasse*, il y a 78 parties de salpêtre, 12 de charbon et 10 de soufre ; combien 15 kilog. de cette poudre contiennent-ils de salpêtre, de charbon et de sou·fre ?

R. Dans 15 kilog. de poudre, on a

$$\text{Salpêtre} = \frac{78 \times 15}{100} = \;\ldots\ldots\; 11^{kg},70$$

$$\text{Charbon} = \frac{12 \times 15}{100} = \;\ldots\ldots\; 1\;,80$$

$$\text{Soufre} = \frac{10 \times 15}{100} = \;\ldots\ldots\; 1\;,50$$

$$\text{Total égal.} \;\ldots\ldots\; 15^{kg},..$$

690. Par l'étuvement et la dessication 12 kilog. de cocons frais nécessaires à la fabrication d'un kilog. de soie, se sont réduits à $3^{kg},95$. Combien 2150 kilog. de cocons frais donneront-ils de cocons secs et combien aura-t-on de kilog. de soie?

R. Avec 2150 kilog. de cocons frais on obtient

$$\text{cocons secs} = \frac{3^{kg},95 \times 2150}{12} = 707^{kg},708$$

$$\text{soie fabriquée} = 2150 : 12 = 179^{kg},166.$$

691. Une dalle de $1^m,08$ de long, de $0^m,62$ de large, sur $0^m,34$ d'épaisseur, a coûté $7^f,20$; quel est le prix du mètre cube ?

R. Le volume de la dalle $= 1^m,08 \times 0^m,62 \times 0^m,34 = 0^{m3},227\,664$ ou $227^{dm3}, 664$ et son prix est de $7^f,20$; donc le prix du mètre cube ou de 1000^{dm3} est exprimé par

$$\frac{7^f,20 \times 1000}{227,664} = 31^f,625.$$

692. Il a fallu 316 mètres de tuyaux pour *drainer* une surface de $3^a,26$: combien faudrait-il de mètres de tuyaux de drainage pour un champ rectangulaire de $78^m,45$ de longueur sur $63^m,80$ de largeur?

R. La surface du champ égale $78,45 \times 63,80 = 5005^{m2}, 11 = 50^a,05$. On aura alors pour le nombre de mètres demandé l'expression

$$x = \frac{316^m \times 50,05}{3,26} = 4851^m,47.$$

693. A partir de 25 ans, il suffit de verser chaque année $6^f,68$ à la *Caisse des retraites pour la vieillesse* pour avoir droit à une rente viagère de 100 fr. à l'âge de 60 ans. Dans ces conditions, quelle somme devrait verser un ouvrier pour avoir une rente viagère de 365 fr. et quelle économie devra-t-il faire tous les 15 jours pour obtenir cette rente?

R. Il faudra verser par an $\dfrac{6^f,68 \times 365}{100} = 24^f,38$;

l'ouvrier devra donc économiser par mois $24^f,38 : 12 = 2^f,03$ ou bien $1^f,015$ tous les 15 jours.

694. La mer couvre les $\frac{3}{4}$ de la superficie du Globe; l'autre quart est occupé par les terres dont la superficie est de 127 millions 500 mille kilom. carrés. Quelle serait la population du Globe si elle était proportionnelle à celle de la France qui a 37 millions d'habitants pour une superficie de 52 millions 900 mille hectares?

R. 127 500 000 kilom. carrés valent 12 750 000 000 hectares. Or, sur un espace de 52 900 000 hectares, il y a 37 000 000 d'habitants; on aurait donc pour la surface habitable de la Terre

$$\frac{37\,000\,000 \times 12\,750\,000\,000}{52\,900\,000} = 8\,917\,769\,376 \text{ habitants},$$

tandis que la population du Globe n'est que de 1 milliard et demi environ.

*** 695.** On a fabriqué 1250 carafons en cristal, pesant chacun 787 gr.; combien dans cette masse de cristal y a-t-il de *sable*, *d'oxyde de plomb* et de *potasse*, sachant qu'on obtient 100 parties de cristal en fondant ensemble, à une haute température, 38 parties, 7 de silice (sable pur) 53,5 d'oxyde de plomb et 7,8 de potasse?

R. Les 1250 carafons pèsent 983^{kg},75 ; cette masse contient

$$\text{Silice} \ldots \ldots = \frac{38,7 \times 983,75}{100} = 380^{kg},711$$

$$\text{Oxyde de plomb} = \frac{53,5 \times 983,75}{100} = 526,306$$

$$\text{Potasse} \ldots \ldots = \frac{7,8 \times 983,75}{100} = 76,733$$

$$\text{Total égal.} \ldots \ldots \quad 983^{kg},750$$

696. Un train omnibus faisant 28 kilom. à l'heure a mis 9^h $\frac{3}{4}$ pour parcourir une certaine distance ; quel temps faudrait-il à un train express faisant le kilomètre à la minute, pour faire le même trajet ? — Dire les rapports qui existent entre les vitesses et les temps.

R. A 28 kilom. à l'heure, le 1er train parcourt une distance de 28^k $\times$ 9,75 = 273 kilom. Autant de fois 273 contiendra 60^k autant de fois le train express mettra d'heures ; la division donne 4^h 33^m.

En général, quand deux mobiles, deux trains par exemple, font le même trajet, avec des vitesses différentes, si la vitesse de l'un des mobiles est 2 fois, 3 fois, 4 fois... plus grande, le temps employé par ce mobile pour faire le trajet sera 2 fois, 3 fois, 4 fois... plus petit. C'est ce qu'on exprime en disant que *les temps employés pour parcourir une même distance sont en raison inverse des vitesses.*

Ainsi la vitesse du 1er train étant de 28 kilom. par heure et la vitesse du second de 60 kilom., les temps employés par le 1er et le second train sont en raison inverse des deux temps employés par les deux trains, c'est-à-dire, qu'on a les deux rapports égaux.

$$\frac{28}{60} = \frac{4^h\,33^m}{9^h\,45^m}$$

Expression qui permet de calculer un quelconque des quatre termes des deux rapports, quand on connaît les trois autres termes.

697. Cinq moissonneurs ont mis 4 jours pour faucher $12^{ha},75$ de blé ; quelle étendue 8 moissonneurs faucheraient-ils en 3 jours?

Disposition du calcul.

5^{ouv}	4^j	$12^{ha},75$
8	3	x

D'après les principes exposés, on doit réduire à l'*unité* les termes de la 1ère ligne (5^{ouv} et 4^j) à l'exception du terme ($12^{ha},75$) qui correspond à l'inconnue x; on arrivera ainsi à l'expression suivante :

$$x = \frac{12^{ha},75 \times 8 \times 3}{5 \times 4} = 15^{ha},30.$$

698. On a payé $26^f,50$ pour 284 kilog. transportés à 361 kilomètres ; combien paiera-t-on pour 957 kilog. transportés à 182 kilomètres ?

Disposition du calcul.

$26^f,50$	284^{kg}	361^{km}
x	957	182

La réduction à l'*unité* de 284^{kg} et de 361^{km}, conduit à cette expression :

$$x = \frac{26^f,50 \times 957^{kg} \times 182^{km}}{284^{kg} \times 361^{km}} = 45^{fr},01.$$

***699.** Un moulin à farine de la force de 7 chevaux peut moudre 640 kilog. de blé en 3 heures ; quelle sera la force d'un moulin capable de moudre 8500 kilog. du même grain en 24 heures ?

Disposition du calcul.

7^{ch}	640^{kg}	3$^{\text{h.}}$
x	8500	24

En réduisant à l'*unité* 640 kilog. et 3 heures on trouvera

$$x = \frac{7^{\text{ch}} \times 8500 \times 3}{640^{\text{kg}} \times 24} = 11^{\text{ch}},62.$$

700. Cinq cents hommes travaillant 12 heures par jour ont employé 57 jours à creuser un canal de 1800 mètres de long sur 7 mètres de large et 3 mètres de profondeur; on demande en combien de jours 860 hommes, travaillant 10 heures par jour, creuseront un canal de 2900 mètres de long, 12 mètres de large et 5^{m} de profondeur, dans un terrain 3 fois plus difficile. (*Probl. type.*)

Disposition du calcul.

500^{ouv}	12^{h}	57^{j}	1800^{m} long	7^{m} larg	3^{m} prof	1 diff
860^{ouv}	10^{h}	x	2900^{m}	12^{m}	5^{m}	3

On réduit successivement à *l'unité* tous les termes de la première ligne, à l'exception du terme 57 jours correspondant à x; le raisonnement conduit à l'expression finale qui suit :

$$x = \frac{57 \times 500 \times 12 \times 2900 \times 12 \times 5 \times 3}{860 \times 10 \times 1800 \times 7 \times 3} = 549^{\text{j}},169.$$

701. Vérifier la solution du problème qui précède, en prenant pour inconnue la longueur du canal.

R. On fait de nouveau le tableau des données en représentant la longueur du 2e canal par x et en plaçant sous les 57 jours les 549^{j}, 169 trouvés dans le problème précédent. Si cette dernière solution est exacte, on doit retrouver ici les 2900^{m} de longueur du 2e canal, c'est ce qui a lieu, en effet. Le raisonnement conduit à l'expression fractionnaire suivante :

$$x = \frac{1800^{\text{m}} \times 860^{\text{ouv}} \times 10^{\text{h}} \times 549^{\text{j}},169 \times 7^{\text{m}} \times 3^{\text{m}}}{500^{\text{ouv}} \times 12^{\text{h}} \times 57^{\text{j}} \times 12^{\text{m}} \times 5^{\text{m}} \times 3} = 2899^{\text{m}},99$$

nombre égal à la longueur cherchée 2900^m à moins de 1 *centimètre* près ; donc la solution du problème précédent 549^j,169 est exacte.

702. *Les espaces parcourus par un corps qui tombe sont proportionnels aux carrés des temps de la chute.* Quel est, d'après ce principe, l'espace parcouru par une pierre qui tombe pendant 5 secondes 4 dixièmes de seconde, sachant qu'un corps, en 3 secondes de chute, parcourt 44^m,1 ?

R. Puisque les espaces parcourus sont proportionnels aux carrés des temps, cherchons d'abord quels sont ces carrés ; dans le 1er cas, les 3^s de chute donnent le carré 9, et dans le 2e cas, les 5^s,4 donnent 29,16 ; on dira alors :

dans le temps 9 le corps parcourt 44^m,1 ; dans le temps 1 il parcourt $\dfrac{44,1}{9}$, et dans le temps 29,16 il parcourra $\dfrac{44,1 \times 29,16}{9} = 142^m,884$.

REMARQUE. — La réduction à l'unité se prête peu à la solution de ce problème ; il vaut mieux établir une proportion conforme à la *loi de la chute des corps ;* ainsi on posera $\dfrac{44,1}{x} = \dfrac{3^2}{(5,4)^2}$ ou $\dfrac{44,1}{x} = \dfrac{9}{29,16}$ d'où $x = \dfrac{44,1 \times 29,16}{9} = 142^m,884$.

703. On a deux statuettes de *même poids*, l'une en argent, l'autre en bronze antique ; la première a un volume de 1283 centimètres cubes ; quel est le volume de la seconde, sachant 1° qu'à poids égal les volumes sont en raison ou en rapport inverse des densités ; 2° que la densité de l'argent est 10,47 et celle du bronze antique 9,2 ?

R.   TABLEAU DES DONNÉES.

Volumes.	Densités.
1283^{cm3}	10,47
x	9,2

Pour la densité 10,47 le volume est. . . . . 1283^{cm3}

Pour la densité 1 le v. serait 10,47 fois plus grand ou $1283 \times 10,47$

Et pour la densité 9,2 le volume sera . . . . $\dfrac{1283 \times 10,47}{9,2}$

ou 1460^{cm3}.

704. *L'intensité de la lumière et de la chaleur est en raison inverse du carré de la distance.* Ce principe admis, on suppose qu'une personne soit à 5 mètres de distance d'un foyer de lumière équivalant à 48 bougies ; si cette personne se retire à 20 mètres du foyer, que deviendra pour elle l'intensité de la lumière ?

R.   TABLEAU DES DONNÉES.

Intensités.	*Carrés des distances.*
48^b	25
x	400

Pour la distance 25 l'intensité correspond à. .   48

Pour la distance 1 l'intensité devient. . . . 48×25

Pour la distance 400 l'intensité sera. . . . . $\dfrac{48 \times 25}{400} = 3$

c'est-à-dire que l'intensité de la lumière est réduite à celle de 3 bougies.

Même observation que pour le problème 702.

705. Un quintal métrique de houille donne en moyenne 21 mètres cubes de gaz d'éclairage ; chaque bec en brûle 135 litres par heure. Cela posé, combien faudra-t-il de tonnes de houille pour produire le gaz nécessaire à l'éclairage trimestriel d'une ville qui a 283 becs de gaz brûlant chacun en moyenne pendant 6 heures par nuit, et quelle sera la dépense de cet éclairage si un bec de gaz coûte $0^f,037$ par heure ?

R. Les 283 becs brûlent en 3 mois ou 90 jours :

$$135^l \times 6^h \times 90^j \times 283^b = 20\,630\,700 \text{ litres ou } 20\,630^{m3},7.$$

1 quintal métrique ou 100^{kg} de houille produisent 21^{m3} de gaz ; donc pour avoir $20\,630^{m3},7$ de gaz, il faudra $20\,630^{m3},7 : 21 = 982^{qm},41$ ou 98 tonnes 241 kilog. de houille.

La dépense trimestrielle de l'éclairage sera de

$$0^f,037 \times 6^h \times 90^j \times 283^b = 5654^f,34.$$

PROBLÈMES

SUR LA RÈGLE D'INTÉRÊT.

706. Quel est au taux légal l'intérêt annuel de 2450 fr. ?

R. Au taux légal du 5 % on a, d'après la règle n° 270,

$$\frac{2450 \times 5}{100} = 122^{\mathrm{f}},50.$$

707. Que rapportent par an 1548 fr. au taux commercial ?

R. Au taux commercial 6 %, on aura :

$$\frac{1548^{\mathrm{f}} \times 6}{100} = 92^{\mathrm{fr}},88.$$

708. A 4^{f},5 % quel est l'intérêt de 650 fr. pour 10 mois ?

R. D'après la règle du n° 271, il faut chercher l'intérêt annuel de la somme, diviser cet intérêt par 12 pour avoir l'intérêt d'un mois et multiplier le quotient par 10; mais on opère souvent comme il suit :

Intérêt annuel de 650 fr. à 4^{fr},50 % . . 29^{fr},25

— pour 6 mois . . . . 14 ,625

— pour 3 mois . . . .   7 ,3125

— pour 1 mois . . . .   2 ,4375

— pour 10 mois . . . . 24^{fr},3750

709. Au taux légal quel est l'intérêt de 3200 fr. pour 25 jours ?

R. La règle du n° 272 conduit à l'expression suivante :

$$\frac{3200^{\mathrm{f}} \times 5 \times 25}{100 \times 360} = 11^{\mathrm{fr}},11.$$

REMARQUE. — L'expression qui précède est susceptible de simplifications qui conduisent rapidement à la solution demandée. (Voir *Arith.*, p. 239.)

710. Quel intérêt doit-on retirer après 3 ans et demi pour une somme de 725 francs placée à 3,75 %?

R. En remplaçant 3 ans et demi par la fraction décimale 3,5 on aura, d'après la règle du n° 270,

$$\frac{725^{fr} \times 3^{fr},75 \times 3,5}{100} = 95^{fr},156.$$

711. Quel est l'intérêt de 1945^{fr},60 placés à 4 et demi % pendant 7 mois 12 jours ?

R. 7 mois 12 jours égalent $(30 \times 7) + 12 = 222$ jours ; par la réduction à l'unité, on arrive à l'expression

$$\frac{1945^{fr},60 \times 4^{fr},5 \times 222}{100 \times 360} = 54 \text{ fr.}$$

REMARQUE. — Le diviseur $360 = 10 \times 6 \times 6$; par conséquent, au lieu de diviser par 360, on peut diviser d'abord par 10, puis le quotient obtenu par 6 et le nouveau quotient par 6. (Voir page 63.)

712. Au taux légal, quelle somme faut-il placer pour avoir un revenu de 2 fr. par jour ?

R. A 2 fr. par jour le revenu annuel sera $365 \times 2 = 730$ fr. Or, d'après la remarque de la page 228, *Arith.*, un capital placé au 5 % vaut 20 fois l'intérêt annuel de ce capital ; il suffit donc de multiplier les 730 fr. d'abord par 10 et le produit obtenu par 2 ; en d'autres termes, *pour calculer un capital placé à 5 % on double la rente annuelle après l'avoir multipliée par 10.*

Le capital demandé est donc égal à $7300 \times 2 = 14\,600$ fr.

(Le Maître doit exiger que les élèves donnent par un calcul mental, la rente annuelle d'un capital placé au 5 % ; et réciproquement, les élèves doivent retrouver le capital quand ils connaissent la rente.)

713. Quel est le capital qui, placé à 5^{fr},5 %, a rapporté 235^{fr},60 après 7 mois de placement ?

R. Cherchons d'abord l'intérêt que 100 fr. placés à 5, 5 % rapportent dans 7 mois, nous aurons 100 fr.

rapportent en un an ou 12 mois, $5^{fr},50$; dans 1 mois; ils rapporteront $\dfrac{5^{fr},5}{12}$ et dans 7 mois $\dfrac{5,5 \times 7}{12} =$ $3^{fr},20833$. Cela posé, on dira : autant de fois $3^{fr},20833$ seront contenus dans l'intérêt donné $235^{fr},60$, autant de fois on aura 100 fr. de capital; $235^{fr},60 : 3,20833 =$ $73,4337$, donc le capital cherché égale $73^{fois},4337 \times 100 = 7343^{fr},37$.

REMARQUE. — Cette méthode de raisonnement conduit à deux divisions souvent assez longues ; mais on peut réduire ces opérations en une seule en disant : $235^{fr},60$ représentent l'intérêt à $5^{fr},5$ % du capital cherché pendant 7 mois; dans un mois le capital n'aurait produit que $\dfrac{235,60}{7}$ et dans un an ou 12 mois il aurait produit $\dfrac{235,60 \times 12}{7}$. Cela posé, autant de fois cet intérêt annuel contiendra $5^{fr},50$, autant de fois on aura 100 francs de capital; l'expression devient alors $\dfrac{235,60 \times 12}{7 \times 5,5}$. Cette expression multipliée par 100 donne enfin $\dfrac{235,60 \times 12 \times 100}{7 \times 5,50} = 7343^{fr},37$, résultat conforme à la solution déjà trouvée.

714. Une somme de 1860 fr. a donné un revenu annuel de $88^{fr},35$; à quel taux a-t-elle été placée ?

R. 1860 fr. rapportent en un an $88^{fr},35$; 1 franc de capital rapporte $\dfrac{88,35}{1860}$; donc 100 fr. rapporteront $\dfrac{88,35 \times 100}{1860} = 4^{fr},75.$

715. Quel temps faut-il pour qu'une somme de 3150 fr. produise, au taux légal, $115^{fr},50$?

R. Calculons l'intérêt du capital pour un jour, nous

aurons $\dfrac{3150 \times 5}{100 \times 360}$; cela posé, autant de fois l'intérêt donné 115^{fr},50 contiendra l'intérêt d'un jour, autant il y aura de jours de placement. La division de 115^{fr},50 par $\dfrac{3150 \times 5}{100 \times 360} = 115{,}50 \times \dfrac{100 \times 360}{3150 \times 5} = \dfrac{115{,}50 \times 100 \times 360}{3150 \times 5} = 264$ jours, c'est-à-dire 8 mois 24 jours.

716. Une somme de 1570 fr. a rapporté 189^{fr},18 au bout de deux ans neuf mois et demi ; à quel taux avait-elle été placée ?

R. Les 2 ans 9 mois et demi valent 33^{mois},5 ; or, si 1570 fr. ont rapporté 189^{fr},18 dans 33^{mois},5 ; dans 1 mois ils ont rapporté $\dfrac{189{,}18}{33{,}5}$ et dans 12 mois ou un an ils rapporteront $\dfrac{189{,}18 \times 12}{33{,}5}$.

Cela posé, on dira :

$$1570 \text{ fr. rapportent dans un an.} \qquad \dfrac{189{,}18 \times 12}{33{,}5}$$

$$1 \text{ fr. rapporte.} \ldots \ldots \qquad \dfrac{189{,}18 \times 12}{33{,}5 \times 1570}$$

$$100 \text{ fr. rapportent.} \ldots \qquad \dfrac{189{,}18 \times 12 \times 100}{33{,}5 \times 1570} = 4^{fr}{,}316.$$

Le taux demandé est donc 4^{fr},316 %.

717. Quel est le capital qui, augmenté de ses intérêts à 1/2 p. % par mois, devient en 18 jours 4375 fr. ?

R. D'après la règle du n° 275, on cherchera d'abord ce que rapporte 1 fr. à 6 % par an pendant 18 jours, on dira :

$$100 \text{ fr. rapportent en 1 an.} \ . \ 6 \text{ fr.}$$

$$1 \text{ fr. rapporte en 1 an.} \ . \ . \ \dfrac{6 \text{ fr.}}{100}$$

$$1 \text{ fr. pour 1 jour.} \quad \cdot \quad \cdot \quad \frac{6}{100 \times 360}$$

$$1 \text{ fr. pour 18 jours.} \quad \cdot \quad \frac{6 \times 18}{100 \times 360} = 0^{\text{fr}},003$$

Ainsi, $1^{\text{fr}},003$ représente 1 fr. plus son intérêt pendant 18 jours ; par conséquent, autant de fois $1^{\text{fr}},003$ sera contenu dans 4375 fr. autant de fois il y aura de francs dans le capital primitif. La division donne $4361^{\text{fr}},91$ pour le capital demandé.

718. Une action des chemins de fer du Nord, au porteur, achetée au cours de $1396^{\text{fr}},25$ donne un revenu net annuel de $59^{\text{fr}},554$; quel est le taux du placement ?

R. On aura :

$$1396^{\text{fr}},25 \text{ rapportent par an.} \quad 59^{\text{fr}},554$$

$$1 \text{ fr. rapporte.} \quad \cdot \quad \cdot \quad \cdot \quad \cdot \quad \frac{59^{\text{fr}},554}{1396,25}$$

$$\text{et 100 fr.} \quad \cdot \quad \cdot \quad \cdot \quad \cdot \quad \cdot \quad \frac{59^{\text{fr}},554 \times 100}{1396,25} = 4^{\text{fr}},27$$

719. Après un voyage de circumnavigation qui a duré 4 ans 5 mois, un officier de marine retire 5695 fr., capital et intérêts compris, d'une somme placée à 4 1/2 % au moment de son départ ; quelle est cette somme ?

R. D'après la règle du n° 275 on dira :

$$1 \text{ fr. à 4,5 \% rapporte par an.} \quad \cdot \quad 0^{\text{fr}},045$$

$$\text{Dans 1 mois, il rapporte.} \quad \cdot \quad \cdot \quad \cdot \quad \frac{0^{\text{fr}},045}{12}$$

$$\text{Dans 4 ans 5 mois ou 53 mois..} \quad \frac{0^{\text{fr}},045 \times 53}{12} = 0^{\text{fr}},19875$$

Cela posé, $1^{\text{fr}},19875$ représente le capital de 1 fr. augmenté de ses intérêts pendant 53 mois; par conséquent, autant de fois ce nombre sera contenu dans la somme totale 5695 fr., autant la somme primitive contiendra de francs. La division donne $4750^{\text{fr}},78$ pour le capital demandé.

720. En revendant un cheval 528 fr., on gagne 10 % sur le prix d'achat ; quel est ce prix ?

R. Ce problème est une application très simple du problème précédent ; en effet, 1 fr. augmenté de ses intérêts à 10 %, c'est-à-dire augmenté du 10e de sa valeur égale 1fr,10. Or, autant de fois 1,10 sera contenu dans 528 fr., prix de vente, autant il y aura de francs dans le prix d'achat. La division donne 480 fr. pour le prix demandé.

721. Quel temps faut-il pour qu'une somme placée aux taux du 3, du 4, du 5, du 5 $\frac{1}{2}$ et du 6 % soit doublée par l'accumulation des intérêts simples ?

R. Un capital est doublé

$$\text{à} \quad 3 \text{ \% dans} \quad \frac{100}{3} = 33 \text{ ans 4 mois ;}$$

$$\text{à} \quad 4 \quad \text{dans} \quad \frac{100}{4} = 25 \text{ ans ;}$$

$$\text{à} \quad 5 \quad \text{dans} \quad \frac{100}{5} = 20 \text{ ans ;}$$

$$\text{à} \quad 5,5 \quad \text{dans} \quad \frac{100}{5,5} = 18 \text{ ans 2 mois ;}$$

$$\text{à} \quad 6 \quad \text{dans} \quad \frac{100}{6} = 16 \text{ ans 8 mois.}$$

722. On demande les trois formules générales de l'intérêt d'une somme placée 1° pendant plusieurs années ; 2° pendant plusieurs mois ; 3° pendant plusieurs jours ?

R. Si on représente par c le capital, par t le taux, par i l'intérêt, par a les années de placement, par m un ou plusieurs mois, par j un ou plusieurs jours, on aura les formules suivantes :

$$i = \frac{c \times t \times a}{100} = \text{l'intérêt d'une ou plusieurs années.}$$

$$i = \frac{c \times t \times m}{100 \times 12} = \text{l'intérêt d'un ou plusieurs mois.}$$

$$i = \frac{c \times t \times j}{100 \times 360} = \text{l'intérêt d'un ou plusieurs jours.}$$

723. Si dans les formules du problème précédent, on suppose que le capital soit inconnu, que deviendra chacune de ces formules ?

R. Les notions les plus élémentaires d'algèbre donnent les formules :

$$c = \frac{100 \times i}{t \times a}$$ pour le temps exprimant des années.

$$c = \frac{100 \times i \times 12}{t \times m}$$ pour le temps exprimé en mois.

$$c = \frac{100 \times i \times 360}{t \times j}$$ pour le temps exprimé en jours.

Il serait facile d'obtenir également la valeur de t, de a, de m, de j.

Remarque. — Les formules des deux numéros précédents se déduisent toutes de la formule très simple $i = \dfrac{c \times t}{100}$ qu'on traduit ainsi : *Pour avoir l'intérêt annuel d'un capital il faut multiplier ce capital par le taux et diviser le produit par* 100. (*Nouvelle Arith.*, n° 270.)

724. Une Caisse d'épargne paye aux déposants un intérêt annuel de $3^{fr},75\ \%$; quelle somme doit-elle à la fin de décembre à un ouvrier qui a fait un premier dépôt de 275 fr. la 8me semaine de l'année et un second dépôt de 180 fr. la 29me semaine ?

R. Nous avons dit (*Nouvelle Arith.*, page 229) que les Caisses d'épargne divisent l'année en 52 semaines et qu'elles ne tiennent pas compte aux déposants de l'intérêt de la 1re semaine du versement, ni de la semaine du remboursement.

Cela posé, le 1er versement de 275 fr. reste déposé pendant $52 - 8 = 44$ semaines, $- 2 = 42$.

Or, 100 fr. en 52 semaines rapportent. $3^{fr},75$

1 fr. en 52 semaines. . . . $\dfrac{3^{fr},75}{100}$

275 fr. en 52 semaines. . $\dfrac{3^{fr},75 \times 275}{100}$

$$275 \text{ fr. en 1 semaine.} \quad \ldots \ldots \quad \frac{3^{\mathrm{fr}},75 \times 275}{100 \times 52}$$

$$275 \text{ fr. en 42 semaines.} \quad \ldots \quad \frac{3^{\mathrm{fr}},75 \times 275 \times 42}{100 \times 52} = 8^{\mathrm{fr}},329.$$

On aurait de même pour le second versement 52 — 29 = 23 semaines — 2 = 21 ; le même raisonnement conduit à l'expression

$$\frac{3,75 \times 180 \times 21}{100 \times 52} = 2^{\mathrm{fr}},725.$$

La Caisse d'épargne devra donc rembourser, fin décembre 275 + 180 + 8,329 + 2,725 = 466^{fr},054.

Observation. Nous avons supposé que l'ouvrier retirait les deux capitaux versés et leurs intérêts, fin décembre, et dans le calcul nous avons retranché deux semaines ; il faudrait n'en retrancher qu'une, s'il s'agissait simplement de régler son compte de fin d'année.

725. Au commencement de chaque trimestre, un cultivateur dépose à la même Caisse d'épargne 80 fr. d'économie ; il veut retirer son argent à la fin de l'année. Quelle somme lui doit la Caisse ?

R. Chaque versement de 80 fr. reste déposé :

Le 1er pendant . . . . 52 — 2 = 50 semaines.

Le 2e . . . . 52 — 13 = 39 ; 39 — 2 = 37

Le 3e . . . . 52 — 26 = 26 ; 26 — 2 = 24

Le 4e . . . . 52 — 39 = 13 ; 13 — 2 = 11

Cela posé, on peut calculer l'intérêt de chaque versement comme on l'a fait dans le problème qui précède ; la somme de ces intérêts donnera l'intérêt que la Caisse doit fin décembre pour les quatre versements ; mais il est plus simple de calculer l'intérêt de 80 fr. pendant 122 semaines, durée de placement des 4 versements, ce qui donne pour l'intérêt demandé

$$\frac{3^{\mathrm{fr}},75 \times 80 \times 122}{100 \times 52} = 7^{\mathrm{fr}},03.$$

La Caisse doit donc rembourser 4 fois 80 ou 320 fr.
$+ 7^{fr}03 = 327^{fr},03$.

726. On a prêté 2500 fr. au taux légal ; mais après 4 ans 10 mois de placement, le débiteur ne peut rembourser que 2680 fr., capital et intérêts compris. A quel taux a-t-on réellement placé son argent ?

R. La différence entre le capital prêté et le capital remboursé, soit 180 fr., exprime l'intérêt de 2500 fr. pendant 4 ans 10 mois ou 58 mois. En divisant 180 par 58 on a $3^{fr},1034$ pour l'intérêt d'un mois, et, en multipliant ce quotient par 12 on obtient $37^{fr},2408$ pour l'intérêt d'un an de 2500 fr. ou de 25 fois 100 fr.; d'où il suit qu'en divisant $37^{fr},2408$ par 25 on a $1^{fr},49$ pour l'intérêt de 100 fr., c'est-à-dire le taux demandé.

727. Un capital augmenté de son propre tiers donne une somme qui, placée pendant 8 mois à 6 %, devient en tout 1850 fr. ; quel est le capital primitif ?

R. Ce problème est une application des probl. 717 et 719. Ainsi, 1 fr. à 6 % pendant 8 mois rapporte $0^f,04$. Alors, pour connaître la somme qui, placée à 6 % pendant 8 mois, est devenue 1850 fr., il suffit de diviser 1850 fr. par $1^{fr},04$ ce qui donne :

$$\frac{1850^{fr}}{1,04} = 1778^{fr},846$$

Mais, d'après l'énoncé la somme $1778^{fr},846$ est les $\frac{4}{3}$ ou 4 fois le $\frac{1}{3}$ du capital cherché. La division de $1778^{fr},846$ par 4 donne $444^{fr},711$ pour le $\frac{1}{3}$ de ce capital ; donc $444^{fr},711 \times 3 = 1334^{fr},133$ capital demandé.

Il est facile de vérifier ce résultat.

Problèmes sur les rentes.

728. Quelle somme faut-il pour acheter 260 fr. de rente 5 % au cours de $112^{fr},25$; outre le capital nécessaire à cet achat, il est dû à l'agent de change un courtage de $\frac{1}{8}$ % du capital, plus un timbre au droit fixe de 0^{fr},60. — Cette observation s'applique à tous les problèmes qui suivent.

R. On dira :

Pour   5 fr. de rente il faut un capital de   112^{fr},25

Pour   1 fr. . . . . $\dfrac{112^{fr},25}{5}$

Pour 260 fr. . . . . $\dfrac{112^{fr},25 \times 260}{5} = 5837$ fr.

On payera donc pour cet achat

Capital   5   fr.
Courtage, $\frac{1}{8}$ % du capital. . . . .   7^{fr},296
Timbre . . . .   0^{fr},60
Total. . . . .   5844^{fr},896

729. Le courtage de l'agent de change étant de $\frac{1}{8}$ %, quel sera le courtage pour un capital 1° de 800 fr. ; 2° de 1000 fr.?

R. Ce courtage sera évidemment de 1 fr. pour 800 fr., et de 1^{fr},25 pour 1000 francs, ou de $1\frac{1}{4}$ pour 1000.

730. Un titre de 150 fr. de rente 3 % est vendu au cours de 77^{fr},85 ; quelle somme retirera le porteur de ce titre?

R. On aura :

Pour   3 fr. il faut . . .   77^{fr},85 de capital.

Pour   1 fr . . . . $\dfrac{77,85}{3}$

Pour 150 fr . . . . $\dfrac{77,85 \times 150}{3} = 3892^{fr},50.$

De cette somme, il faut retrancher :

Courtage $\frac{1}{8}$ % . . . .   4^{fr},86
Timbre . . . .   0^{fr},60
Total. . . . . . .   5^{fr},46

La vente produira net 3892^{fr},50 — 5^{fr},46 = 3887^{fr},04.

731. On a déposé 2690 fr. chez un receveur particulier pour acheter de la rente 4 $\frac{1}{2}$ % ; comment se fera le règlement si le cours a été de 102^{fr},15 et quel sera le montant de l'inscription de rente ?

R. Autant de fois la somme déposée 2690 fr. contiendra 102^{fr}, 15 (cours de la rente) autant de fois on aura 4^{fr},50 de rente. La division donne 26 titres de 4^{fr},50 (plus un reste) ou un titre unique de $4,5 \times 26 = 117$ fr. de rente correspondant à un capital de 2655^{fr},90. A ce capital il faut ajouter $\frac{1}{8}$ % de courtage, soit 3^{fr},32 et 0^{fr},60 de timbre ; l'achat s'élève donc à 2655^{fr},90 $+$ 3^{fr},32 $+$ 0^{fr},60 $=$ 2659^{fr},82. Cette somme retranchée de 2690 fr. donne 30^{fr},18 d'excédant. Le receveur devra donc remettre une inscription de 117 fr. de rente 4,5 % et rembourser 30^{fr},18.

732. Lorsque le 3 % est au cours de 78^{fr},30 ; à quel cours devrait être le 5 % si les rentes et les cours étaient proportionnels ?

R. Si les cours étaient proportionnels, on aurait :

$$3 \text{ fr. de rente } 3\% \text{ valent} \quad 78,30$$

$$1 \text{ fr.} \quad \text{en} \quad 3\% \quad \frac{78,30}{3}$$

$$\text{et } 5 \text{ fr.} \quad \text{en} \quad 3\% \text{ vaudraient} \quad \frac{78,30 \times 5}{3} = 130^{fr},50$$

Mais au lieu de 130^{fr},50 (cours proportionnel), 5 fr. de rente 5 % ne valaient que 113^{fr},05 à la même bourse.

L'écart considérable qui existe entre la valeur du 3 % et celle du 5 % vient de ce que le 3 % qui est à 78^{fr},30 devrait monter de 21^{fr},70 pour atteindre le pair ou 100 fr., tandis que le 5 % qui est à 113^{fr},05 a dépassé le pair de 13^{fr},05 et se trouve menacé d'une *conversion* et par suite d'une diminution d'intérêt.

733. Le même jour, le 3 % est coté 78^{fr},30 ; le 4 $\frac{1}{2}$ vaut 109^{f},25 et le 5 % atteint le cours de 113^{fr},05 ; quelle est, à ces cours, la rente qui donne le revenu le plus élevé ?

R. Cherchons pour chaque rente le taux de l'intérêt.

On dira :

$$78^{fr},30 \text{ rapportent}. \quad . \quad . \quad . \qquad 3 \text{ fr.}$$

$$1 \text{ fr}. \quad . \quad . \quad . \quad . \quad . \quad . \quad . \qquad \frac{3}{78,30}$$

$$100 \text{ fr}. \quad . \quad . \quad . \quad . \quad . \quad . \qquad \frac{3 \times 100}{78,30} = 3^{fr},83$$

On aurait de même, pour le 4 et demi l'expression

$$\frac{4,5 \times 100}{109,25} = 4^{fr},11$$

et pour le 5 % $\qquad \dfrac{5 \times 100}{113,05} = 4^{fr},42.$

Donc sous le rapport du revenu le 5 % est plus avantageux que le 4 1/2, et celui-ci plus avantageux que le 3 %. (Voir l'observation qui termine le problème précédent.)

734. Un titre de rente 5 °/₀ de 1260 fr. acheté au cours de $87^{fr},25$ a été revendu, au-dessus du pair, au cours de $113^{fr},80$; quel bénéfice le porteur de ce titre a-t-il réalisé ?

R. On aura pour le prix d'achat

$$5 \text{ fr. de rente coûtent} \qquad 87^{fr},25 \text{ de capital.}$$

$$1 \text{ fr}. \quad . \quad . \quad . \quad . \qquad \frac{87^{fr},25}{5}$$

$$1260 \text{ fr}. \quad . \quad . \quad . \quad . \quad . \qquad \frac{87,25 \times 1260}{5} = 21\,987 \text{ fr.}$$

$$\text{Courtage } \tfrac{1}{8} \% \quad . \quad . \quad . \quad . \quad . \qquad 27^{fr},48$$

$$\text{Timbre}. \quad . \quad . \quad . \quad . \quad . \quad . \qquad 0\ ,60$$

$$\textit{Prix d'achat}. \quad . \quad . \quad . \qquad 22\,015^{fr},08$$

et pour la vente :

$$5 \text{ fr. de rente donnent} \qquad 113^{fr},80 \text{ de capital.}$$

$$1 \text{ fr}. \quad . \quad . \quad . \quad . \quad . \qquad \frac{113\ ,80}{5}$$

1260 fr. . . . . . . $\dfrac{113,80 \times 1260}{5} = 28\,677^{fr},60$

à déduire courtage et timbre . . .   36 ,44

Il reste net pour la vente. . $28\,641^{fr},16$

Bénéfice réalisé $28\,641^{fr},16 - 22\,015^{fr},08 = 6626^{fr},08$.

735. Un titre de 600 fr. de rente 3 % a été vendu au cours de 76^{fr},60 et remplacé par un titre de même valeur en rente 5 % à 113^{fr},05. On a payé $\frac{1}{4}$ p. 100 de courtage pour les deux opérations; quel bénéfice a-t-on réalisé dans cet échange qu'on appelle un *arbitrage?*

R. On peut résoudre ce problème comme le précédent; mais on peut dire aussi : autant de fois 600 fr. de rente contiendront 3 fr., autant de fois on retirera 76^{fr},60. La division donne 200 fois. La capital réalisé sera donc $76,60 \times 200 = 15\,320$ fr.

De même, 5 fr. de rente sont contenus 120 fois dans 600 fr., donc le capital nécessaire pour acheter 600 fr. de rente 5 % est égal à $113^{fr},05 \times 120 = 13\,566$ fr.

Courtage 1/8 % de 15 320 fr. $+$ 1/8 % de 13 566 fr. $+$ 2 timbres $= 37^{fr},30$. Cet arbitrage donne un excédant de recette de $15\,320^{fr} - 13\,566^{fr} - 37^{fr},30 = 1716^{fr},70$.

736. A combien le paiement trimestriel des deux rentes 3 % et 5 % élève-t-il le taux de l'intérêt ?

R. Le taux de l'intérêt varie évidemment avec le cours de chaque rente. Supposons que le 3 % soit à 78^{fr},30 et le 5 % à 113^{fr},05; nous avons vu (probl. 733) qu'à ces cours, le taux de l'intérêt était de 3^{fr},83 pour le 3 % et de 4^{fr},42 pour le 5 %.

Cela posé, admettons qu'on ait acheté 1000 fr. de rente 3 % au commencement de janvier; on touchera 1/4 de cette rente ou 250 fr. le 1er avril, 250 fr. le 1er juillet, 250 fr. le 1er octobre et 250 fr. le 1er janvier suivant, tandis qu'une rente de 1000 fr. pour une créance ordinaire n'est payable ou'à la fin de l'année ;

d'où il suit qu'on peut disposer de 250 fr. pendant
9 mois, de 250 fr. pendant 6 mois et 250 fr. pendant
3 mois.

Chacun de ces revenus trimestriels placé immédiatement à la Caisse d'épargne resterait déposé : le 1er,
pendant $39 - 2 = 37$ semaines; le 2° $26 - 2 = 24$
semaines et le 3e, $13 - 2 = 11$ semaines; on aurait
donc pour un revenu de 250 fr. pendant 72 semaines
(probl. 725).

$$\frac{3^{fr},75 \times 250 \times 72}{100 \times 52} = 12^{fr},98.$$

Le porteur de 1000 fr. de rente 3 % peut donc retirer 1012^{fr},98 au lieu de 1000 fr.; or, le capital qui,
au cours de 78^{fr},30 rapporte 1000 fr. est égal à
$$\frac{78,30 \times 1000}{3} = 26\,100 \text{ fr}$$

La question est ramenée à celle-ci : 26 100 fr. placés
à 3^{fr},83 (taux de l'intérêt au cours de 78^{fr},30) *rapportent par an* 1000 fr., *à quel taux aurait été placé ce capital, si l'intérêt annuel avait été de* 1012^{fr},98 ?

Le n° 270 (*Nouvelle Arith.*, page 228) donne pour
le taux demandé :

$$\frac{1012^{fr},98 \times 100}{26\,100} = 3^{fr},881;$$

par conséquent, le taux de l'intérêt a été élevé de
3^{fr},881 — 3,83 = 0^{fr},051 pour cent.

On dirait de même : quand le 5 % est au cours de
113^{fr},05 le capital qui correspond à 1000 fr. de rente
est $\dfrac{113,05 \times 1000}{5} = 22\,610$ fr.

On trouvera alors, comme ci-dessus que le taux demandé est $\dfrac{1012^{fr},98 \times 100}{22\,610} = 4^{fr},4802.$

Le taux de l'intérêt s'est donc élevé de 4,4802 —
4^f,42 = 0^{fr},0602 %

(Voir une solution plus générale dans la remarque du problème 741.)

737. Un rentier, craignant la *conversion* de la rente 5 °/₀ dont le cours est à 114^{fr},25 veut remplacer son titre de 465 fr. de rente 5 % par une inscription de même valeur 3 °/₀ qui est au cours de 79^{fr},30 ; quelle somme lui faudra-t-il pour opérer cet échange ?

R. D'après les problèmes 734 et 735 on a par la vente du titre 5 % un capital de

$$\frac{114^{fr},25 \times 465}{5} = 10\,625^{fr},25.$$

Et pour l'achat de 465 fr. de rente 3 % il faut un capital de

$$\frac{79^{fr},30 \times 465}{3} = 12\,291^{fr},50$$

Courtage de $\frac{1}{8}$ % sur 10 625^{fr},25 . . . = 13^{fr},28

Courtage de $\frac{1}{8}$ % sur 12 291^{fr},50 . . . = 15^{fr},36

Plus 2 timbres de 0^{fr},60. . . . . 1^{fr},20

Total . . . . 29^{fr},84

Donc pour échanger son titre il faut au rentier 12 291^{fr},50 + 29^{fr},84 — 10 625^{fr},25 = 1696^{fr},09.

738. Pour avoir 210 fr. de rente 3 °/₀ on a payé 5355^{fr},30 courtage et timbre compris ; à quel cours a-t-on acheté ?

R. Si on retranche le timbre 0^{fr},60 de 5 355^{fr},30 le reste 5354^{fr},70 sera la somme du capital dépensé et du courtage ; or, puisque ce courtage est de $\frac{1}{8}$ % ou de 1 fr. pour 800 fr., une somme de 801 fr. représentera le capital et son courtage ; donc autant de fois le capital 5354^{fr},70 contiendra 801 fr., autant de fois on aura dépensé 800 fr. ; la division donne 6 ^{fois}, 685 ; le capital cherché est donc égal à 800 $\times$ 6,685 = 5348^{fr},02 et le courtage égal à 5354^{fr},70 — 5348^{fr},02 = 6^{fr},68. Cela posé on dira :

$$\text{210 fr. de rente ont coûté . .} \qquad 5348^{\text{fr}},02$$

$$\text{1 fr. . . . . } \qquad \frac{5348,02}{210}$$

$$\text{3 fr. coûtent. . . . . . } \qquad \frac{5348,02 \times 3}{210} = 76^{\text{fr}},40$$

Le cours demandé est donc $76^{\text{fr}},40$.

759. On a remis à un agent de change la somme de $4738^{\text{fr}},35$ courtage et timbre compris, pour un achat de rente 3 °/₀ fait au cours de $76^{\text{fr}},32$. Combien a-t-on acheté de rente?

R. D'après le problème précédent on a

$$\text{Capital, courtage et timbre . . . . . . } \qquad 4738^{\text{fr}},35$$

$$\text{Capital et courtage} = 4738^{\text{fr}},35 - 0^{\text{fr}},60 = \qquad 4737^{\text{fr}},75$$

$$\text{Capital net . . . } = \frac{4737,75 \times 800}{801} = \qquad 4731^{\text{fr}},84$$

Pour avoir la rente demandée on dira :

$$\text{avec} \quad 76^{\text{fr}},32 \text{ on a . . . } \qquad \text{3 fr. de rente.}$$

$$\text{avec} \quad 1 \text{ fr. . . . . . } \qquad \frac{3}{76,32}$$

$$\text{avec } 4731^{\text{fr}},84 \text{ on aura . . } \qquad \frac{3 \times 4731,84}{76,32} = 186 \text{ fr.}$$

740. Une inscription de 720 fr. de rente 3 % amortissable a été achetée au cours de $81^{\text{fr}},50$; le numéro de cette inscription sort au tirage de la 4ᵐᵉ année qui a suivi l'achat; le titre est donc remboursé au pair. A quel taux le porteur du titre a-t-il placé son argent?

R. Autant de fois 720 fr. de rente contiendront 3 fr. autant on aura de titres de 3 fr. de rente. La division donne 240 titres de 3 fr. chacun, correspondant à un capital de 240 fois $81^{\text{fr}},50 = 19\,560$ fr. (prix d'achat).

Le porteur de cette inscription de rente a retiré :

$$\text{En 4 ans } 720^{fr} \times 4 \ldots \ldots \ldots = 2\,880^{fr}$$

240 titres remboursés au pair . . . $= 24\,000^{fr}$

Total. . . . . $26\,880^{fr}$

à déduire le prix d'achat. . . . . $19\,560^{fr}$

Bénéfice net en 4 ans. . . . $7\,320^{fr}$

et en un an . . . . 1830^{fr}

Cela posé on dira :

$$19560^{f} \text{ ont rapporté.} \ldots \quad 1830^{fr}$$

$$1^{f} \ldots \ldots \ldots \quad \frac{1830}{19\,560}$$

$$100^{fr} \ldots \ldots \ldots \quad \frac{1830 \times 100}{19\,560} = 9^{fr},35.$$

Le porteur de l'inscription remboursée a donc retiré $9^{fr},35$ % par an de son capital.

Intérêts composés.

741. Que devient, après 5 ans, un capital de 3400 fr. placé à intérêts composés à 6 %?

R. On peut résoudre la question en cherchant d'abord l'intérêt pour un an de 3400 fr. à 6 %. Cet intérêt ajouté à 3400 fr. donne un 2ᵉ capital qui, à 6 %, donne à son tour un intérêt annuel qu'on ajoute au 2ᵉ capital, et ainsi de suite, comme on l'a vu dans la *Nouvelle Arith.*, page 237; mais il est plus simple de procéder comme il suit :

1 fr. placé à 6 % donne un intérêt annuel de $0^{fr},06$ et $1^{fr},06$ représente le capital 1 fr. augmenté de son intérêt annuel; il résulte de là que

1° *On obtient l'intérêt annuel d'un capital placé à 6 % par exemple, en multipliant $0^{fr},06$ par ce capital.*

2° *On obtient à la fois le capital et son intérêt annuel, en multipliant $1^{fr},06$ par le capital.*

Cela posé on dira :

3400 fr. à 6 % deviennent au bout de l'année $1^{fr},06 \times$ 3400 (capital et intérêts compris).

Ce nouveau capital $1^{fr},06 \times 3400$ à 6 % devient à la fin de 2e année $1^{fr},06 \times 1^{fr},06 \times 3400 = (1^{fr},06)^2 \times 3400$ fr.

Ce 3e capital $(1^{fr},06)^2 \times 3400$ placé à son tour à 6 %, devient à la fin de la 3e année $1^{fr},06 \times (1^{fr},06)^2 \times 3400 = (1^{fr},06)^3 \times 3\,400$ fr.

Ce 4e capital $(1^{fr},06)^3 \times 3400$ à 6 % devient à la fin de la 4e année $1^{fr},06 \times (1^{fr},06)^3 \times 3400 = (1^{fr},06)^4 \times 3400$.

On trouvera de même qu'à la fin de la 5e année, le capital primitif est devenu $(1^{ff},06)^5 \times 3400$, capital et intérêts compris ; or, la 5e puissance de $1^{fr},06 = 1,338225...$; donc la somme demandée égale $1,338225..... \times 3400 = 4549^{fr},966$.

Le raisonnement qui précède conduit à la règle suivante :

RÈGLE. *Pour calculer ce que devient un capital placé à intérêts composés pendant un certain nombre d'années, il faut multiplier ce capital par* 1^{fr}, *augmenté de son intérêt annuel, élevé à la puissance marquée par le nombre d'années du placement.*

(Voir nos *Éléments d'Algèbre*, nouvelle édition, pages 219... 226.)

REMARQUE. — Ordinairement, la capitalisation des intérêts a lieu à la fin de chaque année, mais les paiements trimestriels des rentes permettent de capitaliser ces paiements tous les trois mois ; dans ce cas, le raisonnement, la règle et la formule ci-dessus restent les mêmes, en ayant soin toutefois de remplacer l'intérêt de 1 fr. pour un an par l'intérêt de 1 fr. pour trois mois ; d'un autre côté, l'exposant de la formule indique des trimestres, au lieu d'exprimer des années.

Ainsi une personne qui a 1000 fr. de rente et qui touche 250 fr. tous les trimestres, pourrait retirer à la fin de l'année, au moyen de placements successifs à 5 %,

$$250^{fr} \times (1,0125)^3 + 250^{fr} \times (1,0125)^2 + 250^{fr} \times 1,0125 + 250^{fr} = 1018^f,9066....$$

Dans cette expression l'intérêt trimestriel de 1 fr. à 5 % n'est que le $\frac{1}{4}$ de $0^{fr},05$ c'est-à-dire $0^{fr},0125$.

RÈGLE D'ESCOMPTE.

Nous avons conseillé au Maître de donner quelques notions très élémentaires sur les *effets de commerce*, avant d'enseigner la règle d'escompte. Ces notions peuvent être résumées comme il suit :

1° Billet à ordre.

PREMIÈRE QUESTION. — Le 15 octobre 1880, Paul vend à Pierre 1250 fr. de marchandises payables dans 3 mois. — Pierre souscrit alors un billet à l'ordre de Paul pour le montant de cet achat. Voici la formule de ce billet :

Paris, 15 *octobre* 1880.   *B. P. F.* 1250.

Au 15 *janvier prochain , je paierai à M. Paul ou à son ordre la somme de* DOUZE CENT CINQUANTE FRANCS, *valeur reçue en marchandises.*

PIERRE,

rue de Rivoli, n°... Paris.

D'après la loi, un billet à ordre doit être daté; il énonce la somme à payer (en toutes lettres), le nom de celui à l'ordre de qui il est souscrit, l'époque à laquelle le paiement doit s'effectuer (l'échéance), la valeur qui a été fournie en espèces, en marchandises, en compte ou de toute autre manière. Enfin la signature et l'adresse du souscripteur.

(Le Maître montrera que la formule ci-dessus remplit toutes les conditions exigées par la loi.)

REMARQUE. — Le billet doit être *écrit en entier* de la main du débiteur; dans le cas contraire, la signature seule du débiteur ne suffit pas, il faut qu'elle soit précédée des mots : *Bon pour francs* (avec la somme en toutes lettres) et de la main du débiteur.

2º Mandat, traite, lettre de change.

DEUXIÈME QUESTION. — Le 1ᵉʳ mai 1880, Paul de Paris a vendu à Martin de Lyon 1500 fr. de marchandises payables dans 3 mois ; pour obtenir le paiement de cette somme, Paul fournit sur Martin un mandat, une traite ou une lettre de change qu'il remet à un banquier de Paris, Bernard, par exemple, qui lui en paie le montant avec escompte ; voici quelle est alors la formule du mandat :

Paris, 1ᵉʳ *mai* 1880.   *B. P. F.* 1500.

A fin juillet prochain, payez contre ce mandat à l'ordre de M. Bernard la somme de **QUINZE CENTS FRANCS,** *valeur reçue comptant.*

A M. Martin, négociant,   PAUL.
rue de l'Hôtel-de-Ville, Nº...
    Lyon.

D'après la loi, une lettre de change ou un mandat est tiré d'un lieu sur un autre. Il est daté ; il énonce la somme à payer (en toutes lettres), le nom de celui qui doit la payer, l'époque et le lieu où le paiement doit s'effectuer, la valeur fournie en espèces, en marchandises, en compte ou de toute autre manière ; enfin, elle porte la signature du souscripteur et l'adresse du débiteur.

Le mandat peut être à l'ordre d'un tiers ou du souscripteur lui-même.

(Le Maître doit montrer que la formule du mandat ci-dessus contient toutes les conditions exigées par la loi.)

REMARQUE. — Tous les effets de commerce doivent être souscrits sur papier timbré ou porter un timbre de commerce proportionnel à la somme inscrite.

Endossement. Les billets à ordre, les mandats et les lettres de change sont *transmissibles* au moyen d'un écrit ou d'une formule très simple qu'on appelle *endossement*.

Supposons que Bernard, porteur du mandat ci-dessus, transmette ce mandat à Mathieu, négociant ou banquier à Orléans avec lequel il est en relations d'affaires ; Bernard *endossera* le mandat en écrivant au *verso* (ou au *dos*) les mots suivants :

Payez à l'ordre de M. Mathieu, valeur en compte, Paris, le 15 mai 1880.

BERNARD.

A son tour, Mathieu transmet le mandat à Charles de Lyon de qui il a reçu des marchandises en écrivant au-dessous du 1er endossement.

Payez à l'ordre de M. Charles, valeur en marchandises.

Orléans, le 25 juillet 1880.

MATHIEU.

Enfin, le 31 juillet, jour de l'échéance, Charles présente le mandat au débiteur Martin qui paie les 1500 fr., et Charles lui remet le mandat acquitté comme il suit :

Pour acquit

CHARLES.

Dans le cas où Martin refuserait de payer, Charles *est obligé* de faire constater le refus de paiement par un acte qu'on appelle *protêt*. Au moyen de cet acte, Charles a le droit de réclamer les 1500 fr. au souscripteur Paul ou à l'un des endosseurs Bernard ou Mathieu. D'où il suit que plus il y a d'endosseurs, plus il y a de garantie pour le porteur d'un mandat. On trouve quelquefois à côté de la signature de l'endossement les mots *sans frais* ou *retour sans frais ;* ces mots dispensent le porteur de faire le protêt en cas de refus de paiement.

Le Maître exercera ses élèves à la pratique des notions qui précèdent en variant les questions.

Observation.

Valeur nominale. — La valeur nominale ou le montant d'un billet est la somme inscrite sur le billet; c'est la somme qui suit les trois intiales B. P. F. qui signifient BON POUR FRANCS.

Valeur actuelle. — La valeur actuelle ou la valeur au comptant d'un billet est la valeur qu'a le billet après avoir subi la retenue de l'escompte.

La valeur nominale d'un billet ne change pas, mais la valeur au comptant varie selon que l'échéance est plus ou moins éloignée.

PROBLÈMES

SUR LA RÈGLE D'ESCOMPTE.

742. Quel est l'escompte commercial à 4 pour 100 d'une somme de 680 fr. payable dans un an?

R. On calcule l'escompte commercial, comme l'intérêt, en *multipliant le capital ou la somme par le taux et en divisant le produit par* 100 (n° 270). On aura donc

$$Escompte\ demandé = \frac{680 \times 4}{100} = 27^{\text{fr}},20.$$

743. Quel est au taux du 5 °/₀ l'escompte d'un billet de 1580 fr. pour 7 mois?

R. Cet escompte est (n° 271)

$$\frac{1580 \times 5 \times 7}{100 \times 12} = 46^{\text{fr}},08.$$

On peut dire aussi : l'escompte à 5 % de 1580 fr.

pour 1 an est de	79^{f}
pour 6 mois il est de	39 ,50
pour 1 mois il est de	6 ,58
pour 7 mois il est de	46^{f},08

744. Quelle est la valeur actuelle d'un effet de commerce de 955 fr. payable dans 4 mois 11 jours, le taux de l'escompte étant $\frac{1}{2}$ % par mois?

R. A $\frac{1}{2}$ p % par mois, l'escompte est à 6 % par an; on aura donc, d'après la règle générale du n° 272 :

$$\text{Escompte} = \frac{955 \times 6 \times 131}{100 \times 360} = 20^{fr},85.$$

La valeur actuelle du billet $= 955 - 20,85 = 934^{fr},15$.

*** 745.** Calculer l'intérêt ou l'escompte à 6 % de 4580 fr. pour 105 jours. (*Employer la méthode des diviseurs fixes.*)

R. Au 6 % l'escompte demandé sera, d'après la formule d'abréviation. (*Nouvelle Arith.*, p. 239.)

$$\frac{4580^{fr} \times 105}{6000} = 80^{fr},15.$$

*** 746.** Quel aurait été l'escompte si le taux de l'intérêt avait été de 4 ou de 5 %? (*Probl. précédent.*)

R. Au 6 % l'escompte est de. . . .	$80^{fr},15$
Retranchant $\frac{1}{3}$ à cet escompte ou. .	$26\ ,716$
On a pour l'escompte à 4 %. . .	$\overline{53^{fr},434}$

Si l'escompte avait été au 5 % on aurait dit :

Escompte à 6 %.	$80^{fr},15$
Retranchant $\frac{1}{6}$ de cet escompte ou. .	$13\ ,358$
On aura pour l'escompte 5 %. .	$\overline{66^{fr},792}.$

*** 747.** Calculer par les diverses méthodes d'abréviation l'intérêt à 5 % de 1838 fr. pour 9 mois 13 jours.

R. 1° Par la *méthode des diviseurs fixes* on aura

$$\text{Escompte demandé} = \frac{1838^{fr} \times 283\ j}{7200} = 72^{fr},24.$$

2° Par la *méthode des diviseurs du temps*, on aura en calculant d'abord l'intérêt à 6 % :

12

Escompte pour 60ʲ de 1838ᶠʳ.	18ᶠʳ,38
180	55 ,14
30	9 ,19
10	3 ,063
3	0 ,919
Escompte pour 283ʲ à 6 %.	86ᶠʳ,692
Le $\frac{1}{6}$ de cet escompte est.	14 ,45
Donc l'escompte 5 %.	72ᶠʳ,242

*** 748.** Quelle somme doit payer un banquier qui escompte à $\frac{1}{2}$ % par mois un billet payable dans 45 jours ?

R. 45ʲ $= 1$ mois $\frac{1}{2}$; or, à raison de $\frac{1}{2}$ ou à 0ᶠʳ,50 % par mois, l'escompte revient à 0ᶠʳ,75 % pour 45 jours ; il suffira donc de chercher l'escompte du billet au taux de 0ᶠʳ,75 %, c'est-à-dire qu'il suffit de multiplier le montant du billet par 0ᶠʳ,75 et de diviser le produit par 100 pour avoir l'escompte du billet ; une simple soustraction fera connaître la valeur actuelle de ce billet.

*** 749.** Vérifier le problème qui précède par la méthode des *diviseurs du temps.*

R. Escompte de 100ᶠʳ pour 60 jours. .	1ᶠʳ
30	0 ,50
15	0 ,25
Escompte pour 45 jours. . .	0ᶠʳ,75

Le taux de l'escompte pour 45 jours est donc 0ᶠ,75 pour 100, résultat conforme à la solution précédente. *N. B.* Appliquer la solution des problèmes 746 et 747 à un billet de 2830 fr. à escompter pour 45 jours à 6 % par an.

*** 750.** On a pris 135 fr. d'escompte sur un billet de 2000 fr. payable dans 9 mois. Quel était le taux de l'escompte ?

R. Pour connaître le taux de l'escompte, on dira

Escompte de 2000 fr. pour 9 mois.	135 fr.
1 fr . . 9 . .	$\dfrac{135}{2000}$

$$100 \text{ fr. pour 9 mois.} \qquad \frac{135 \times 100}{2000}$$

$$100 \quad . \quad . \quad 1 \quad . \quad . \qquad \frac{135 \times 100}{2000 \times 9}$$

$$100 \quad . \quad . \quad 12 \quad . \quad . \quad \frac{135 \times 100 \times 12}{2000 \times 9} = 9 \text{ fr.}$$

Le taux demandé est donc 9 %.

*** 751.** On a payé 24 500 fr. un domaine rapportant le $2\frac{1}{4}$ °/₀ ; quel revenu aurait-on pu avoir avec la même somme, si on avait acheté de la rente 5 °/₀ au cours de 112 fr. ou des obligations du Nord au cours de $367^{\text{fr}},50$ donnant chacune un coupon semestriel de $7^{\text{fr}},50$ passible d'une retenue de 7,44 °/₀ ?

R. Le domaine rapporte $\dfrac{24\,500 \text{ fr.} \times 2^{\text{fr}},25}{100} =$ $551^{\text{fr}},25$. La rente 5 % aurait donné $\dfrac{24\,500^{\text{fr}} \times 5}{112} =$ $1093^{\text{fr}},75$. Enfin, avec 24 500 fr. on aurait eu $\dfrac{24\,500}{367,50}$ obligations ; or, chaque obligation rapporte net $7^{\text{fr}},50$ $- 0^{\text{fr}},558 = 6^{\text{fr}},942$ par semestre ou $13^{\text{fr}},884$ par an ; donc le revenu en obligations du Nord aurait été de $\dfrac{24\,500 \times 13,884}{367,50} = 925^{\text{fr}},60$.

*** 752.** Un effet de 3500 fr. a donné lieu à un escompte de $38^{\text{fr}},50$ le taux étant à 5 et demi °/₀. Quelle était l'échéance du billet ?

R. D'après le n° 273 (*N^{lle} Arith.*, p. 231) on aura escompte de 3500 fr. à $5^{\text{fr}},5$ % pour 1 an ou 360 jours $= \dfrac{3500 \times 5,50}{100}$; pour 1 jour l'escompte est de $\dfrac{3500 \times 5,50}{100 \times 360}$; or, autant de fois l'escompte $38^{\text{fr}},50$ contiendra l'escompte d'un jour, autant on aura de jours jusqu'à l'échéance, la division de $38^{\text{fr}},50$ par $\dfrac{3500 \times 5,50}{100 \times 360}$

donne $38,50 \times \dfrac{100 \times 360}{3500 \times 5,50} = 72$ jours ou 2 mois 12 jours.

753. Quelle est la somme qui, escomptée pour 8 mois 10 jours à 4 %, se trouve réduite à 755 fr.

R. A 4 % l'escompte de 100 fr. pour 8 mois 10 jours ou 250 jours est (méthode des diviseurs fixes) $\dfrac{100 \times 250}{9000} = \dfrac{25}{9} = 2^{\text{fr}},778$. Donc 100 fr. escomptés pour 250 jours à 4 % se réduisent à 100 fr. — $2^{\text{fr}},778 = 97^{\text{fr}},222$.

Cela posé, autant de fois $97^{\text{fr}},222$ seront contenus dans la somme escomptée 755 fr., autant de fois la somme demandée contiendra 100 fr. On aura donc pour la valeur de cette somme $\dfrac{755 \times 100}{97,222} = 776^{\text{fr}},57$ valeur qu'il est facile de vérifier.

754. Un effet payable dans 2 mois 19 jours a donné lieu à un escompte de $63^{\text{fr}},29$ le taux étant de 3 et 3 quarts % par an; quelle était la somme énoncée dans le billet?

R. Une somme de 100 fr. escomptée pour 2 mois 19 jours ou 79 jours à $3\frac{3}{4}$ ou $3^{\text{fr}},75$ % par an produit un intérêt de $\dfrac{100 \times 3,75 \times 79}{100 \times 360} = \dfrac{3,75 \times 79}{360}$.

Or, autant de fois cet intérêt sera contenu dans l'escompte donné $63^{\text{fr}},20$ autant de fois il y aura 100^{fr} dans le montant du billet, c'est-à-dire dans la somme inscrite sur le billet. Le quotient de 63,20 par $\dfrac{3,75 \times 79}{360}$ est

$$63,20 \times \dfrac{360}{3,75 \times 79} = 76^{\text{fr}},80.$$

Ce quotient, multiplié par 100, donne enfin 7680^{fr} pour le montant du billet.

755. On présente à l'escompte cinq billets de : 650 fr. ; 1430 fr.; 860 fr.; 1840 fr. et $950^{\text{fr}},75$ payables le 1er dans 3 mois 12 jours ;

le 2me dans 45 j. ; le 3me dans 5 mois ; le 4me dans 85 j. et le 5me dans 4 m. 18 j. Quelle somme recevra-t-on, l'escompte étant à 1/2 p. % par mois ? (*Employer la méthode des nombres.*)

R. D'après la méthode exposée dans la *Nouvelle Arithmétique*, page 241, on aura

DISPOSITION DU CALCUL.

Sommes.	Jours.	Nombres.
650^fr	102	66 300
1430	45	64 350
860	150	129 000
1840	85	156 400
950 ,75	138	131 203
5730^fr,75	Somme des nombres	547 253

La somme des nombres divisée par 6000 donne 91^fr, 21 pour l'escompte des cinq billets. On recevra donc 5730^fr,75 — 91^fr,21 = 5639^fr,54.

756. Un billet de 1200 fr., payable dans un an, est escompté au 5 %. La somme escomptée replacée le même jour au même taux, pour un an, reproduira-t-elle le montant du billet ?

R. Non, car 1200^fr escomptés à 5 % pour un an subissent une retenue de 60^fr et sont réduits à 1140^fr ; or les 1140^fr replacés à 5% pour un an ne donnent que 57^fr d'intérêt. On ne retirerait donc à la fin de l'année que 1140 + 57 = 1197^fr, au lieu de 1200^fr.

757. Quel escompte devrait subir le billet, pour satisfaire aux conditions du problème qui précède ? (*Escompte en dedans.*)

R. Il y a deux manières d'escompter un billet : l'escompte commercial, le seul que nous ayons exposé, parce qu'il est le seul usité en France, a pour but, au 5 % par exemple, de prélever 5 fr. par an sur 100 francs de capital ; dans ce cas, on vient de le voir dans le problème précédent, le capital escompté ne reproduit plus le capital primitif du billet ou sa valeur nominale ; pour remplir cette dernière condition qui est celle du problème actuel, il faut prélever 5^fr, non sur 100^fr de capital mais sur 105^fr, c'est-à-dire sur 100^fr *augmentés du taux de l'escompte.* En effet, si on prélève 5^{fr} sur 105^{fr}, on a pour somme escomptée 100^{fr} lesquels placés à 5 % pour un an, reproduisent le capital primitif 105 fr.

Par conséquent, autant de fois 1200^{fr} contiendront 105^{fr}, autant de fois il faudra prélever un escompte de 5^{fr}; en d'autres termes, dans cette seconde manière d'escompter on a pour l'escompte cherché l'expression

$$\frac{1200 \times 5}{105} = 57^{fr},14.$$

La somme escomptée sera donc égale à 1200^{fr} — 57^{fr},14 = 1142^{fr},86 lesquels placés à 5 % donnent un intérêt qui, ajouté au capital 1142^{fr},86 reproduit exactement les 1200^{fr} du billet.

Cette seconde manière d'escompter s'appelle *escompte en dedans*, tandis que l'escompte commercial prend le nom d'*escompte en dehors*.

Remarque. — A 5 % l'escompte commercial ou en dehors = $\frac{5}{100}$ ou le $\frac{1}{20}$ du capital, et l'escompte en dedans = $\frac{5}{105}$ ou le $\frac{1}{21}$ du capital ; l'escompte en dehors est donc plus grand que l'escompte en dedans.

ESCOMPTE EN DEHORS ET ESCOMPTE EN DEDANS.

§ I. — Origine des deux escomptes.

Une personne emprunte à 5 % pour un an une somme de 1000^{fr}, et remet au prêteur un billet payable à un an de date; quelle somme doit être inscrite sur le billet?

1° Le prêteur exige que la somme inscrite sur le billet soit de 1000 fr., mais au lieu de remettre 1000 fr., il ne donne que 950 fr. et retient d'*avance* les 50 fr. d'intérêt que les 1000 fr. auraient rapportés dans un an. Cet intérêt n'est pas porté sur le billet, *il est en dehors.*

2° Ou bien, le prêteur donne réellement 1000 fr. et exige un billet de 1050 fr., lequel contient le capital prêté et son intérêt d'un an. Dans ce cas l'intérêt est dans le billet ; on dit alors qu'*il est en dedans.*

Ainsi, dans le premier cas, on prélève 50 fr. sur 1000 fr. ou $\frac{1}{20}$ de la valeur nominale du billet ; c'est l'intérêt ou l'*escompte en dehors ;* dans le second cas, on prélève 50 fr. sur 1050 ou $\frac{1}{21}$ de la valeur nominale du billet, c'est l'intérêt ou l'*escompte en dedans.*

Ces expressions sont équivoques ; aussi appelle-t-on souvent l'escompte en dehors *escompte commercial*, parce qu'il est usité dans le commerce ; et l'escompte en dedans, *escompte rationnel*, parce qu'il est plus logique.

§ II. — Formules des deux escomptes.

1° **Escompte en dehors.** — L'*escompte* EN DEHORS (ou commercial) *d'un billet est la retenue faite sur le montant du billet en calculant cette retenue à tant pour cent par an ou par mois, pour le temps qui reste à courir jusqu'à l'échéance du billet.*

Nous savons déjà par l'*Arithmétique*, page 238, que l'escompte en dehors ou commercial se calcule comme s'il s'agissait de calculer l'intérêt simple du montant du billet au moyen de la même formule (page 231).

Donc pas de difficulté ; ainsi on aura

Valeur nominale du billet	1000 fr.
Escompte en dehors	50
Valeur au comptant ou actuelle . . .	950 fr.

Cette manière d'escompter est-elle bien rationnelle ? Non, car si le porteur du billet qui reçoit 950 fr. plaçait le même jour cette somme au 5 % pour un an, les 950 fr. augmentés de leurs intérêts ne reproduiraient pas les 1000 fr. du billet. En effet, les 950 fr. à 5 % rapportent $47^{fr},50$; on a donc $950^{fr} + 47^{fr},50 = 997^{fr},50$ au lieu de 1000 fr.

Il résulte de là que les 50 fr. pris sur le billet sont une retenue trop forte.

2° **Escompte en dedans.** — L'*escompte* EN DEDANS (ou rationnel) *d'un billet est la retenue faite sur la valeur nominale d'un billet de manière que la valeur au comptant du billet augmentée de ses intérêts dans les conditions de l'escompte, reproduise le montant du billet.*

En d'autres termes, on considère la valeur nominale du billet comme un capital primitif augmenté de ses intérêts et il s'agit de déterminer ce capital primitif ; la question est alors ramenée à la formule du n° 275 (*Nouvelle Arith.*, p. 232) dans laquelle c représentera la valeur au comptant du billet, C la valeur nominale et i l'intérêt de 1 fr. pour le temps à courir jusqu'à l'échéance du billet. On aura donc pour la question proposée.

$$\text{Valeur au comptant} = \frac{1000 \text{ fr}}{1,05} = 952^{\text{fr}},381$$

insi, on a

Valeur nominale du billet.	1000^{fr}.
Valeur actuelle (escompte en dedans). .	952^{fr},381
Escompte en dedans.	47^{fr},619

Or, si on calcule à 5 % l'intérêt pour un an des 952^{fr},381 de la somme escomptée en dedans, on obtient la somme retenue 47^{fr},619 laquelle ajoutée aux 952^{fr},381 reproduit les 1000 fr., valeur nominale du billet.

REMARQUE. — Les banquiers ont généralement adopté l'escompte en dehors comme plus avantageux pour eux et d'un calcul plus simple. Mais le taux de l'escompte et certains droits accessoires sont si variables qu'on peut toujours débattre librement les conditions du marché.

§ III. — Différence des deux escomptes.

Dans plusieurs problèmes d'examen, on insiste sur la différence des deux escomptes, en demandant de prouver que la différence des deux escomptes d'une somme donnée est égale 1° à l'escompte en dehors de son escompte en dedans; 2° à l'escompte en dedans de son escompte en dehors.

Cherchons par exemple la différence des deux escomptes du billet de 1000 fr.; nous avons trouvé

Pour l'escompte en dehors. . . . . . . 50^{fr}.
Pour l'escompte en dedans. . . . . . . 47 ,619
Différence des deux escomptes. . . 2^{fr},381

Or, si nous calculons l'escompte en dedans de 50 fr. (escompte en dehors) nous aurons 2^{fr},381 (différence des deux escomptes).

De même, si nous cherchons l'escompte en dehors de 47^{fr},619 nous trouvons également 2^{fr},381 (différence des deux escomptes).

Démonstration. — Si on détermine la différence des deux escomptes, à l'aide des deux formules algébriques rappelées plus haut, on trouvera que la proposition énoncée se vérifie dans tous les cas.

Suite des problèmes sur l'escompte.

758. Une somme d'argent placée pendant 8 mois, est devenue avec ses intérêts 1277^{fr},20 ; la même somme placée pendant 15 mois, au même taux est devenue, avec ses intérêts simples, 1309^{f},75. Quelle est la somme placée et quel est le taux de l'intérêt ?

R. La différence entre les deux sommes données (1309^{fr},75 — 1277^{fr},20 = 32^{fr},55) exprime évidemment l'intérêt du capital inconnu pour 7 mois; d'où il suit que l'intérêt de ce capital pour 8 mois est égal à $\dfrac{32,55 \times 8}{7}$ = 37^{fr},20; cet intérêt retranché de 1277^{fr},20 donne pour le capital inconnu 1277^{fr},20 — 37^{fr},20 = 1240 fr.

Cela posé on dira :

12*

$$1240 \text{ fr. rapportent en 8 mois.} \qquad 37^{fr},20$$

$$1 \text{ fr.} \quad \ldots \quad 8. \quad \ldots \quad \frac{37,\ 20}{1240}$$

$$100 \text{ fr.} \quad \ldots \quad 8 \text{ mois.} \quad \frac{37,20 \times 100}{1240}$$

$$100 \text{ fr.} \quad \ldots \quad 1 \text{ mois.} \quad \frac{37,20 \times 100}{1240 \times 8}$$

$$100 \text{ fr.} \quad \ldots \quad 12 \text{ mois.} \quad \frac{37,20 \times 100 \times 12}{1240 \times 8} = 4^{fr},50$$

Ainsi le capital cherché $= 1240$ fr. et le taux de l'intérêt est 4,50 %.

759. L'État émet de la rente 5 % à $84^{fr},50$. En souscrivant, il faut verser $14^{fr},50$ de garantie pour chaque 5 fr. de rente ; le reste doit être payé en 20 versements égaux et mensuels. Cela posé, quelle somme devra verser un souscripteur de 450 fr. de rente qui veut libérer son titre, après le 6me versement mensuel, en profitant d'un escompte de 5 % ?

R. Le souscripteur de 450 fr. de rente 5 % c'est-à-dire de 90 fois 5 fr. de rente doit verser, comme garantie de sa souscription, une somme de $14^{fr},50 \times 90 = 1305$ fr.

Pour savoir ce qu'il doit encore on dira :

Au cours d'émission $84^{fr},50$ une rente de	450 fr.
exige un capital de $84^{fr},50 \times 90 =$	7605 fr.
Il a versé comme garantie.	1305 fr.
Il reste à payer en 20 versements égaux.	6300 fr.
Dont le 20mo est.	315 fr.

Le souscripteur doit donc verser 315 fr. par mois pendant 20 mois, pour se libérer entièrement.

Après le 6e versement, c'est-à-dire, après avoir versé $315 \times 6 = 1890$ fr., le souscripteur veut se libérer par anticipation des 14 versements restants, c'est-à-dire de $315 \times 14 = 4410$ fr. pour bénéficier de l'escompte 5 %.

Or, le 1er de ces 14 versements est payable dans

1 mois ; le 2ᵉ dans 2 mois ; le 3ᵉ, dans 3 mois........ le 14ᵉ dans 14 mois.

Cela posé 315 fr. à 5 % par an donnent :

$$\text{Pour 1 mois un intérêt de } \frac{315 \times 5}{100 \times 12} \times 1$$

$$\text{Pour 2 mois . . . . . } \frac{315 \times 5}{100 \times 12} \times 2$$

$$\text{Pour 3 mois . . . . . } \frac{315 \times 5}{100 \times 12} \times 3$$

$$\text{Pour 13 mois. . . . . } \frac{315 \times 5}{100 \times 12} \times 13$$

$$\text{Pour 14 mois. . . . . } \frac{315 \times 5}{100 \times 12} \times 14$$

$$\text{Intérêt de 105 mois. . . } \frac{315 \times 5}{100 \times 12} \times 105 = 137^{\text{fr}},81.$$

En retranchant cet intérêt des 4410 fr. qui restaient à payer on trouvera que le souscripteur se libère par un versement de $4272^{\text{fr}},19$.

Problèmes sur l'escompte des factures, le courtage ou commission, les remises, le change des billets, les primes d'assurances, la condition ou vérification des soies, etc.

760. A quelle somme se réduit une facture de $1427^{\text{fr}},50$ si le vendeur fait un escompte de 12 %?

R. Les règles précédemment établies donnent pour l'escompte demandé $\dfrac{1427^{\text{fr}},50 \times 12}{100} = 171^{\text{fr}},30.$

La facture est donc réduite à $1427^{\text{fr}},50 - 171^{\text{fr}},30 = 1256^{\text{fr}},20$.

761. On achète pour $2587^{\text{fr}},75$ de marchandises sur lesquelles, en payant comptant, on obtient un escompte de 7 et demi % ; quel est le montant de cet escompte ?

R. Cet escompte est égal à l'expression

$$\frac{2587^{fr},75 \times 7,50}{100} = 194^{fr},08.$$

762. En prenant pour plus de 100 fr. de toile, on obtient une remise de 4 % ; que paiera-t-on pour un achat de 137^{fr},80 ?

R. La remise demandée est égale à

$$\frac{137^{fr},80 \times 4}{100} = 5^{fr},512.$$

somme à payer 137^{fr},80 — 5^{fr},512 = 132^{fr},288.

763. Quelle est la commission due pour une vente de 12 590^{fr},50 à 3 $\frac{1}{2}$ %?

R. La commission égale $\dfrac{12\,590^{f},50 \times 3,5}{100} =$ 440^{fr},667.

764. Un spéculateur veut gagner 15 % sur des marchandises qui lui ont coûté 645 fr. ; combien doit-il retirer en les revendant ?

R. Gain du 15 % $= \dfrac{645 \times 15}{100} = 96^{fr},75.$ Les marchandises seront donc revendues 645 + 96^{fr},75 = 741^{fr},75.

765. Un courtier achète pour 21 354^{fr},65 de marchandises ; quelle somme doit-il toucher pour son courtage fixé à $\frac{1}{4}$ ou 0^{fr},25 pour mille ?

R. A raison de $\frac{1}{4}$ ou 0,25 pour 1000, le courtier relèvera un courtage de 0^{fr},25 $\times$ 21, 35465 = 5^{fr},33.

766. On a payé 157^{fr},50 de commission sur un achat de 4000 fr. ; quel était le taux ou le tant pour cent de la commission ?

R. Pour avoir le taux de la commission on dira

Pour 4000 fr. on a payé.   157^{fr},50

1 fr. . . . . . $\dfrac{157,50}{4000}$

Pour 100 fr. . . . . . $\dfrac{157,50 \times 100}{4000} = 3^{fr},937$ %.

767. Un agent de change a reçu $7^{fr},30$ pour un achat de rente sur l'État, à raison de $\frac{1}{8}$ °/₀ de courtage ; quel était le montant de l'achat ?

R. Prendre $\frac{1}{8}$ de franc sur 100 fr. c'est prendre 1 fr. sur 800 fr. Le montant de l'achat s'élève donc à 800 $\times 7,30 = 5840$ fr.

768. Un banquier prend $0^{fr},12$ °/₀ de change sur un billet de 1520 fr. payable *à vue* dans une ville du Midi; quel est le montant du change ?

$$R. \text{ Le change} = \frac{0,12 \times 1520}{100} = 1^{fr},824.$$

769. Quelle est la prime d'assurance d'une fabrique évaluée 15 920 fr. et qui est assurée à raison de $1\frac{1}{2}$ par mille ?

R. La prime est de $1\frac{1}{2}$ ou de $1^{fr},50$ pour 1000. On aura donc à payer $1^{fr},50 \times 15,920 = 23^{fr},88$.

770. Un *steamer* de 1100 *tonneaux* a coûté 750 000 fr. ; sa construction a donné droit à une prime de 60 000 fr., et de 18 000 fr. pour la machine. Exprimer la valeur de la prime à *tant pour cent*.

R. Le constructeur reçoit $60\,000 + 18\,000 = 78\,000^{fr}$; on dira donc :

Pour 750 000 fr. on reçoit .   78 000 fr. de prime.

$$1 \text{ fr.} \quad . \quad . \quad . \quad \frac{78\,000}{750\,000}$$

$$100 \text{ fr.} \quad . \quad . \quad . \quad \frac{78\,000 \times 100}{750\,000} = 10^{fr},40$$

La prime demandée est de $10^{fr},40 \%$.

771. La canne à sucre fournit 6,50 °/₀ de son poids de sucre ; combien aura-t-on de sucre avec 5380 tonnes de cannes ?

R. Le 6,50 pour 100 de 5380 tonnes de canne à sucre donne $6,50 \times 53,80 = 349^t,7$ de sucre.

772. Combien aura-t-on d'alcool en distillant $12^{hl},65$ d'un vin qui en fournit 9,50 °/₀ ?

$$R. \text{ Le } 9,5 \% \text{ de } 12^{hl},65 = \frac{12^{hl},65 \times 9,5}{100} = 1^{hl},2017,$$

c'est-à-dire 1 hectol. 20 litres 17 centilitres.

773. Dans une faillite, un créancier ne reçoit que le 28 %/₀ des 34 956 fr. qui lui sont dus ; à quelle somme se réduit sa créance ?

R. Le créancier ne recevant que le 28 % de sa créance ne retire que

$$\frac{34\,956 \times 28}{100} = 9787^{\text{fr}},68.$$

774. L'humidité que la soie contient ne doit pas dépasser le 11 %/₀ du *poids absolu* de la soie desséchée. Pour s'en assurer, un acheteur de 95^{kg},65 de soie remet son ballot à la *Condition publique des soies*. Le directeur prend au hasard quelques paquets, les pèse et trouve 966^{gr},160 ; ces paquets desséchés n'ont plus que le *poids absolu* de 848^{gr},920. Quel est, d'après cela, le *poids absolu* du ballot, et de combien faut-il augmenter ce poids pour avoir le *poids réel* de la soie achetée ?

R. Le directeur de la condition des soies prend au hasard 10 à 12 *mateaux* ou échantillons pour épreuve et trouve que ces mateaux pèsent ensemble . 966^{gr},16 ; passés à l'étuve et entièrement desséchés, ces mateaux sont réduits au *poids absolu* de 848^{gr},92.

Le directeur fait alors le calcul suivant :

966^{gr},16 se sont réduits à . . 848^{gr},92

1 gr. . . . . $\dfrac{848,92}{966,16}$

et 95 650 gr. se réduisent à. . . . $\dfrac{848,92 \times 95\,650}{966,16}.$

Cette dernière expression donne 84^{kg},043 pour le poids absolu du ballot ; ce poids, d'après les données du problème, doit être augmenté de 11 %, pour que la soie ait son humidité normale ; on aura donc 84^{kg},043

$$+\ \frac{84,043 \times 11}{100} = 93^{\text{kg}},288.$$

Le poids conditionné du ballot est donc. . 93^{kg},288
La soie avait donc un excès d'humidité de 2 ,362

Poids primitif du ballot. . . 95^{kg},650

Ce problème démontre l'utilité des établissements

publics connus sous le nom de *Condition des soies et des laines*. Ces établissements ont pour but de déterminer le poids normal que doivent avoir les soies et les laines sous le rapport de l'humidité. Les frais de l'opération sont fixés à 10 fr. par 100 kilog.

PROBLÈMES

SUR LA RÈGLE DE SOCIÉTÉ ET LES PARTAGES PROPORTIONNELS.

775. Deux personnes se sont associées pour un commerce; la première a mis 9500 fr. et la seconde 12 800 fr.; au bout d'un an elles ont fait un bénéfice de 2420 fr. On demande ce qui revient à chacune poportionnellement aux mises.

R. La somme des mises $= 9500 + 12\,800 = 22\,300$.

Or, si 22 300 fr. rapportent. . . . 2420 fr.

$$1 \text{ fr. } \ldots \ldots \ldots \frac{2420}{22\,300} = 0^{\text{fr}},1085.$$

Donc le 1er associé aura. . $0^{\text{f}},1085 \times 9500 = 1031$ fr.

le 2me associé. . . $0^{\text{f}},1085 \times 12800 = 1389$ fr.

Total des bénéfices. . . . . 2420 fr.

776. On partage une gratification de 1000 fr. entre quatre employés proportionnellement à leurs appointements qui sont de 3600 fr.; de 2700 fr.; de 1800 fr., et de 1200 fr.; que revient-il à chacun d'eux ?

R. On fait la somme des appointements et on a 9300 fr.

Or, si pour 9300 fr. on reçoit 1000 fr.

$$\text{pour } 1 \text{ fr. on recevra } \frac{1000}{9300} = 0^{\text{fr}},107527.$$

Donc le 1er employé recevra $0^{\text{fr}},107527 \times 3600 = 387^{\text{fr}},097$

Le 2me . . . . $0\ ,107527 \times 2700 = 290\ ,322$

Le 3me . . . . $0\ ,107527 \times 1800 = 193\ ,548$

Le 4me . . . . $0\ ,107527 \times 1200 = 129\ ,032$

Somme des gratifications. . . . . . $999^{\text{fr}},999$

REMARQUE. — Cette méthode de répartition exige que le gain d'un franc soit exprimé avec un nombre de décimales d'autant plus grand que les mises ou les facteurs par lesquels il faut multiplier ce gain sont eux-mêmes plus grands ; il faut 5 ou 6 décimales si les facteurs expriment des *mille* ; il en faut 6 ou 7 si les facteurs expriment des *dizaines de mille* ; 7 ou 8 si les facteurs expriment des *centaines de mille*, etc.

777. Deux personnes ont engagé dans une spéculation, l'une 2860 fr. ; l'autre 4250 fr. ; elles ont fait une perte de 1300 fr. A quelle somme est réduite chaque mise ?

R. La somme des mises est $2860 + 4250 = 7110$ fr.

Or, si 7110 fr. perdent . . . . . 1300 fr.

1 fr. perdra. . . . . . $\dfrac{1300}{7110} = 0^{fr},18284$

Donc le 1er associé perdra $0,18284 \times 2860 = 522^{fr},92$

2me associé. . . $0,18284 \times 4250 = \underline{777\ ,07}$

Somme des pertes. . . $1299^{fr},99$

778. Trois ouvriers associés ont construit une maison d'école pour la somme de 25 000 fr. ; tous frais payés, ils ont réalisé un bénéfice de 3264 fr. qu'ils se partagent dans le rapport des nombres 3, 8, 11 ; quelle est la part de chacun d'eux ?

R. Considérons les nombres 3, 8, 11 comme des *actions*, des *parts* ou des *mises* ; nous aurons pour somme $3 + 8 + 11 = 22$, et nous dirons :

Pour 22 parts on a. . . . . . 3264 fr.

1 part. . . . . $\dfrac{3264 \text{ fr.}}{22} = 148^{fr},363$

Donc le 1er ouvrier aura $148^{fr},363 \times 3 = 445^{fr},089$

le 2me. . . . . $148\ ,363 \times 8 = 1186\ ,904$

le 3me. . . . . $148\ ,363 \times 11 = \underline{1631\ ,993}$

Somme des parts. . . . $3263^{fr},986$

779. Un commerçant s'établit avec 30 000 fr. ; 9 mois après il s'adjoint un associé qui lui apporte 17 000 fr.; après deux ans d'association, ils se séparent avec 8950 fr. de bénéfice. Quelle est la part de chaque associé ?

R. Comme les mises et les temps sont inégaux, il faut d'abord, conformément à la règle du n° 282 (*Nouvelle Arith.*, p. 248), chercher *au taux commercial* l'intérêt de la première mise pendant 2 ans 9 mois, et l'intérêt de la seconde mise pendant les 2 ans de l'association. On aura

$$\text{Intérêts de la 1}^{\text{re}}\text{ mise} = \frac{30\,000 \times 6 \times 33}{100 \times 12} = 4950 \text{ fr.}$$

$$\text{Intérêts de la 2}^{\text{me}}\text{ mise} = \frac{17\,000 \times 6 \times 2}{100} = 2010 \text{ fr.}$$

$$\text{Total des intérêts} \quad . \quad . \quad . \quad . \quad 6990 \text{ fr.}$$

En retranchant ces intérêts du bénéfice total 8950^{fr}, on n'a plus à partager que 1960^{fr}, proportionnellement aux mises de chaque associé. On a donc

somme des mises, $30\,000 + 17\,000 = 47\,000^{\text{fr}}$; or, si 47 000^{fr} donnent 1960^{fr} de bénéfice

$$1^{\text{fr}} \text{ donne } \frac{1960}{47\,000} = 0^{\text{fr}},0417021.$$

Donc le 1er aura 0^{fr},0417021 $\times$ 30 000 = 1251^{fr},063

le 2e 0 ,0417021 $\times$ 17 000 =   708 ,935

Par conséquent les deux associés recevront :

Le premier 4950 + 1251,063 = 6201^{fr},063

Le second 2040 + 708,935 = 2748^{fr},935

Total égal ou bénéfice   8949^{fr},998

REMARQUE. — Le mode de répartition suivi dans ce problème diffère complètement de la règle indiquée dans tous les traités d'arithmétique. Les auteurs supposent que la part de gain ou de perte dans une association *est proportionnelle au produit des mises par le temps.*

Comme application de ce principe, un auteur cite cet exemple :

« Un particulier commence une entreprise avec un fonds de 25 000 fr. Cinq mois plus tard, voulant étendre son entreprise, il y intéresse un capitaliste qui lui offre un fonds de 40 000 fr. Six mois après ce premier emprunt, un second capitaliste lui prête une somme de 60 000 fr. Au bout de 2 ans l'entreprise a rapporté un bénéfice de 80 000 fr. ; il est d'ailleurs convenu que le particulier, qui reste seul chargé de l'entreprise, aura une prime de 5 % sur le bénéfice total, outre la part qui lui revient proportionnellement aux fonds qu'il a placés.

On demande la part de chacun des trois co-associés.

La prime de 5 % prélevée, le produit des mises par le temps donne la répartition suivante :

Le premier qui a exposé 25 000 fr. retire 25 308^{fr},41
Le second . . . . . 40 000 . . 26 990 ,65
Le troisième . . . . 60 000 . . 27 700 ,94

Total du bénéfice . . 80 000^{fr}. »

Il suffit de jeter un coup d'œil sur cette répartition pour reconnaître qu'elle est loin d'être équitable ; car tandis que les fonds exposés aux hasards de l'entreprise sont dans le rapport des nombres 25, 40, 60, les bénéfices sont entre eux comme les nombres 25, 26, 27. Un pareil partage est-il admissible ? Évidemment non.

En effet, si dans le placement des capitaux et dans l'escompte des billets, les intérêts sont toujours proportionnels aux sommes et aux temps, il n'en est pas de même pour les fonds engagés dans le commerce et l'industrie ; les capitaux ont ici beaucoup plus d'importance que le temps ; car dans les entreprises commerciales, s'il y a des chances de grands bénéfices, il y a également des chances de pertes considérables.

Il est donc absolument inexact d'affirmer que 10 000 fr. engagés dans une entreprise pour un an ont la même valeur que 20 000 fr. engagés pour 6 mois ou 40 000 fr. engagés pour 3 mois.

Il y a plus ; en fait, ce ne sont pas les premiers actionnaires, c'est-à-dire ceux qui ont exposé leurs fonds le plus longtemps qui sont le plus favorisés. (Voir l'ouvrage de M. Thiers, *De la propriété*.)

Enfin, la proportionnalité des temps et des mises n'est pas seulement condamnée en équité et en fait, elle conduit, en cas de perte, à des résultats absurdes.

Ainsi, dans l'exemple cité plus haut, si les 80 000 fr., au lieu d'être un bénéfice, avaient été une perte, le premier actionnaire aurait été en faillite ; ce qui est inadmissible, puisque le capital social est de 125 000 francs et que le passif n'est que de 80 000 fr.

780. Le *bronze* ou *l'airain* est un alliage composé de 78 parties de cuivre et de 22 parties d'étain ; combien y a-t-il de cuivre et d'étain dans une cloche qui pèse 360 kilog. ?

R. D'après l'énoncé on a

$$\text{Cuivre} = \frac{360 \times 78}{100} = 280^{\text{kg}},8$$

$$\text{Étain} . = \frac{360 \times 22}{100} = 79^{\text{kg}},2$$

$$\text{Total de l'alliage. . . } 360 \text{ kilog.}$$

781. Partager 583^{fr},75 en parties proportionnelles aux nombres $\frac{3}{5}$, $\frac{7}{8}$, $\frac{9}{11}$.

R. En réduisant les fractions proposées au même dénominateur, on a $\frac{264}{440}$, $\frac{385}{440}$, $\frac{360}{440}$.

Ces trois fractions ayant même dénominateur sont proportionnelles à leur numérateur ; le partage de 583^{fr},75 se fera proportionnellement aux nombres 264, 385, 360, dont la somme est 1009. On dira donc

$$\text{Pour 1009 fr. on a . . } 583^{\text{fr}},75$$

$$\text{Pour } 1 \text{ fr. . . . . } \frac{583,75}{1009} = 0^{\text{fr}},578543.$$

Donc,

$$1^{\text{re}} \text{ part} = 0{,}578543 \times 264 = 152^{\text{fr}}{,}735$$
$$2^{\text{me}} \text{ part} = 0{,}578543 \times 385 = 222 \ {,}739$$
$$3^{\text{me}} \text{ part} = 0{,}578543 \times 360 = 208 \ {,}275$$
$$\text{Total des parts.} \quad . \quad 583^{\text{fr}}{,}749$$

782. Le savon de Marseille est composé de 60 parties d'huile d'olive, de 6 parties de soude et de 34 parties d'eau ; combien faudra-t-il d'huile et de soude pour fabriquer 75 pains de savon pesant en moyenne 19 kilog. ?

R. Les 75 pains de savon pèsent $19^{\text{kg}} \times 75 = 1425$ kilog. et d'après la composition du savon, il faudra

$$\text{Pour l'huile} \quad \frac{1425 \times 60}{100} = 855 \text{ kilog.}$$

$$\text{Pour la soude} \quad \frac{1425 \times 6}{100} = 85^{\text{kg}}{,}5.$$

783. Combien faudra-t-il de cuivre et d'argent pour obtenir 1500 fr. en pièces divisionnaires ?

R. 1500 fr. en monnaie d'argent pèsent $5^{\text{gr}} \times 1500 = 7500^{\text{gr}}$.

On aura donc, d'après le titre des monnaies divisionnaires

$$\text{Argent pur} \ldots \ldots \quad \frac{7500 \times 835}{1000} = 6262^{\text{gr}}{,}5$$

$$\text{Cuivre} \ldots \ldots \quad \frac{7500 \times 165}{1000} = 1237^{\text{gr}}{,}5$$

$$\text{Total de l'alliage} \ldots \ldots \quad 7500 \text{ gr.}$$

784. Les dépenses nécessaires pour dessécher un étang sont évaluées à 54 600 fr. ; elles doivent être réparties entre trois communes proportionnellement à la superficie des terrains submergés ; la première est intéressée pour une étendue de $411^{\text{ha}}{,}70$; la seconde, pour $167^{\text{ha}}{,}80$; la troisième, pour $328^{\text{ha}}{,}50$. Comment la dépense sera-t-elle répartie ?

R. La superficie totale des trois parcelles $= 908$ hectares. On aura donc

pour 908^{ha} on dépense $54 600^{\text{fr}}$

$$\text{pour} \quad 1^{ha} \text{ on dépensera } \frac{54\,600}{908} = 60^{fr},13215$$

Donc les trois communes payeront :

$$
\begin{aligned}
\text{La .1}^{re} & \quad . \quad . \quad . \quad 60^{fr},13215 \times 411^{ha},70 = 24756^{fr},406 \\
\text{La 2}^{me} & \quad . \quad . \quad . \quad 60\,,13215 \times 167\,,80 = 10090\,,174 \\
\text{La 3}^{me} & \quad . \quad . \quad . \quad 60\,,13215 \times 328\,,50 = \overline{19753\,,411} \\
\end{aligned}
$$

$$\text{Total des parts contributives.} \quad \overline{54\,599^{fr},991}..$$

785. Une Compagnie de chemin de fer est fondée au capital de 375 mille actions de 500 fr.; l'exploitation de la ligne, dettes, charges et réserves prélevées, a donné pour un an un bénéfice net de 16 200 000 fr. Quel sera le dividende à distribuer aux actionnaires et quel est pour le capital social le taux du placement ?

R. On aura pour le dividende et pour le taux demandés

$$\text{Dividende} = \frac{16\,200\,000}{375\,000} = 43^{fr},20 \text{ par action ;}$$

pour trouver le taux du placement, on dira

$$
\begin{aligned}
500 \text{ fr. rapportent.} \quad . \quad . \quad & 43^{fr},20 \\
100 \text{ fr.} \quad . \quad . \quad . \quad . \quad . \quad & \frac{43\,,20}{5} = 8^{fr} \quad \text{p. }^o/_o.
\end{aligned}
$$

786. Une personne qui doit 1000 fr. obtient d'acquitter sa dette en souscrivant deux billets d'ÉGALE SOMME, l'un à 6 mois l'autre à un an, en tenant compte de l'intérêt à 4 %. Quelle sera la somme inscrite sur chaque billet ? (Application de la formule du n° 275, *Nouvelle Arithmétique,* p. 232).

R. Les sommes inscrites sur les deux billets devant être égales et comprendre leurs intérêts nous ramènent à la formule $c = \dfrac{C}{1+i}$ dans laquelle c représente le capital primitif au moment du placement, C le capital primitif, augmenté de ses intérêts et i l'intérêt de 1 fr. pendant toute la durée du placement.

Dans la question proposée on ne connaît ni le capital primitif, ni le capital augmenté de ses intérêts, c'est-à-dire qu'on ne connaît ni c ni C ; mais on exige que les deux billets portent la MÊME SOMME.

Admettons, pour un instant, que les deux billets soient chacun de 100 fr. (capital et intérêts compris), la question est alors ramenée aux deux questions suivantes :

1° *Quel est le capital primitif qui, placé pendant* 6 *mois à* 4 % *est devenu* 100 *fr. (capital et intérêts compris.)?*

2° *Quel est le capital primitif qui, placé pendant* 1 *an à* 4 % *est aussi devenu* 100 *fr. (capital et intérêts compris)?*

La formule citée plus haut donne immédiatement

$$1° \text{ Capital primitif pour six mois} = \frac{100^{fr}}{1^{fr},02} = 98^{fr},0392.$$

$$2° \text{ Capital primitif pour un an} = \frac{100^{fr}}{1^{fr},04} = 96^{fr},1538$$

En d'autres termes, il faut placer $98^{fr},0392$ au 4 % pour retirer 100 fr. au bout de 6 mois, et placer $96^{fr},1538$ au 4 % pour retirer 100 francs au bout d'un an.

D'où il suit qu'avec $98^{fr},0392 + 96^{fr},1538$ ou une somme de $194^{fr},193$ on peut faire souscrire deux billets de 100 fr. chacun, payables l'un à 6 mois, l'autre à un an.

Cela posé, autant de fois les 1000 fr., capital primitif, contiendront $194^{fr},193$, autant de fois on aura 100 fr. à inscrire sur chacun des deux billets.

La division de 1000^{fr} par $194^{fr},193$ donne 5,14951.

Donc enfin la somme à inscrire sur chaque billet sera égale à $5,14951 \times 100 = 514^{fr},95$.

REMARQUE. — On peut déterminer les *capitaux primitifs* des deux billets, en partageant les 1000 fr. proportionnellement aux nombres déjà trouvés 98,0392 et 96,1538 dont la somme est $194^{f},193$; on dira donc à 194^{fr},193 correspondent. . 1000 fr.

à 1^{fr} . . . . $\dfrac{1000}{194,193} = 5^{fr},14951.$

D'où il suit que les deux capitaux primitifs des deux billets auront pour valeur :

le 1er 5,14951 $\times$ 98,0392 $=$ 504^{fr},854
le 2e 5,14951 $\times$ 96,1538 $=$ 495^{fr},146
Valeur actuelle des deux billets, 1000^{fr}.

Quand on connaît les capitaux primitifs il est facile de calculer la valeur nominale de chaque billet, ce qui vérifie l'exactitude de la solution.

787. Trois frères âgés l'un de 15 ans, l'autre de 11 ans et le plus jeune de 8 ans, héritent ensemble de 45 000 fr. ; mais ils ne peuvent retirer leur part d'héritage qu'à 21 ans. Comment la répartition doit-elle être faite *actuellement*, s'il faut que chaque héritier reçoive à 21 ans la MÊME SOMME formée de sa *part actuelle* et des intérêts simples accumulés ? (Application du probl. précédent.)

R. En raisonnant comme dans le problème qui précède, c'est-à-dire en supposant que la somme à toucher à 21 ans par chaque frère soit de 100 fr., la 1re question à résoudre consiste à déterminer le CAPITAL ACTUEL qu'il faudrait placer à intérêt simple pour que chaque frère retirât 100 fr. à 21 ans.

Il faut d'abord chercher le temps qui s'écoule pour chaque frère, de son âge actuel à sa majorité ; on trouvera

Pour l'aîné, de 15 à 21 $=$ 6 ans.
Pour le cadet de 11 à 21..... 10 ans.
Pour le plus jeune de 8 à 21..... 13 ans.

Calculant ensuite l'intérêt de 1^{r} à 5 % pour ces trois périodes on aura 1^{r},30 pour 6 ans ; 1^{r},50 pour 10 ans et 1^{r},65 pour 13 ans.

Alors d'après la formule $c = \dfrac{C}{1+i}$, on aura pour la *valeur actuelle* de 100 francs

100^{fr} payables dans 6 ans $=$ . . $\dfrac{100}{1,30} = 76^{fr},9230$

$$100^{\text{fr}} \text{ payables dans 10 ans} = \ldots \quad \frac{100}{1,50} = 66^{\text{fr}},6667$$

$$100^{\text{fr}} \text{ payables dans 13 ans} = \ldots \quad \frac{100}{1,65} = 60^{\text{fr}},6060.$$

Ainsi, pour retirer 100 fr. à 21 ans, il faut que l'aîné place actuellement $76^{\text{fr}},923$; le cadet $66^{\text{fr}},6667$ et le plus jeune $60^{\text{fr}},606$.

Cela posé, pour faire la répartition de l'héritage conformément à l'énoncé, il faudra partager les 45 000 fr. proportionnellement aux nombres $76^{\text{fr}},923$; $66^{\text{fr}},6667$; $60^{\text{fr}},606$ dont la somme est $204^{\text{fr}},1957$.

On dira donc

$$\text{à } 204,1957 \text{ correspondent.} \quad 45\,000^{\text{fr}}$$

$$\text{à } 1. \ldots \ldots \ldots \quad \frac{45\,000}{204,1957} = 220^{\text{fr}},3768$$

On aura donc enfin

Pour l'aîné. . . $220^{\text{fr}},3768 \times 76,923 = 16\,952^{\text{fr}},04$

Pour le cadet. . $220 \ ,3768 \times 66,6667 = 14\,691 \ ,79$

Pour le jeune. . $220 \ ,3768 \times 60,606 = 13\,356 \ ,16$

Total égal . . $44\,999^{\text{fr}},99$

Vérification.

1° En plaçant $16\,952^{\text{fr}},04$ à 5 % pendant 6 ans, l'aîné retirera à sa majorité

$$1^{\text{fr}},30 \times 16952^{\text{fr}},04 = 22\,037^{\text{fr}},652.$$

2° Avec $14\,691^{\text{fr}},79$ placés pendant 10 ans à 5 %, le cadet à 21 ans retirera

$$1^{\text{fr}},50 \times 14\,691^{\text{fr}},79 = 22\,037^{\text{fr}},685.$$

3° Avec $13\,356^{\text{fr}},16$ placés pendant 13 ans à 5 %, le plus jeune à 21 ans retirera

$$1^{\text{fr}},65 \times 13\,356^{\text{fr}},16 = 22\,037^{\text{fr}},664.$$

Les parts sont donc égales à 1 ou 2 centimes près.

PROBLÈMES

SUR LES MOYENNES.

788. Quelle est la moyenne des nombres 20, 27, 32, 18 ?

R. La moyenne des quatre nombres est $97 : 4 =$ 24,25.

789. Calculer la moyenne des fractions : $\frac{2}{3}$ $\frac{5}{11}$ $\frac{9}{17}$.

R. Les trois fractions réduites au même dénominateur sont $\frac{374}{561}$, $\frac{255}{561}$, $\frac{294}{561}$ dont la somme est $\frac{926}{561}$; le tiers de cette dernière fraction ou $\dfrac{926}{561 \times 3} = \dfrac{926}{1683}$ est la fraction moyenne demandée.

790. En mesurant deux fois la hauteur d'un édifice on trouve d'abord $21^m,38$ et ensuite $21^m,43$; quel nombre doit-on prendre ?

R. On doit prendre la moyenne des deux mesures, c'est-à-dire leur somme divisée par 2, ce qui donne $21^m,405$.

791. Un thermomètre marque $8^o,4$ à 6 heures du matin ; $21^o,7$ à midi et $16^o,3$ à 6 heures du soir ; quelle est la température moyenne du jour ?

R. La température moyenne demandée est $15^o,466$.

792. On achète un vignoble qui donne 135 hectol. la 1re année, 164^{hl} la 2me année, 196^{hl} la 3me année et 214^{hl} la 4mo année. Quel est le produit moyen du vignoble ?

R. La somme des quatre récoltes est 709^{hl} dont le quart est $177^{hl},25$ pour la moyenne demandée.

793. Un capitaliste achète 20 actions des chemins de fer d'Orléans ; 7 au cours de $1223^{fr},75$ et les autres au cours de $1218^{fr},50$. Quel est le prix moyen d'une action ?

R.

7 actions à $1223^{fr},75 =$		$8566^{fr},25$
13 actions à 1218 ,50 $=$		$15840^{fr},50$
Les 20 actions ont coûté. . .		$24406^{fr},75$

Donc une action coûte en moyenne $1220^{fr},3375$.

794. Le cours de la rente 3 %/₀ a subi le même jour les variations suivantes : 78ʳʳ,55 ; 79ʳʳ,05 ; 78ʳʳ,90 ; 78ʳʳ,32 ; 78ʳʳ,75. Quel a été le cours moyen du 3 %/₀ à la Bourse de ce jour?

R. Le cours moyen de la rente a été de 78ʳʳ,71.

PROBLÈMES

SUR L'ÉCHÉANCE MOYENNE.

795. On a trois billets le 1ᵉʳ de 2600 fr. à 3 mois; le 2ᵐᵉ de 3000 fr. à 7 mois; le 3ᵐᵉ de 4000 fr. à 5 mois; on veut les remplacer par un billet unique; quelle sera son échéance?

R. D'après la méthode indiquée (*Nouvelle Arith.,* p. 253) on a

1ᵉʳ billet	2600 × 3 =	7 800ʳʳ
2ᵐᵉ billet	3000 × 7 =	21 000
3ᵐᵉ billet	4000 × 5 =	20 000
	9600	48 800ʳʳ

Donc l'échéance sera égale à 48 800 : 9600 = 5 mois $\frac{1}{12}$ de mois, ou mieux 5 mois 3 jours.

796. Trouver l'échéance moyenne de deux sommes, dont l'une de 350 fr. payable dans 45 jours, et l'autre de 780 fr. payable dans cinq mois et demi.

R. On aura de même

1ᵉʳ billet	350 × 45j =	15 750 fr.
2ᵉ billet	780 × 165 =	128 700
	1130	144 450 fr.

La division de 144 450 par 1130 donne pour l'échéance moyenne demandée 127 jours et une fraction de jour. L'échéance doit être portée à 128 jours.

797. On remet à un banquier, le 5 juin, les effets suivants : un effet de 540 fr. payable le 16 juin ; un effet de 960 fr. payable le 28 juin ; un effet de 1225 fr. payable le 3 juillet ; un effet de 1410 francs, payable le 2 septembre. Le banquier donne en échange un bon sur sa caisse à l'échéance commune des billets, en retenant un demi pour %/₀ de commission. On demande la date et la valeur de ce *Bon de caisse.*

R. Déterminons d'abord le nombre de jours qui doivent s'écouler du 5 juin à l'échéance de chaque billet, nous aurons

Du 5 juin au 16 juin 11 jours pour le 1ᵉʳ billet.
Du 5 juin au 28 juin 23 jours pour le 2ᵉ billet.
Du 5 juin au 3 juillet 28 jours pour le 3ᵉ billet.
Du 5 juin au 2 septembre 89 jours pour le 4ᵉ billet.

Cela posé, la règle citée plus haut donne

$$
\begin{array}{rcl}
540 \times 11 &=& 5940 \\
960 \times 23 &=& 22080 \\
1225 \times 28 &=& 34300 \\
1410 \times 89 &=& 125490 \\
\hline
4135 & & 187810 : 4135 = 45,419
\end{array}
$$

ou mieux 46 jours.

L'échéance commune étant de 46 jours, la date du bon de caisse sera au 21 juillet.

D'un autre côté, le banquier retient $\frac{1}{2}\%$ de commission sur la somme totale des billets; la valeur du bon de caisse sera donc de $4135^{fr} - 20^{fr},67 = 4114^{fr},33$.

798. Un débiteur s'acquitte d'une dette de 1500 fr. en payant 100 fr. par mois; quelle est l'échéance commune de ces paiements?

R. Ce problème, comme ceux qui précèdent, est fondé sur ce principe qu'*une somme placée pour 5 mois, par exemple, à un taux quelconque rapporte le même intérêt qu'une autre somme 5 fois plus grande placée au même taux pendant 1 mois.*

Ce principe résulte évidemment de la proportionnalité des capitaux, des temps et des intérêts.

Cela posé on dira

100 fr. en 1 mois, même intérêt que	100 fr. en 1 mois.
100 fr. en 2 mois	200 fr. en 1 mois.
100 fr. en 3 mois	300 fr. en 1 mois.
100 fr. en 4 mois	400 fr. en 1 mois.
. . . .	. . . .
. . . .	. . . .
100 fr. en 13 mois	1300 fr. en 1 mois.
100 fr. en 14 mois	1400 fr. en 1 mois.
100 fr. en 15 mois	1500 fr. en 1 mois.
1500 fr. en x mois, même intérêt que	12000 fr. en 1 mois.

Du principe ci-dessus il résulte que si on connaissait l'échéance commune des 1500 fr., en multipliant cette échéance par 1500 fr. (capital réel) on aurait pour produit 12000 fr. ; on obtiendra donc cette échéance en divisant 12000 fr. par 1500 fr. La division donne 8 mois pour l'échéance cherchée.

En effet, 1500 fr. dans 8 mois produisent le même intérêt que 12000 fr. en un mois.

(Voir, à la fin du volume, comme complément de la règle sur l'échéance commune les trois problèmes n°s 10, 15 et 19 de la IIIe série, BREVET COMPLET).

PROBLÈMES

SUR L'ALLIAGE ET LES MÉLANGES.

799. En mêlant ensemble 3 kilog. de café Saint-Domingue à $3^{fr},40$ le kilog. avec $2^{kg},5$ de café Martinique à $4^{fr},35$ on a un bon mélange dont on demande le prix moyen.

R. D'après la règle des mélanges on a

$$
\begin{array}{llll}
3^{kg} & \text{à} \ldots & 3^{fr},40 = & 10^{fr},20 \\
2^{kg},5 & \text{à} \ldots & 4^{fr},35 = & 10\ ,875 \\
\hline
5^{kg},5 & \text{valent.} \ldots & & 21^{fr},075
\end{array}
$$

La division de $21^{fr},075$ par $5^{fr},5$ donne $3^{fr},83$ pour le prix moyen du kilog.

800. On fond ensemble 115 grammes d'or au titre de 0,920 et 85 grammes à 0,765. Quel est le titre de l'alliage ainsi obtenu ?

R. On sait que pour obtenir la quantité d'or pur contenu dans un lingot, *il faut multiplier le poids du lingot par son titre.* (*Nouvelle Arith.*, p. 160). On aura donc

$$
\begin{array}{llll}
115^{gr} & \text{à} \quad 0,920 & \text{donnent} & 105^{gr},800 \text{ d'or pur.} \\
85^{gr} & \text{à} \quad 0,765 & \text{donnent} & 65\ ,025 \\
\hline
200^{gr} & \text{contiennent.} \ldots & & 170^{gr},825 \text{ d'or pur.}
\end{array}
$$

Donc, d'après la définition du titre, l'alliage obtenu aura pour titre $170^{gr},825 : 200 = 0,854$ ou $\frac{854}{1000}$.

801. Quelle différence y a-t-il entre un mélange et un alliage?

R. On a donné le nom d'*alliage* à la *combinaison* ou à l'union intime de deux ou de plusieurs métaux fondus ensemble.

On appelle *mélange* le résultat qu'on obtient en mettant ou en remuant ensemble plusieurs corps qui diffèrent entre eux par leur nature ou par leur qualité.

Que l'on mette, par exemple, de la limaille de cuivre et de zinc dans un creuset et que l'on agite le tout, on n'obtiendra qu'un simple mélange, dans lequel l'œil apercevra des parties blanches appartenant au zinc et des particules rouges de cuivre ; mais que le vase soit placé sur un foyer ardent, les deux limailles fondront et les deux métaux s'uniront d'une manière intime pour donner naissance à un *corps nouveau,* d'un beau jaune d'or : c'est le *laiton,* qui est un alliage de cuivre et de zinc.

L'air est un *mélange* d'oxygène et d'azote dans la proportion de 21 parties d'oxygène et de 79 d'azote sur 100 parties d'air; mais l'eau est une combinaison de deux gaz oxygène et hydrogène dans la proportion d'un volume d'oxygène et de deux volumes d'hydrogène.

Le mélange conserve plus ou moins les propriétés des corps qui le composent; dans la combinaison, au contraire, on obtient des résultats qui ont presque toujours des propriétés physiques et chimiques toutes différentes.

Le nom d'alliage est réservé à la combinaison des métaux, sauf le mercure dont les combinaisons avec un autre métal prennent le nom d'*amalgames.*

802. Si on mêle 12 hectol. de vin à $0^{fr},50$ avec 23 hectol. d'un autre vin à $0^{fr},75$ quel sera le prix d'un hectol. du mélange ?

R. La règle connue donne

12 hectol. à 50 fr.	600 fr.
23 à 75	1725
35 hectol. coûtent.	2325 fr.

Donc le prix moyen d'un hectolitre de mélange est $2325 : 35 = 66^{fr},429$.

803. On fait fondre dans un creuset 15 pièces de 5 fr. et 21 pièces de 2 fr. ; on demande le titre de l'alliage ainsi obtenu.

R. 15 pièces de 5 fr. pèsent $25^{gr} \times 15 = 375^{gr}$ et 21 pièces de 2 fr. pèsent $10^{gr} \times 21 = 210^{gr}$; on aura donc

375^{gr} au titre de 0,900 donnent $337^{gr},50$ argent pur ;
210 . . . . . 0,835 . . . 175 ,35
—————
585 gr. renferment . . . . . $512^{gr},85$ argent pur.

Donc le titre du lingot obtenu est égal à $512,85 : 585 = 0,876$.

804. Une jarre contient déjà 7 décal. d'huile d'olive à $18^{fr},50$ le décalitre ; on ajoute 12 décal. d'une autre huile à $14^{fr},25$ le décalitre ; quel est le prix du mélange ?

R. On aura par la même méthode

7 décal. à $18^{fr},50$. . . . . . . $129^{fr},50$
12   14 ,25 . . . . . . 171 ,»
—————
19 décal. coûtent. . . . . . . $300^{fr},50$

Donc 1 décalitre du mélange revient à $300^{fr},50 : 19 = 15^{fr},815$.

805. On a fondu ensemble trois lingots d'argent : le 1er au titre de 0,800 pèse $2^{kg},7$; le 2me au titre de 0,850 pèse $1^{kg},6$ et le 3me au titre de 0,900 pèse $1^{kg},65$; quel est le poids et quel est le titre du nouveau lingot ?

R. D'après l'observation rappelée au problème 800 on aura

$2^{kg},7$ au titre 0,800 donnent $2^{kg},16$ argent pur.
1 ,6 . . . 0,850 . . . 1 ,36
1 ,65 . . . 0,900 . . . 1 ,485
—————
$5^{kg},95$ contiennent . . . . $5^{kg},005$ argent pur.

Le titre du nouveau lingot est donc égal à $5^{kg},005 : 5^{kg},95 = 0,841$ ou $\frac{841}{1000}$.

Deuxième cas de la règle d'alliage.

806. Combien faut-il ajouter d'or pur à un alliage d'or au titre de 0,825 pesant $2^{kg},6$ pour l'élever au titre des monnaies?

R. Nous avons indiqué dans le problème 574 comment on peut résoudre les questions de ce genre ; ainsi, d'après cette méthode, on cherchera combien il y a de cuivre dans le lingot proposé; on trouvera $2^{kg},6 \times 0,175 = 0^{kg},455$ de cuivre, et comme cette quantité *est constante* et que dans le nouveau lingot au titre de 0,900 cette quantité de cuivre forme la 10e partie du poids total, il en résulte que le nouveau lingot pèsera $0^{kg},455 \times 10 = 4^{kg},550$; d'où il suit que la quantité d'or à ajouter au lingot pour avoir le titre demandé est égal à $4^{kg},550 — 2^{kg},6$ (poids du 1er lingot) $= 1^{kg},950$.

Mais on peut appliquer la méthode du *titre moyen* (*Nouvelle Arith.*, DEUXIÈME QUESTION, p. 257), en supposant qu'on a 2 lingots d'or l'un au titre de $\frac{1000}{1000}$ et l'autre au titre de $\frac{835}{1000}$; dans ce cas, la question à résoudre est celle-ci :

Quelle quantité faut-il prendre de l'un et de l'autre lingot pour avoir un nouveau lingot au titre de $\frac{900}{1000}$?

Disposition du calcul.

1er lingot 1000		75^{gr}
	900	
2e lingot 825		100^{gr}

On a placé le titre le plus élevé 1000 en première ligne et au-dessous le titre inférieur 825 ; au milieu et un peu à droite le titre moyen 900, on cherche ensuite la différence de chaque titre au titre moyen 900; la première différence de 1000 à 900 ou 100 est inscrite à droite en face du titre inférieur ; la seconde différence de 825 à 900 ou 75 est inscrite en face du titre supérieur, comme l'indique le tableau.

Il résulte de là qu'il faut prendre 75 gr. du lingot à $\frac{1000}{1000}$ et 100 gr. du lingot à $\frac{825}{1000}$; mais ces nombres 75 et 100 n'ont rien d'absolu et indiquent, avons-nous dit, un simple rapport. En d'autres termes, *s'il faut 75 gr. d'or pur pour 100 gr. du lingot à 0,825 combien faudra-t-il d'or pur pour les 2ᵏᵍ,6 ou les 2600 gr. de ce lingot ?* on dira

Pour   100 gr. du lingot il faut   75ᵍʳ .. d'or pur ;

pour   1 gr. . . . . $\dfrac{75}{100}$

pour 2600 gr. . . . . $\dfrac{75 \times 2600}{100} = 1950^{gr}$.

Résultat conforme à la première solution.

Démonstration. Pour obtenir le titre moyen de 0,900 il faut prendre 75 gr. du 1ᵉʳ lingot à $\frac{1000}{1000}$ et 100 gr. du 2ᵐᵉ lingot à $\frac{825}{1000}$.

La démonstration consiste à prouver que l'abaissement du titre du 1ᵉʳ lingot de $\frac{1000}{1000}$ à $\frac{900}{1000}$ compense exactement l'élévation du titre du second lingot de $\frac{825}{1000}$ à $\frac{900}{1000}$.

En effet, chaque gramme du lingot à $\frac{1000}{1000}$ descendant au titre de $\frac{900}{1000}$ perd $\frac{100}{1000}$ d'or et comme on en prend 75 grammes on aura

$$\text{Perte du 1}^{er}\text{ lingot} = 75 \text{ fois } \frac{100}{1000} = \frac{75 \times 100}{1000}.$$

D'un autre côté, chaque gramme du 2ᵉ lingot porté à $\frac{900}{1000}$ gagne $\frac{75}{1000}$ d'or, et comme on en prend 100 gr. on a

$$\text{Gain du 2}^{me}\text{ lingot} = 100 \text{ fois } \frac{75}{1000} = \frac{100 \times 75}{1000}.$$

La perte étant égale au gain, il y a compensation.

807. Combien faut-il ajouter de cuivre à un lingot d'argent au titre de 0,950 et pesant 6ᵏᵍ,4 pour abaisser ce titre à 0,835 ?

R. Ce problème est la reproduction presque identique du problème 575. Il ne reste plus qu'à en donner la solution par la méthode du *titre moyen.*

Le titre du lingot proposé est à $\frac{950}{1000}$. Le titre d'un lingot de cuivre est à $\frac{0}{1000}$ d'argent et le titre moyen à $\frac{835}{1000}$. On aura donc

Disposition du calcul.

1er lingot   950   835

                             835

Lingot de cuivre   0   115

Il résulte de là qu'il faut allier 835^{gr} du 1er lingot à 115^{gr} de cuivre pour obtenir un lingot au titre de 0,835 et qui pèsera $835 + 115 = 950$ grammes.

En d'autres termes, sur 950^{gr} du nouvel alliage, il y a 835^{gr} du lingot proposé et 115^{gr} de cuivre pur. Donc, puisque le lingot proposé pèse 6^{kg},4 ou 6400 gr., autant de fois ce poids contiendra 835 gr. autant de fois il faudra prendre 115 gr. de cuivre, c'est-à-dire qu'on a l'expression

$$\text{Poids du cuivre} = \frac{6400^{gr} \times 115}{835} = 881^{gr},4.$$

Il faut donc allier 881^{gr},4 de cuivre aux 6^{kg},4 du lingot d'argent pour avoir le lingot demandé dont le poids total sera 7^{kg},2814.

Démonstration. Même démonstration que dans le problème précédent.

Vérification. Les 6^{kg},4 du lingot donné contiennent $6^{kg},4 \times 0,950 = 6^{kg},08$ d'argent fin.

On aura donc pour le titre du nouveau lingot 6^{kg},08 : 7,2814 $= 0,835$ titre proposé.

REMARQUE. — Nous avons insisté sur les solutions des problèmes 806 et 807 parce qu'ils sont les problèmes fondamentaux de la règle d'alliage.

Si on avait plus de deux lingots, trois par exemple, deux ayant un titre supérieur au titre moyen et un inférieur à ce titre, on ramènerait la question à la précédente en cherchant d'abord combien il faut prendre du 1er lingot et du 3e pour avoir un lingot au titre moyen, puis combien il faut prendre du 2e et du 3e pour avoir également un autre lingot au titre moyen. Il ne resterait plus qu'à faire la *somme des deux quantités à prendre sur le 3e lingot*. La question serait résolue puisqu'on connaîtrait 1° ce qu'il faut prendre du premier lingot ; 2° ce qu'il faut prendre du deuxième ; 3° ce qu'il faut prendre du troisième.

Rappelons encore que les nombres obtenus n'expriment que des rapports.

808. Dans quelles proportions faut-il mélanger du vin à $0^{fr},70$ le litre avec du vin à $0^{fr},45$ pour avoir 6 hectolitres et demi d'un mélange coûtant $0^{fr},60$ le litre ?

R. Conformément à la méthode du prix moyen on aura

Disposition du calcul.

70		15
	60	
45		10

Il résulte de là qu'il faut prendre 15 litres du premier vin et 10 litres du second, ou bien que la quantité du premier vin doit être à celle du second dans le rapport de 15 à 10 ou bien encore que le premier vin formera les $\frac{15}{25}$ du mélange et le second, les $\frac{10}{25}$. Par conséquent, pour avoir 6 hectol. et demi de mélange ou 650 litres, on prendra

$$\frac{15}{25} \text{ de 650 litres. . . 390 l. du vin à } 0^{fr},70$$

$$\text{et } \frac{10}{25} \text{ de 650 l. . . . 260 . . . . 0 ,45}$$

Total égal. . . 650 litres.

809. Combien faut-il mêler d'eau bouillante à 100° avec de l'eau à 12° pour avoir un bain à 31 degrés ?

R. Par la même méthode on a

100°		19
	31°	
12°		69

Il faudra donc mêler l'eau à 100° et l'eau à 12° dans le rapport de 19 à 69, ou bien prendre $\frac{19}{88}$ d'eau à 100° et $\frac{69}{88}$ d'eau à 12°.

Démonstration. Ici comme dans les problèmes qui précèdent, la solution est basée sur le *principe de la compensation*.

En effet, supposons que l'on prenne 19 litres ou mieux 19 kilog. à 100° et appelons CALORIE la *quantité de chaleur* nécessaire pour élever d'un degré la température d'un kilogramme d'eau.

Les 19 kilog. tombant de 100° à 31° perdent chacun 69 calories et en tout $69 \times 19 = 1311$ calories. Mais en prenant 69 kilog. à 12°, si les 69 kilog. sont portés à 31°, chaque kilog. gagne 19 calories, ce qui fait en tout un gain de $19 \times 69 = 1311$ calories. Le gain et la perte se compensent exactement; le problème est donc résolu.

Il est indispensable de faire observer que le problème n'est vrai que pour le *même* liquide ayant des températures différentes, mais ne changeant pas d'état, c'est-à-dire restant toujours liquide.

810. On a 20 litres d'alcool à 85° ; combien faut-il ajouter d'eau pour avoir une eau-de-vie marquant 53° à l'alcoomètre centésimal?

R. Cherchons d'abord dans quelle proportion il faut mélanger de l'alcool à 85° avec de l'eau, pour avoir un liquide marquant 53° à l'alcoomètre, et remarquons que dans ce mélange l'eau joue le même rôle que le cuivre dans les alliages d'or et d'argent. Il faudra donc, comme on l'a fait pour le cuivre, représenter l'eau par 0° d'alcool; on a alors le tableau suivant :

Alcool . . 85°		53
	53°	
Eau. . . 0°		32

D'où il résulte que pour abaisser le degré de l'alcool de 85° à 53°, il faut mélanger 53 parties d'alcool avec 32 parties d'eau, c'est-à-dire que sur 85 litres de mélange il faut 53 litres d'alcool et 32 litres d'eau.

Cela posé, on dira

$$\text{Pour 53 l. alcool à 85}^\circ \text{ il faut} \quad \text{32 l. eau,}$$

$$1 \text{ l.} \ldots \ldots 85^\circ \ldots \quad \frac{32}{53}$$

$$20 \text{ l.} \ldots \ldots 85^\circ \ldots \quad \frac{32 \times 20}{53} = 12^l,075.$$

Démonstration. Chaque litre d'alcool à 85° perd 32° en s'abaissant à 53°. La *perte* pour les 20 litres proposés est donc égale à $32^\circ \times 20 = 640^\circ$; mais les $12^l,075$ d'eau qu'on ajoute gagnent chacun 53°; le *gain* égale donc $53^\circ \times 12,075 = 639^\circ,98\ldots$ Le gain égale la perte, il y a compensation.

Vérification. Quand l'alcoomètre centésimal marque 70°, par exemple, cela signifie que sur 100 litres il y a 70 litres d'alcool pur et 30 litres d'eau, c'est-à-dire que la quantité d'alcool pur est exprimée par la fraction $\frac{70}{100}$ qui représente ici le TITRE du liquide (esprit-de-vin, eau-de-vie, etc.) comme $\frac{835}{1000}$ expriment le titre d'un lingot d'argent.

Cela admis, la vérification s'opérera comme pour les matières d'or et d'argent. Ainsi on aura

$$20 \text{ l. à } 85^\circ = 20 \times \tfrac{85}{100} = 17 \text{ litres alcool pur.}$$

Après le mélange, on doit retrouver les **17** litres d'alcool pur dans les $32^l,075$ qui forment ce mélange ; on a, en effet

$$32^l,075 \text{ à } 53^\circ = 32^l,075 \times \tfrac{53}{100} = 17 \text{ litres d'alcool pur.}$$

La solution est donc exacte.

EXTRACTION DES RACINES.

RACINES CARRÉES.

Racine carrée des nombres entiers. — Exercices.

811. $\sqrt{576} = R.\ 24$; $\quad \sqrt{1444} = R.\ 38$;
$\sqrt{625} = R.\ 25$.

812. $\sqrt{4761} = R.\ 69$; $\quad \sqrt{15129} = R.\ 123$;
$\sqrt{225625} = R.\ 475$.

813. $\sqrt{46744569} = R.\ 6837$;
$\sqrt{2042678416} = R.\ 45196$.

814. $\sqrt{94249} = R.\ 307$; $\quad \sqrt{4900} = R.\ 70$;
$\sqrt{49056016} = R.\ 7004$.

815. $\sqrt{5428} = R.\ 73$ plus 99 pour reste.
$\sqrt{14315} = R.\ 119$ plus 154 pour reste.
$\sqrt{809041} = R.\ 899$ plus 840 pour reste.

PROBLÈMES.

816. Quel est le nombre qui, multiplié par lui-même, donne pour produit 824464 ?

R. Le nombre demandé est égal à la racine carrée de 824464 ; ce nombre égale 908.

817. On compte 66 564 pieds de vigne également espacés, dans un vignoble de forme carrée ; combien y a-t-il de pieds de vigne à chaque rangée ?

R. En extrayant la racine carrée de 66564 on trouve 258 pieds de vigne pour chaque rangée.

818. Quand deux nombres diffèrent entre eux d'une unité, quelle est la différence de leurs carrés ?

R. Quand deux nombres diffèrent entre eux d'une

unité, *la différence de leurs carrés égale deux fois le plus petit nombre, plus* 1. C'est ce qu'il est facile de vérifier en prenant, par exemple, les carrés des dix premiers nombres naturels 1, 2, 3, etc; Ainsi 6 et 7 sont deux nombres qui diffèrent d'une unité, leurs carrés 36 et 49 diffèrent de 2 fois 6 $+$ 1 ou 13, etc.; mais pour démontrer cette proposition, il faut avoir recours à une multiplication algébrique.

Soit donc un nombre quelconque n dont le carré est n^2; cherchons quel est le carré de $n+1$; la multiplication algébrique donne

$$
\begin{array}{r}
n + 1 \\
n + 1 \\
\hline
n^2 + n \\
+ n + 1 \\
\hline
\text{Carré} = n^2 + 2n + 1
\end{array}
$$

Ce produit montre clairement que la différence du carré de n au carré de $n + 1$ est $2n + 1$, c'est-à-dire *deux fois le plus petit nombre plus* 1.

819. La somme de deux nombres est 19 et la somme de leurs carrés est 193 ; quels sont ces deux nombres ? — Donner la règle générale ?

R. D'après l'énoncé,
La somme des deux nombres $=$ 19.
La somme des carrés de ces deux nombres $=$ 193.

En généralisant la formation d'un carré dont la racine est la somme de deux nombres (*Nouvelle Arith.*, p. 263 et *Algèbre*, p. 30) on trouve que le carré contient

1° *Le carré du premier nombre;*

2° *Le carré du second nombre;*

3° *Deux fois le produit du premier nombre par le second.*

Cela posé, si on fait le carré de 19, somme des deux nombres, ce carré sera $19 \times 19 = 361$ et contiendra le carré du premier nombre, plus le carré du second, plus deux fois le produit du premier nombre par le second; or, la somme des carrés des deux nombres étant 193, le carré 361 surpassera 193 de *deux fois le produit du premier nombre par le second.*

En d'autres termes,

361 — 193 = 168 = 2 fois le produit du premier nombre par le second;

ou bien $\frac{168}{2}$ = 84 produit des deux nombres inconnus.

La question est alors ramenée à celle-ci : *Quels sont les deux nombres qui multipliés l'un par l'autre donnent 84 et dont la somme égale 19?*

Les facteurs ou les diviseurs de 84, compris entre 1 et 19 sont 1, 2, 3, 4, 6, 7, 12, 14. On voit alors clairement que les seuls nombres qui conviennent à l'énoncé du problème sont 7 et 12.

Il est facile de généraliser la règle qui précède, mais il est préférable, dans les questions de ce genre, de recourir à une solution algébrique qui fait connaître directement les deux nombres cherchés.

Solution algébrique. — En désignant par x et par y les deux nombres cherchés, on a les équations

$$x + y = 19$$
$$x^2 + y^2 = 193$$

Élevons au carré la 1re équation, nous aurons

$$x^2 + y^2 + 2\,xy = 361.$$

La seconde équation retranchée de cette dernière donne

$$2xy = 168 \text{ ou } xy = 84.$$

Mais comme la première équation donne $y = 19 - x$, on pourra poser

$$x\,(19 - x) = 84 \text{ ou } x^2 - 19x = 84$$

d'où (*Algèbre*, p. 148)

$$x = \tfrac{19}{2} \pm \sqrt{\tfrac{25}{4}}$$

expression qui donne pour racines

$$x' = 12 \text{ et } x'' = 7.$$

Exercices sur l'extraction de la racine carrée
des nombres décimaux et des fractions ordinaires.

820. $\sqrt{10,24} = R.$ 3,2 à 0,1 près;

$\sqrt{2005,0568} = R.$ 44,77 à 0,01 près;

$\sqrt{0,4110} = R.$ 0,64 à 0,01 près;

821. $\sqrt{18,1340} = R.$ 4,25 à 0,01 près;

$\sqrt{3115,60} = R.$ 55,8 à 0,1 près;

$\sqrt{0,415640} = R.$ 0,644 à 0,001 près.

822. $\sqrt{6,3400} = R.$ 2,51;

$\sqrt{984,7000} = R.$ 31,37.

823. $\sqrt{3,151000} = R.$ 1,775;

$\sqrt{195,000000} = R.$ 13,964.

824. $\sqrt{2,00000000} = R.$ 1,4142;

$\sqrt{0,67100000} = R.$ 0,8191.

825. $\sqrt{\frac{9}{64}} = R.\ \frac{3}{8};\quad \sqrt{\frac{4}{49}} = R.\ \frac{2}{7};$

$\sqrt{\frac{25}{100}} = R.\ \frac{5}{10}.$

826. $\sqrt{\frac{3}{7}} = \sqrt{0,4285} = R.$ 0,65;

$\sqrt{\frac{8}{13}} = \sqrt{0,6153} = R.$ 0,78;

$\sqrt{\frac{1}{5}} = \sqrt{0,2000} = R.$ 0,44.

827. $\sqrt{6\frac{1}{8}} = \sqrt{6,125000} = R.$ 2,474;

$\sqrt{347\frac{15}{22}} = \sqrt{347,681818} = R.$ 18,646;

$\sqrt{18\frac{11}{17}} = \sqrt{18,647058} = R.$ 4,318.

PROBLÈMES.

828. Un propriétaire veut clore de murs un jardin carré de 19 ares 24 centiares de superficie. On demande quelle sera la longueur totale des murs à un décimètre près?

R. Les 19ª,24 = 1924 mètres carrés; la racine carrée de ce dernier nombre donne 43^m,86 pour la longueur d'un des côtés, et 175^m,44 pour la longueur totale des quatre murs.

829. On veut encadrer un tableau carré qui a 867 décimètres carrés de surface; quelle est, à un millimètre près, la longueur intérieure et extérieure d'un côté du cadre, si ce cadre a 23 centimètres de largeur?

R. La surface du tableau égale 8^{m2},67. La racine carrée de ce nombre donne 2^m,944 pour la longueur intérieure d'un côté.

Pour connaître la longueur d'un côté extérieur du cadre, il faut ajouter à la longueur intérieure deux fois la largeur du cadre, c'est-à-dire 2 fois 0^m,23 ou 0^m,46; on aura donc 2^m,944 + 0^m,46 = 3^m,404 pour la longueur extérieure du cadre.

Observation. Dans ce problème, les 867^{dm2} expriment la surface *visible* du tableau, abstraction faite de la partie cachée par les filures du cadre.

830. Une ardoise carrée a 6 décimètres carrés 78 centimètres carrés de superficie; quelle est la longueur d'un de ses côtés, à un dixième de millimètre près?

R. La surface de l'ardoise = 0^{m2},0678 et la racine carrée de ce nombre donne pour le côté demandé 0^m,2603.

APPLICATIONS.

Proportion continue. — Moyen proportionnel.

831. Trouver un moyen proportionnel entre 9 et 25.

R. Ce moyen proportionnel = $\sqrt{9 \times 25}$ = 15.

832. Quel est le nombre qui, multiplié par lui-même, donne un produit égal à celui de 3 × 47?

R. Ce nombre est $\sqrt{3 \times 47}$ = $\sqrt{141}$ = 11,874.

RACINES CUBIQUES.

Exercices sur l'extraction de la racine cubique des nombres entiers.

833. $\sqrt[3]{1331}$; $\sqrt[3]{2197}$; $\sqrt[3]{13824}$

R. $\sqrt[3]{1\,331} = 11$; $\sqrt[3]{2\,197} = 13$;

$\sqrt[3]{13\,824} = 24$.

834. $\sqrt[3]{175616}$; $\sqrt[3]{2628072}$; $\sqrt[3]{12406605875}$.

R. $\sqrt[3]{175\,616} = 56$; $\sqrt[3]{2\,628\,072} = 138$;

$\sqrt[3]{12\,406\,605\,875} = 2315$.

835. $\sqrt[3]{1157625}$; $\sqrt[3]{8365427}$; $\sqrt[3]{513152864216}$

R. $\sqrt[3]{1\,157\,625} = 105.$ $\sqrt[3]{8\,365\,427} = 203.$

$\sqrt[3]{513\,152\,864\,216} = 8006.$

836. $\sqrt[3]{3793}$; $\sqrt[3]{5310276}$; $\sqrt[3]{7812935}$.

R. $\sqrt[3]{3\,793} = 15$ plus 418 pour reste;

$\sqrt[3]{5\,310\,276} = 174$ plus $42\,252$ pour reste;

$\sqrt[3]{7\,812\,935} = 198$ plus $50\,543$ pour reste.

Exercices sur l'extraction de la racine cubique des nombres décimaux et des fractions ordinaires.

837. $\sqrt[3]{26,4}$; $\sqrt[3]{417,28}$; $\sqrt[3]{0,0359}$.

R. $\sqrt[3]{26,400} = 2,9$; $\sqrt[3]{417,280} = 7,4$;

$$\sqrt[3]{0,035\,990} = 0,33.$$

838. $\sqrt[3]{10,35}$ et $\sqrt[3]{7,6}$ à 0,01 près.

R. $\sqrt[3]{10,350\,000} = 2,17\,;\ \sqrt[3]{7,600\,000} = 1,96.$

839. $\sqrt[3]{4,023}$ et $\sqrt[3]{58}$ à 0,001 près.

R. $\sqrt[3]{4,023\,000\,000} = 1,590\,;$

$\sqrt[3]{58,000\,000\,000} = 3,871.$

840. $\sqrt[3]{3}$ et $\sqrt[3]{0,10006}$ à 0,0001 près.

R. $\sqrt[3]{3,000\,000\,000\,000} = 1,4422\,;$

$\sqrt[3]{0,100\,060\,000\,000} = 0,4643.$

841. $\sqrt[3]{\frac{8}{27}}\,;\ \sqrt[3]{\frac{64}{216}}\,;\ \sqrt[3]{\frac{729}{1000}}.$

R. $\sqrt[3]{\frac{8}{27}} = \frac{2}{3}\,;\ \sqrt[3]{\frac{64}{216}} = \frac{4}{6}\,;\ \sqrt[3]{\frac{729}{1000}} = \frac{9}{10}.$

842. $\sqrt[3]{\frac{2}{3}}\,;\ \sqrt[3]{\frac{7}{9}}\,;\ \sqrt[3]{\frac{3}{11}}$ à $\frac{1}{100}$ près.

R. $\sqrt[3]{\frac{2}{3}} = \sqrt[3]{0,666\,666} = 0,87\,;$

$\sqrt[3]{\frac{7}{9}} = \sqrt[3]{0,777\,777} = 0,91\,;$

$\sqrt[3]{\frac{3}{11}} = \sqrt[3]{0,272\,272} = 0,64.$

843. $\sqrt[3]{9\frac{3}{4}}\,;\ \sqrt[3]{28\frac{13}{30}}\,;\ \sqrt[3]{602\frac{7}{24}}$ à $\frac{1}{1000}$ près.

R. $\sqrt[3]{9\frac{3}{4}}\,; = \sqrt[3]{9,750\,000\,000} = 2,136\,;$

$\sqrt[3]{28\frac{13}{30}} = \sqrt[3]{28,433\,333\,333} = 3,052\,;$

$\sqrt[3]{602\frac{7}{24}} = \sqrt[3]{602,291\,666\,666} = 8,445.$

PROBLÈMES.

844. Quelles sont, à un centimètre près, les dimensions d'une citerne cubique qui contient 40 587 litres d'eau?

R. Exprimé en mètres cubes, le volume de la citerne $= 40^{m3},587$. En extrayant la racine cubique de ce nombre on aura $3^m,437$ pour une arête ou pour chaque dimension de la citerne.

845. Quand deux nombres diffèrent entre eux d'une unité quelle est la différence de leurs cubes?

R. Lorsque deux nombres diffèrent d'une unité, *la différence de leurs cubes est égale à trois fois le carré du plus petit nombre, plus trois fois ce nombre, plus* 1.

Ainsi le cube de 5, par exemple, est 125 et celui de 6 est 216. La différence des deux cubes égale 91; or, cette différence égale 3 fois le carré de 5, c'est-à-dire 75, plus 3 fois 5 ou 15, plus 1, ce qui donne en tout $75 + 15 + 1 = 91$.

Démonstration. Soit n un nombre quelconque; $n + 1$ sera le nombre qui diffère de n d'une unité, or, le cube de n est égal à n^3 et le cube de $n + 1$ sera

Opération.

$$
\begin{array}{r}
n + 1 \\
n + 1 \\
\hline
\text{Carré} \quad n^2 + 2n + 1 \\
n + 1 \\
\hline
n^3 + 2n^2 + n \\
+ n^2 + 2n + 1 \\
\hline
\text{Cube} \quad n^3 + 3n^2 + 3n + 1.
\end{array}
$$

Sous cette forme on voit très bien que le cube de $n + 1$ surpasse n^3 de $3n^2 + 3n + 1$, ce qu'il fallait démontrer.

846. Pourquoi les nombres ·qui ne sont ni des carrés, ni des cubes *parfaits,* ont-ils des racines *incommensurables ?*

R. Quand on prend au hasard un nombre entier ou décimal, il est bien rare que ce nombre soit un carré parfait et encore moins un cube parfait.

Or, lorsqu'un nombre n'est ni un carré ni un cube parfait, *sa racine ne peut pas être exprimée exactement;* dans ce cas, on calcule cette racine avec un certain degré d'approximation; mais quelque loin qu'on pousse les calculs l'opération ne se termine jamais; on dit alors que la racine est *incommensurable.*

Quelques propositions très simples feront comprendre cette *incommensurabilité des racines.*

THÉORÈME 1er. *Le carré et le cube d'un nombre qui ne contient qu'un seul chiffre ne sont jamais terminés par un zéro.*

Pour se convaincre de cette vérité, il suffit de jeter les yeux sur le tableau suivant :

Nombres...	1	2	3	4	5	6	7	8	9.
Carrés......	1	4	9	16	25	36	49	64	81.
Cubes......	1	8	27	64	125	216	343	512	729.

On conçoit, au reste, que, pour qu'un produit soit terminé par un zéro, il faut que les facteurs 2 et 5 se rencontrent dans les nombres qui concourent à la formation de ce produit; or, dans les carrés et les cubes précédents, ce concours n'a jamais lieu.

THÉORÈME II. *Un nombre décimal, élevé au carré ou au cube, ne peut jamais donner un nombre entier.*

Ce second théorème est une conséquence du précédent. En effet, d'après la règle de la multiplication des nombres entiers ou décimaux, le premier chiffre à droite d'un produit quelconque provient sans altération de la multiplication des deux derniers chiffres à droite des facteurs. Or, dans le carré et dans le cube d'un nombre décimal, le dernier chiffre à droite proviendra du carré ou du cube du dernier chiffre de la racine, et ne pourra donc jamais être zéro, d'après le théorème 1er; donc, en séparant sur la droite de ce carré ou de ce cube le nombre convenable de décimales, on n'obtiendra jamais un nombre entier.

THÉORÈME III. *Un nombre entier ou décimal, qui n'est pas un carré ou un cube, a nécessairement une racine incommensurable.*

C'est une conséquence des deux théorèmes précédents. Supposons, par exemple, qu'on demande la racine carrée de 12. Ce nombre, étant compris entre 9 et 16, aura pour racine un nombre compris entre 3 et 4, c'est-à-dire composé de 3 entiers et d'une fraction décimale, que nous disons être indéfinie.

En effet, si la fraction décimale qui doit accompagner 3 pouvait être finie, il faudrait que ce nombre décimal, multiplié par lui-même, pût reproduire le nombre entier 12, ce qui est impossible d'après les principes posés dans les deux théorèmes qui précèdent.

Si, au lieu du nombre entier 12, on avait pris pour exemple un nombre décimal 12,73 non carré parfait, on serait arrivé à la même conclusion, car l'extraction de la racine de 12,73 revient (n° 278) à celle du nombre entier 1273. La même démonstration s'appliquerait à la racine cubique.

REMARQUE. — Il est donc prouvé que la fraction décimale qui fait partie d'une racine incommensurable est indéfinie, et l'on pourrait présumer un instant qu'elle ne devînt quelquefois périodique; mais cette supposition est inadmissible. En effet, ce qui amène la période (*Supplément* n° 44) c'est la constance du diviseur, tandis que, par la nature même de l'extraction d'une racine carrée ou cubique, le diviseur change et grandit à chaque opération partielle. Ainsi, une racine incommensurable ne peut être exprimée ni par une fraction décimale finie, ni par une fraction décimale périodique, ni par conséquent par une fraction ordinaire.

(Voir dans les *Notions de géométrie* de nouvelles applications sur les carrés et les cubes.)

PROBLÈMES

SUR LES NOTES COMPLÉMENTAIRES.

847. Le nombre 14 364 792 est-il divisible par 9 ?

R. Le nombre proposé est divisible par 9 puisque la somme des chiffres qui le composent, considérés dans leur valeur absolue, est divisible par 9.

848. Pourquoi un nombre qui est à la fois divisible par 8 et par 9 est-il divisible par le produit 8×9 ?

R. Le nombre est divisible par le produit 8×9, parce que 8 et 9 sont *deux nombres premiers entre eux*.

En effet, $8 = 2^3$ et $9 = 3^2$; or, si le nombre proposé est décomposé en ses facteurs premiers, nous trouverons dans ces facteurs le facteur 2 élevé *au moins* à la 3e puissance 2^3, puisque le nombre est divisible par 8 ou par 2^3 ; nous trouverons aussi, par la même raison, le facteur 3^2. Il suit de là que le nombre donné étant un multiple de $2^3 \times 3^2$ est évidemment divisible par 8×9.

Mais, si un nombre est divisible à la fois par deux nombres qui ne sont pas premiers entre eux, tels que 8 et 6, il peut ne pas être divisible par leur produit.

Soit, par exemple le nombre 360 ; ce nombre étant à la fois divisible par 8 et par 9 est divisible par 8×9 ou par 72 ; mais 360 qui est divisible à la fois par 8 et par 6 n'est pas divisible par 8×6 ou par 48.

En effet, pour que le nombre soit à la fois divisible par 8 et par 6, il suffit que 360 contienne 2^3 et le facteur 3 ; or, nous disons que le nombre proposé ne sera pas divisible par 8×6, c'est-à-dire par $2^3 \times 2 \times 3$ ou par $2^4 \times 3$; car on voit que le produit 8×6 introduit dans le diviseur le facteur 2 à la 4e puissance lorsque ce facteur 2 n'est qu'à la 3e puissance dans le dividende ; ce dividende n'est donc pas divisible par $2^4 \times 3$, c'est-à-dire par 8×6.

849. Décomposer le nombre 1750 en ses facteurs premiers.

R. D'après ce qui a été dit (*Nouvelle Arith.*, p. 287), on aura.

Disposition du calcul.

$$
\begin{array}{r|l}
1750 & 2 \dots\ 2 \\
875 & 5\ \rangle \\
175 & 5\ \rangle\ \dots\ 5^3 \\
35 & 5\ \rangle \\
7 & 7 \dots\ 7
\end{array}
$$

On a donc $\quad 1750 = 2 \times 5^3 \times 7$

850. Comment s'assure-t-on, à l'inspection seule du nombre, que 71 307 n'est pas un nombre premier?

R. Le nombre 71 307 n'est pas un nombre premier, parce que la somme des chiffres est divisible à la fois par 3 et par 9.

851. Le nombre 881 est-il un nombre premier?

R. Pour savoir si le nombre 881 est un nombre premier, il faut, d'une manière générale, essayer si le nombre est divisible par la série des nombres premiers 2, 3, 5, 7, 11, 13 etc., jusqu'à une limite que nous indiquerons dans le problème qui suit.

852. Dans le numéro précédent, jusqu'à quelle limite faut-il pousser les opérations pour savoir si le nombre 881 est un nombre premier?

R. On a vu, dans la remarque de la page 288 (*Nouvelle Arith.*) qu'il suffit de pousser les divisions successives par la série des nombres premiers jusqu'à la racine carrée du nombre proposé ; or la racine carrée de 881 étant comprise entre 29 et 30, il suffira de pousser les divisions ou les tâtonnements jusqu'au nombre premier 29.

Cela posé, la division de 881 par les nombres premier compris entre 1 et 30 ne donnant pas de quotients exacts, on en conclut avec certitude que 881 est un nombre premier.

853. Quel est le plus petit commun multiple des nombres 392, 1125 et 245 ?

R. La décomposition de ces nombres en leurs facteurs premiers donne $392 = 2^3 \times 7^2$; $1125 = 3^2 \times 5^3$ et $245 = 5 \times 7^2$.

On aura donc $2^3 \times 3^2 \times 5^3 \times 7^2 = 441000$ pour le plus petit multiple demandé (*Nouvelle Arith.*, p. 289).

854. Trouver le plus grand commun diviseur entre les nombres 4200, 396, 432.

R. En décomposant les trois nombres en leurs facteurs premiers, on trouve $4200 = 2^3 \times 3 \times 5^2 \times 7$; $396 = 2^2 \times 3^2 \times 11$ et $432 = 2^4 \times 3^3$.

Cela posé, le plus grand commun diviseur de ces nombres est égal (*Nouvelle Arith.*, p. 290) au produit des *facteurs communs* affectés chacun du plus faible exposant que ces facteurs ont dans les nombres proposés.

On aura donc $2^2 \times 3 = 12$ pour le plus grand commun diviseur des trois nombres proposés.

Observation. — Lorsqu'on divise les trois nombres donnés par leur plus grand commun diviseur, les quotients sont premiers entre eux.

855. A l'examen des fractions $\frac{3}{4}$ $\frac{5}{6}$ $\frac{7}{20}$ $\frac{8}{21}$ $\frac{4}{15}$ $\frac{11}{25}$ $\frac{5}{8}$ peut-on dire à quels résultats conduira la conversion de ces fractions en fractions décimales.

R. Les dénominateurs des fractions proposées étant les nombres 4, 6, 20, 21, 15, 25, 8, c'est-à-dire des nombres dont la décomposition en facteurs premiers est des plus simples, il est facile, à la seule inspection de ces dénominateurs, de dire à quelle espèce de fraction décinale donnera lieu une quelconque de ces fractions.

Ainsi, les fractions $\frac{3}{4}$ $\frac{7}{20}$ $\frac{11}{25}$ $\frac{5}{8}$ dont les dénominateurs ne contiennent que les facteurs 2 ou 5 (ou leurs puissances) donneront lieu à des fractions décimales, exactes et finies;

La fraction $\frac{8}{21}$ dont le dénominateur égale 3 fois 7 donnera lieu à une fraction périodique simple et les fractions $\frac{5}{6}$ et $\frac{4}{15}$ donneront lieu à une fraction périodique mixte.

856. Convertir la fraction périodique simple $0,387\,387\,387....$ en fraction ordinaire.

R. D'après la règle connue (*Nouvelle Arith.*, p. 291) la fraction $0,387\,387\,387... = \frac{387}{999} = \frac{43}{111}$.

857. Trouver une fraction ordinaire qui donnera lieu à une fraction périodique de deux chiffres.

R. Cette question, inverse de la précédente, est facile à résoudre; il suffit, en effet, d'écrire une fraction ordinaire dont le dénominateur soit 99.

Ainsi les fractions $\frac{7}{99}$, $\frac{34}{99}$, $\frac{85}{99}$, etc. donneront lieu à des fractions périodiques simples composées de deux chiffres.

858. Convertir la fraction périodique mixte $0,23\,408\,408....$ en fraction ordinaire.

R. On a vu (*Nouvelle Arith.*, p. 291) que la fraction proposée est égale à la fraction ordinaire $\frac{23385}{99900}$.

859. On demande des fractions ordinaires qui fournissent des fractions décimales finies composées de 1, de 2, de 3, etc. chiffres décimaux.

R. La réponse à cette question est très simple; en effet, on a vu que la fraction ordinaire dont le dénominateur ne contient que les facteurs 2 ou 5 (ou leurs puissances) donnait lieu à une fraction décimale exacte et finie; on sait aussi que le nombre de décimales dont se composera la fraction est marquée par le plus haut exposant des facteurs 2 ou 5 contenus dans le dénominateur de la fraction ordinaire. Ces deux observations suffisent pour résoudre la question dont on a trouvé des exemples dans le problème 855.

860. Trouver de même quelques fractions ordinaires qui donnent naissance à des fractions périodiques mixtes ayant 1, 2, 3, etc. chiffres décimaux avant la période.

R. Les principes rappelés dans le problème précédent conduisent à la solution demandée. On sait en effet que la fraction périodique mixte a pour fraction ordinaire génératrice une fraction (irréductible) dont le dénominateur contient les facteurs 2 ou 5 (ou leurs puissances) multipliés par des facteurs autres que 2 et 5 ; on sait de plus que le nombre des chiffres décimaux qui précèdent la période est marqué par le plus haut exposant des facteurs 2 et 5 contenus dans le dénominateur de la fraction ordinaire ; ainsi veut-on, par exemple, une période précédée de trois chiffres décimaux, il faudra que le dénominateur de la fraction ordinaire génératrice contienne le facteur 2^3 ou 5^3, c'est-à-dire que le dénominateur devra être un multiple de 8 ou de 125 ; telle sera la fraction $\dfrac{15}{8 \times 7} = \dfrac{15}{56}$, ou bien la fraction $\dfrac{61}{125 \times 3} = \dfrac{61}{375}$. Ainsi on aura

$$\tfrac{15}{56} = 0{,}267\,857142\,857142\ldots$$

et $\tfrac{61}{375} = 0{,}162\,6666\ldots$

(Voir la *Théorie des fractions périodiques* à la fin du volume.)

NOTIONS
DE GÉOMÉTRIE PRATIQUE.

EXERCICES ET PROBLÈMES.

1. Définir la ligne droite ; brisée ; courbe. — Verticale et horizontale. — Droites parallèles.

R. Voir le texte *Nouvelle Arith.*, page 293.

2. Angle. — De quoi dépend la grandeur d'un angle. — Perpendiculaire et oblique. — Angle droit ; angle aigu ; angle obtus.

R. Voir *Nouvelle Arith.*, p. 293 et 294.

3. Qu'appelle-t-on distance ? — Distance d'un point extérieur à une droite? — Distance de deux parallèles?

R. Voir *Arith.*, p. 294.

4. Définir la circonférence. —Arc ; rayon ; corde ; diamètre. — Comment divise-t-on la circonférence. — Mesure des angles. — Rapporteur et graphomètre.

R. Voir *Arith.*, p. 295, 296 et 297.

5. Trouver la somme et la différence de deux angles dont l'un est de 67° 48′ 25″ et dont l'autre est de 104° 32′ 50″.

R. La somme des deux angles est 172° 21′ 15″ et leur différence $=$ 36° 44′ 25″ (voir p. 191).

6. Étant donné un angle de 84° 26′ 18″ convertir les minutes et les secondes en fraction décimale de degré.

R. L'angle donné est égal à 84°,438333 (voir p. 190).

7. On a trouvé qu'un angle est de 13°,58127 ; convertir la fraction décimale en minutes et secondes.

R. Un angle de 13°, 58127 $=$ 13° 34′ 52″,57 (voir p. 190).

8. On a un angle de 135° 4′ 15″ : quelle est la moitié, le tiers la huitième et la douzième partie de cet angle ?

R. La moitié de 135° 4′ 15″ $=$ 67° 32′ 7″,5.

Le $\frac{1}{3}$ de l'angle $= 45°\,1'\,25''$; le $\frac{1}{8} = 16°\,53'\,1'',9$. le $\frac{1}{12} = 11°\,15'\,21'',2$ (voir p. 193).

9. Étant donné un angle de $7°\,29'\,43''$, trouver un angle 5 fois , 10 fois plus grand.

R. 5 fois l'angle $7°\,29'\,43'' = 37°\,28'\,35'$; et 10 fois l'angle $7°\,29'\,43'' = 74°\,57'\,10''$ (voir p. 192).

10. Définir le triangle et ses variétés. — Le quadrilatère et ses variétés. — Polygones et diagonales.

R. Voir *Arith.*, p. 298, 299, 300 et 301.

11. Deux angles sont dits *complémentaires* lorsque leur somme est égale à 90°, et *supplémentaires* quand cette somme vaut 180° ou deux angles droits. — On demande quel est le *complément* et le *supplément* d'un angle de $76°\,8'\,35''$.

R. Le complément de $76°\,8'\,35''$ est égal à $90° - 76°\,8'\,35'' = 13°\,51'\,25''$ et le supplément est égal à $180° - 76°\,8'\,35'' = 103°\,51'\,25''$.

12. Un cliché galvanique a $0^{m},14$ de longueur sur $0^{m},073$ de largeur ; quelle est la valeur de ce cliché à raison de 2 centimes et quart le centimètre carré ?

R. Prenons le centimètre linéaire pour unité, la surface rectangulaire du cliché égalera $14^{cm} \times 7^{cm},3 = 102^{cm2},2$ et sa valeur sera de $0^{fr},0225 \times 102,2 = 2^{fr},30$.

13. Qu'appelle-t-on aire d'un polygone ? — Donner la règle et la formule de l'aire du triangle, des divers quadrilatères et d'un polygone en général. — Citer des exemples.
R. Voir *Arith.*, p. 299, 300 et 301.

14. Pourquoi ne faut-il pas confondre la circonférence et le cercle ? — Mesure de la circonférence. — Aire du cercle. — Donner les formules et des exemples.

R. Voir *Arith.*, p. 301 et 302.

15. Trouver la circonférence et l'aire d'un cercle qui a $5^{m},80$ de rayon.

R. On a vu que la formule de la circonférence est $2\pi R$ et que l'aire du cercle pour formule πR^2. On aura donc :
Circonférence $= 2 \times 3,1416 \times 5^{m},8 = 36^{m},442$.

$$\text{Aire du cercle} = 3{,}1416 \times (5{,}8)^2 = 105^{m2}{,}6834.$$

16. Une porte à plein cintre a $2^m{,}70$ de hauteur sur $1^m{,}20$ de largeur ; quelle est sa surface ?

R. La surface demandée se compose d'un rectangle et d'un demi-cercle. Ce demi-cercle a pour diamètre la largeur même de la porte $1^m{,}20$ et pour rayon $0^m{,}60$. Les dimensions de la partie rectangulaire sont : largeur $1^m{,}20$ et hauteur $2^m{,}70 - 0^m{,}60$ ou $2^m{,}10$. On aura donc :

$$\text{Rectangle} = 2^m{,}10 \times 1^m{,}20. \ldots = \quad 2^{m2}{,}52$$
$$\text{Demi-cercle} = \tfrac{1}{2} \times 3{,}1416 \times (0{,}6)^2 = \quad 0^{m2}{,}5654$$
$$\text{Surface de la porte.} \ldots \ldots \quad 3^{m2}{,}0854$$

17. Un triangle a $7^m{,}25$ de base et $4^m{,}60$ de hauteur. On demande 1° le côté du carré *équivalent*, c'est-à-dire de même surface; 2° le rayon du cercle équivalent.

R. Surface du triangle $= 7^m{,}25 \times 2{,}3 = 16^{m2}{,}675.$

Le côté du carré équivalent $= \sqrt{16{,}675} = 4^m{,}083$

Quant au rayon du cercle équivalent, on a *aire du cercle* $= \pi R^2$, formule qui donne pour la valeur du rayon

$$R = \sqrt{\frac{\text{aire du cercle}}{\pi}} = \sqrt{\frac{16{,}675}{3{,}1416}} = 2^m{,}3039.$$

18. On a doublé, triplé... décuplé le rayon d'un cercle. On demande ce que deviennent les longueurs des nouvelles circonférences et des aires des nouveaux cercles, sachant que les circonférences croissent comme les rayons, et les aires, comme les carrés de ces rayons.

R. D'après le principe rappelé dans l'énoncé du problème, quand les rayons ou les diamètres d'un cercle deviennent 2 fois, 3 fois....., 10 fois.... plus grands, les circonférences de ces cercles deviennent 2 fois 3 fois..... 10 fois.... plus grandes (ou plus longues), mais les aires des cercles correspondants deviennent 4 fois, 9 fois... 100 fois..... plus grandes.

19. Le pourtour d'un bassin circulaire est de $36^m{,}44$; on demande le diamètre et la surface du bassin.

R. La circonférence d'un cercle $=$ le diamètre $\times \pi$

On aura donc pour le diamètre demandé $D = \dfrac{36^{m},44}{3,1416}$

$= 11^{m},59$ et pour le rayon $5^{m},795$.

La surface du cercle sera ensuite donnée par l'expression $3,1416 \times (5,795)^2 = 105^{m2},5$.

20. En appelant a, b, c les trois côtés d'un triangle et p la demi-somme de ces trois côtés (ou le demi-périmètre du triangle), on trouve l'aire d'un triangle par cette formule facile à retenir.

Aire du triangle $= \sqrt{p \times (p - a) \times (p - b) \times (p - c)}$.

Quelle est d'après cela l'aire d'un triangle qui a pour côtés les nombres 8^m 11^m et 7^m ?

R. Si on remplace dans la formule a, b, c, p, par les données du problème, on a

Aire demandée $= \sqrt{13 \times (13 - 8)(13 - 11)(13 - 7)}$
$= \sqrt{780} = 27^{m2},93.$

21. Dans un jardin rectangulaire de $4^a,64$ on trace un chemin de 3^m dans le sens de la longueur ; la surface cultivée est alors réduite à $3^a,77$; quelles sont les dimensions du jardin ?

R. D'après l'énoncé, la surface du chemin tracé égale $4^a,64 - 3^a, 77 = 0^a,87 = 87^{m2}$; or la surface de ce chemin est le produit de la longueur par sa largeur (3^m). La longueur du chemin ou du jardin est donc égale à $87 : 3 = 29^m$.

D'un autre côté, puisque la surface totale égale $4^a, 64$ ou 464^{m2}, on aura pour la largeur du jardin $464 : 29 = 16$ mètres.

22. Une montre marque midi et 20 minutes ; quel est l'angle que forment les deux aiguilles ?

R. Le cadran horaire est divisé en 60 parties égales dont chacune vaut une minute de temps ; une de ces divisions occupe, sur la circonférence du cadran, un arc de $\frac{360}{60} = 6°$, d'où il résulte que si l'aiguille des heures restait sur midi, l'angle formé par les aiguilles à midi 20 minutes serait de $6° \times 20 = 120°$; mais l'aiguille des heures parcourt 5 divisions du cadran ou $5 \times 6° = 30°$ par heure ; donc en 20 minutes ou dans le $\frac{1}{3}$ d'une heure, l'aiguille des heures se sera déplacée de $\frac{1}{3}$ de 30°, c'est-à-dire de 10°; donc enfin, à midi et 20 minutes, les deux aiguilles font un angle de 120 — 10 = 110°.

23. Dans son mouvement de rotation sur son axe, la Terre se déplace de 15° par heure. En combien de temps se déplace-t-elle d'un degré? d'une minute *angulaire?* d'une seconde *angulaire?*

R. La Terre se déplace :

de 15° en 1 h. ou 60 minutes de temps.

de 1° en $\frac{60}{15}$ m. = 4 minutes de temps.

de 1° ou 60′ en 4 minutes ou 240 secondes de temps.

de 1′ ou 60″ en $\frac{240}{60}$ s. ou 4 secondes de temps.

de 1″ en $\frac{4}{60}$ s. ou 0ˢ,0666.....

24. Quand il est midi à Paris, quelle heure est-il à Constantinople dont la longitude E est de 26° 38′ 50″ et à New-York dont la longitude O (ou W) est de 76° 20′12″ ?

R. Le problème est résolu pour Constantinople (page 194); on a trouvé pour l'heure de Constantinople 1 heure 46ᵐ 35ˢ,3. On trouvera de même, pour l'heure de New-York, un retard de 5ʰ 5ᵐ 20ˢ,8 correspondant à 76° 20′ 12″ de longitude occidentale; donc, quand il est midi à Paris, il n'est encore à New-York que 12ʰ — (5ʰ 5ᵐ 20ˢ,8) = 6ʰ 54ᵐ 39ˢ,2 du matin.

25. Définir le plan et la perpendiculaire au plan. — Les polyèdres, le prisme et ses variétés. — La pyramide. — Représenter chacun de ces corps par un dessin.

R. (Voir *Nouvelle Arith.*, p. 302, 303 et 404.)

26. Comment trouve-t-on le volume du prisme et de la pyramide? — Donner des exemples pour les variétés du prisme et de la pyramide. — Donner les formules.

R. (Voir *Nouvelle Arith.*, p. 305 et 306.)

27. On demande le volume et le poids d'un bloc de chêne qui a 4 mètres de long 0ᵐ,64 de large et 0ᵐ,17 d'épaisseur.

R. Le volume du bloc = 4ᵐ × 0ᵐ,64 × 0ᵐ,17 = 0ᵐ³,4352 ou 435ᵈᵐ³,2 et puisque la densité = 0,85 on aura pour le poids demandé 435ᵈᵐ³,2 × 0,85 = 369ᵏᵍ,92.

Il est utile de faire observer que pour avoir le poids du bloc, exprimé en kilogrammes, il a fallu placer la virgule décimale après les décimètres cubes. (Voir p. 176.)

28. Calculer l'épaisseur d'une feuille de fer-blanc, dite *à la fleur*, de 1 mètre de longueur sur 325 millimètres de largeur, et dont le poids est de 740 grammes.

R. Adoptons pour la densité du fer-blanc 7,79 (densité du fer en barre); prenant alors pour unité linéaire le centimètre, et désignant l'épaisseur inconnue par e, nous aurons l'expression suivante :

$$100^{cm} \times 32^{cm},5 \times e \times 7,79 = 740^{gr};$$

d'où $e = \dfrac{740}{100 \times 32,5 \times 7,79} = 0^{cm},029$ c'est-à-dire que la feuille a 29 *centièmes* de millimètre ou 3 *dixièmes* de millimètre d'épaisseur.

29. Comment fait-on pour mesurer le volume d'eau qui passe par seconde dans une rivière ou dans un canal d'irrigation?

R. Ce volume n'est autre chose qu'un prisme dont la base est une section faite perpendiculairement au courant par un plan vertical, et dont la hauteur est représentée par la vitesse du courant, calculée par minutes ou par secondes. Pour avoir la base du prisme on tend une corde perpendiculairement au courant et à tous les mètres ou tous les 5 mètres, on abaisse des verticales dont on prend la longueur depuis la surface de l'eau jusqu'au fond du canal; la base du prisme est alors décomposée en triangles rectangles et en trapèzes rectangulaires; il est donc facile de calculer la surface de cette section.

Quant à la vitesse, on la détermine au moyen d'une montre et d'un flotteur.

30. Définir les trois corps ronds et donner la formule de leur volume. — Citer un exemple pour chacun de ces corps.

R. Voir *Arith.*, p. 306, 307 et 308.

31. Exprimer par une formule la surface latérale et la surface totale de chacun des trois corps ronds. — Citer des exemples.

R. Nous avons donné, pages 307 et 308 les formules

14*

de la surface latérale et de la surface totale des trois corps ronds. Les applications de ces formules ne présentent pas de difficulté. (Voir le probl. suivant.)

32. Quelle est la surface intérieure d'une niche qui a 0^m,62 de largeur sur 1^m,50 de hauteur.

R. L'intérieur de la niche se compose :

1°. De la surface latérale d'un demi-cylindre qui a pour diamètre 0^m,62 ou 0^m,31 pour rayon de sa base et pour hauteur, la hauteur totale de la niche 1^m,50 moins le rayon 0^m,31, soit 1^m,19.

2°. De la surface intérieure du quart d'une sphère qui a pour rayon 0^m,31, rayon du cylindre.

3° Enfin d'un demi-cercle de même rayon, servant de base à la niche cylindrique.

On aura pour ces diverses surfaces :

1° La surface latérale du demi-cylindre est égale

à $\dfrac{2\pi R \times H}{2} = \pi R \times H = 3,1416 \times 0^m,31 \times 1^m,19 = $ 1^m²,1589.

2° La surface du quart de sphère est égale

à $\dfrac{4\pi R^2}{4} = \pi R^2 = 3,1416 \times (0^m,31)^2 = $ . . . . . 0^m²,3019.

3° La surface d'un demi-cercle de 0^m,31 de rayon $=$ $\frac{1}{2}\pi R^2$ c'est-à-dire la moitié du résultat précédent ou   0^m²,1509

Surface totale de la niche. . . . . 1^m²,6117.

Sans la base, la surface de la niche serait de 1^m²,4608.

33. Quel est le poids de 5^m,80 de fil de laiton de 3 millimètres de diamètre, et que doit-on payer à raison de 4 francs le kilogramme ?

R. La densité du laiton est de 8,4 et le fil représente un cylindre qui a pour diamètre 0^m,003 et pour hauteur ou longueur 5^m,80. Nous aurons donc, en rapportant *toutes les dimensions* au centimètre linéaire, les expressions suivantes :

1° *Volume du fil* $= (0^{cm},15)^2 \times 3,1416 \times 580^{cm} = 40^{cm³},9973.$
2° *Poids du fil* $= 40^{cm³},9973 \times 8,4 = 344^{gr},37732.$
3° *Prix du fil* $= 4^f \times 0^{kg},344877 = 1^f,377.$

(Voir les observations du probl. 551.)

34. On a construit en papier un ballon de $3^m,12$ de diamètre ; quel est le volume de ce ballon ?

R. Si on suppose le ballon sphérique, le volume demandé sera $\frac{4}{3} \times 3,1416 \times (1,56)^3 = 15^{m3},902$.

35. Quel est le poids de l'enveloppe, sachant que le ballon est construit avec un papier dont la rame, contenant 500 feuilles de $0^m,55$ de long sur $0^m,45$ de large, pèse 3150 grammes ?

R. La surface du ballon supposé sphérique est égale à $4\pi R^2 = 4 \times 3,1416 \times (1^m,56)^2 = 30^{m2},58$.

D'un autre côté, la surface d'une feuille du papier employé est égale à $0^m,55 \times 0^m,45 = 0^{m2},2475$; or, autant de fois la surface du ballon $30^{m2},58$ contiendra $0^{m2},2475$ autant il faudra de feuilles (croisement non compris). La division donne 123 [feuilles],56 ; mais on sait que 500 feuilles de ce papier pèsent 3150^{gr} ou $6^{gr},3$ la feuille ; donc le poids de l'enveloppe sera $6^{gr},3 \times 123,56 = 778^{gr},428$.

Remarque. — Le poids qu'on vient de trouver est purement théorique, puisqu'on ne tient compte ni du croisement des feuilles ni de la colle employée ; c'est une addition de poids à déterminer par l'expérience. Si on suppose, par exemple, que le croisement soit de 2 centimètres, il faut retrancher ces 2 centimètres, sur la longueur et la largeur de chaque feuille, ce qui réduit les dimensions à $0^m,53$ sur $0^m,43$ et la surface de la feuille à $0^{m2},2279$ au lieu de $0^{m2},2475$. On achèverait le calcul comme ci-dessus.

36. Quels seraient le volume et la surface du ballon (probl. précéd.) si on triplait ou si on quintuplait le diamètre, sachant que, dans les sphères, les volumes croissent comme les CUBES des rayons (ou des diamètres) et les surfaces, comme le CARRÉ de ces rayons.

R. D'après le principe indiqué dans l'énoncé, si on triplait le diamètre du ballon, la surface serait 9 fois plus grande, c'est-à-dire $30^{m2},58 \times 9 = 275^{m2},22$ et le volume deviendrait 27 fois plus grand, c'est-à-dire $15^{m3},902 \times 27 = 429^{m3},354$.

De même, si on quintuplait le diamètre, la surface

du nouveau ballon serait $30^{m2},58 \times 25 = 764^{m2},50$ et le volume deviendrait : $15^{m3},902 \times 125 = 1987^{m3},750$.

37. Calculer le rayon d'une sphère d'argent de 1000 francs au titre de 0,900.

R. L'annuaire du Bureau des Longitudes (1875) donne 10,121 pour la densité de l'argent, au titre de $\frac{900}{1000}$. Cette densité admise, on sait que 1000 fr. en argent monnayé pèsent 5000 gr. et, comme *le poids d'un corps égale le volume de ce corps multiplié par la densité,* il en résulte que le volume de la sphère d'argent est égal à $\frac{5000^{gr}}{10,121}$

La question est alors ramenée à celle-ci :

Quel est le rayon d'un sphère qui a pour volume $\frac{5000}{10,121}$?

La formule du volume de la sphère donne

$$\tfrac{4}{3}\pi R^3 = \frac{5000^{gr}}{10,121}$$

d'où $\quad R = \sqrt[3]{\frac{5000 \times 3}{10,121 \times 4 \times 3,1416}} = \sqrt[3]{\frac{15\,000}{127,1845}} = 4^{cm},904$

c'est-à-dire que le rayon de la sphère aura 4 *centimètres,* 904 *millièmes* de centimètre, puisque nous avons pris pour unité de poids le gramme qui correspond au centimètre cube. (Voir probl. 551, p. 176).

38. Comment détermine-t-on le volume d'un tronc de prisme ? — Tronc à bases rectangulaires et parallèles, sa formule. — Donner la formule et un exemple pour le tronc de cône à bases parallèles.

R. Voir *Arith.*, p. 309.

39. Quelle est la capacité d'un baquet qui a la forme d'un tronc de cône dont le diamètre supérieur a $0^m,48$ le diamètre inférieur $0^m,40$ et la hauteur $0^m,27$.

R. Ce baquet a la forme d'un tronc de cône ; pour en déterminer la capacité, nous adopterons comme unité le décimètre linéaire, et, suivant l'ordre des calculs, nous aurons

Carré du grand rayon = $2^{dm},4 \times 2^{dm},4$ = $5^{dm^2},76$
Carré du petit rayon = 2×2 . . . . = 4
Produit du grand rayon par le petit rayon = 4   ,80

$$\text{Somme . . . } 14^{dm^2},56$$

Multipliant ensuite cette somme par le facteur constant 3,1416, nous obtiendrons le produit 45,7417 ;

Enfin, multipliant le dernier produit 45,7417 par le tiers de la hauteur du baquet, nous aurons pour le résultat demandé

$$45,7417 \times 0^{dm},9 = 41^{dm^3},16753$$

c'est-à-dire 41 litres, 17 centilitres.

40. On demande la surface extérieure et le poids d'un abat-jour en laiton, sachant que le diamètre inférieur est de $0^m,32$ le diamètre supérieur de $0^m,082$ et l'arête de $0^m,164$ l'épaisseur du laiton étant $\frac{2}{3}$ de millimètre.

R. L'abat-jour a la forme d'un tronc de cône à bases parallèles, et sa surface peut être considérée comme composée d'un nombre infini de trapèzes, dont la somme des bases supérieures serait égale à la circonférence qui a pour diamètre $0^m,082$; dont la somme des bases inférieures serait égale à la circonférence qui a pour diamètre $0^m,32$ et dont la hauteur commune serait représentée par l'arête $0^m,164$.

Cela posé, on aura en prenant le décimètre pour unité linéaire :

Circonf. de la base inférieure $3^{dm},2 \times 3,1416$ = $10^{dm},05312$
Circonf. de la base supérieure $0^{dm},82 \times 3,1416$ = $2^{dm},57611$

Somme des deux circonférences . . $12^{dm},62923$
Moitié de l'arête, $0^m,82$.

On a par suite :

Surface de l'abat-jour = $12^{dm},62923 \times \dfrac{1^{dm},64}{2}$ = $10^{dm^2},3557$.

Volume de l'abat-jour = $10^{dm^2},3557 \times 0^{dm},004$ = $0^{dm^3},04142384$.
Poids de l'abat-jour = $0^{dm^3},0414.... \times 8,4$ (densité du cuivre) = $0^{kg},34776$ ou bien $347^{gr},76$.

41. Dans un verre à boire cylindrique, de 63 millimètres de diamètre, à demi rempli d'eau, on a plongé un fruit, et le niveau s'est élevé de 21 millimètres ; quel est le volume de ce fruit ?

R. Adoptons ici le centimètre linéaire pour unité, le volume du fruit immergé est égal à celui d'un cylindre qui aurait 6^{cm}, 3 de diamètre et 2^{cm},1 de hauteur; on aura donc pour le volume demandé

$$(3^{cm},15)^2 \times 3,1416 \times 2^{cm},1 = 65^{cm3},46)$$

c'est-à-dire 65 centimètres cubes, 46 *centièmes* de centimètre cube.

42. *Un corps plongé dans l'eau, perd de son poids précisément le poids du volume d'eau déplacé;* d'après ce principe, découvert par Archimède, quel est le volume d'un corps qui dans l'air pèse 115 grammes, et qui, pesé dans l'eau, ne pèse plus que 87 grammes ?

R. Puisque le corps dont on demande le volume pèse 115 grammes dans l'air, et qu'il ne pèse plus que 87 grammes dans l'eau, ce corps a perdu 28 grammes ; or, ces 28 grammes, d'après le principe d'Archimède, représentent précisément le poids d'un volume d'eau égal au volume du corps ; mais 28 grammes d'eau pure correspondent à 28 centimètres cubes ; le volume du corps est donc aussi de 28 centimètres cubes.

43. Quelle est la capacité d'une auge ou d'un pétrin à bases rectangulaires, sachant que ce pétrin a 0^m,42 de profondeur, que son ouverture a 1^m,53 sur 0^m,60 et que le fond a 1^m,38 de longueur sur 0^m,44 de largeur ?

R. La forme du pétrin est celle d'un tronc de prisme qui a deux faces latérales rectangulaires, parallèles et inégales, comme on le voit dans la figure 32 (*Nouvelle Arith.*, page 309.)

La formule de ce polyèdre tronqué donne

Ouverture du pétrin = 1^m,53 $\times$ 0^m,60 =		0^{m2},9180
Fond . . . . . = 1 ,38 $\times$ 0 ,44 =		0 ,6072
Somme des longueurs multipliée par la		
somme des largeurs = 2^m,91 $\times$ 1^m,04 =		3 ,0264
Somme des trois produits . . .		4^{m2},5516

Cette somme multipliée par 0^m,07 (6e de la hauteur

$0^m,42$) ou $0^m,07$ égale $4^{m2},5516 \times 0,07 = 0^{m3},318\,612$ ou $318^{litres}, 612$.

44. On veut faire construire, pour une filature de cocons, une chaudière de $2^m,45$ de longueur et de $0^m,60$ de diamètre, avec des feuilles de cuivre de 2 millimètres d'épaisseur, le croisement des fonds et de la surface convexe doit être de $0^m,05$ et il faut par mètre 35 clous de 10 grammes chacun. Cela posé, on demande 1° la capacité; 2° le prix approximatif à raison de $4^{fr},50$ le kilogramme.

$R.$ 1° La capacité de la chaudière est égale à $(0^m,3)^2 \times 3,1416 \times 2^m,45 = 0^{m3},69272$, c'est-à-dire $692,^l72$;

2° La surface latérale du cylindre augmentée du croisement est égale à $(0^m,60 \times 3,1416 + 0^m,05) \times 2^m,45 = 4^{m2},7407$.

A cause du croisement, le diamètre des fonds est égal à $0^m,60 + 0^m,10 = 0^m,70$; on aura donc pour la surface des deux fonds $(0^m,35)^2 \times 3,1416 \times 2 = 0^{m2},7697$.

D'où il suit que la surface totale du cuivre employé $= 4^{m2},7407 + 0^{m2},7697 = 5^{m2},5104$.

3° Le volume du cuivre employé est égal à $5^{m2},5104 \times 0^m,002 = 0^{m3},01102$ ou bien $11^{dm3},02$.

4° Le poids du cuivre employé est égal à $11^{dm3},02 \times 8,95 = 98^{kg},629$.

A ce poids, il faut ajouter celui des clous employés; or, la longueur de la chaudière est de $2^m,45$ et les deux circonférences des fonds $= 0^m,60 \times 3,1416 \times 2 = 3^m,77$, ce qui donne pour la longueur totale à clouer $6^m,22$ et à raison de 35 clous par mètre, il faut $35 \times 6^m,22 = 218$ clous pesant ensemble $10^{gr} \times 218 = 2^{kg},180$.

Le poids total de la chaudière est donc $98^{kg},629 + 2^{kg},180 = 100^{kg},809$.

5° Donc enfin, le prix de la chaudière $= 4^{fr},50 \times 100^{kg},809 = 453^{fr},64$.

(Voir comme complément, les 625 exercices et problèmes de notre volume intitulé : *Notions de Géométrie pratique et d'Arpentage.* Un vol. in-12, 7me édition).

QUESTIONS

ET

PROBLÈMES D'EXAMEN

PROPOSÉS

DANS LES ACADÉMIES DE PARIS
ET DES DÉPARTEMENTS

POUR LE CERTIFICAT D'ÉTUDES, LE BREVET DE CAPACITÉ,
SIMPLE, FACULTATIF, OU COMPLET ET LE BACCALAURÉAT ÈS-SCIENCES.

Ire série. — Certificat d'études.

1. Exposer la théorie de la division en prenant pour exemple la division de 8175 par 25.

R. Voir *Nouvelle Arith.*, p. 57.

2. Dire quelle est la plus petite et la plus grande des trois fractions $\frac{1}{2}$, $\frac{3}{4}$, $\frac{2}{3}$ sans les réduire au même dénominateur.

R. Il suffit de voir de combien chaque fraction diffère de l'unité, pour répondre à la question.

3. Multiplier 0,518 par 0,0034. — Donner la théorie.

R. Voir *Nouvelle Arith.*, p. 97.

4. Diviser $\frac{4}{7}$ par $\frac{2}{3}$. — Donner la règle et la théorie.

R. Voir *Nouvelle Arith.*, p. 203.

5. Combien y a-t-il d'hectares dans 34 kilom. carrés?

R. Un kilomètre carré vaut 100 hectares donc etc.

6. Preuve par 9 d'une multiplication ou d'une division. — Donner des exemples.

R. Voir le *Guide du Maître*, p. 60.

7. Calculer à moins d'un dix-millième près le quotient de 1,8 par 23.

R. Voir *Nouvelle Arith.*, p. 104 et 105.

8. Un litre d'huile d'olive pèse 915 grammes ; on demande combien il faut de pièces de $0^{fr},50$ pour faire équilibre à un quart de litre de cette huile.

R. Il faut 91 pièces et demi.

9. Un bec de gaz consomme $1^{hectol},35$ de gaz par heure ; quelle sera la consommation de 350 becs pareils allumés pendant 7 heures. Quelle sera la dépense si le gaz coûte $0^{fr},36$ le mètre cube.

R. $135^l \times 350^b \times 7^h = 330750^l$, à $0^f,36$ le mètre cube, la dépense sera de $119^{fr},07$.

10. Quel est le poids d'une somme de 1200 fr. 1° en or ; 2° en argent ; 3° en bronze ?

R. La somme pèse, en argent $1200^{fr} \times 5^{gr} = 6000^{gr}$; en or $6000 : 15,5 = 387^{gr},097$; en bronze, 120000^{gr} ou 120 kilog.

11. Une fermière va au marché avec 26 douzaines $\frac{1}{2}$ d'œufs qu'elle se propose de vendre pour $24^{fr},96$; en chemin, elle casse 6 œufs ; combien doit-elle vendre la $\frac{1}{2}$ douzaine du reste pour retirer la même somme ?

R. Elle doit vendre $24^{fr},96 : (26 \times 2) = 0^{fr},48$ la demi-douzaine.

12. Un ouvrier consomme par jour pour $0^{fr},10$ de tabac et mange en moyenne 8 hectogr. de pain à $0^{fr},45$ le kilog. ; on demande pendant combien de jours cet ouvrier pourrait se procurer le pain qui lui est nécessaire, avec la somme qu'il dépense en un an pour l'achat de son tabac.

R. Tabac $0^{fr},10 \times 365 = 36^{fr},50$ par an ; pain $0^{fr},36$ par jour ; donc $36^{fr},50 : 0^{fr},36 = 101$ jours et il reste 14 centimes.

13. Les diamètres des pièces de 1, 2 et 5 francs exprimés en millimètres sont représentés respectivement par les nombres 23, 27 et 37. Cela posé, quelle longueur obtient-on en mettant l'une à

côté de l'autre soit 19 pièces de 5 fr. en argent et 11 de 2 fr. ;
soit 20 pièces de 2 fr. et 20 de 1 fr. ?

R. Dans les deux cas on trouve 1 mètre exactement.

14. Un cultivateur a vendu pour $4282^{fr},80$ de blé à $25^{fr},80$ l'hectolitre. Quelle est l'étendue des champs qui ont produit ce blé, si l'hectare rapporte 20 hectol. de blé ?

R. Le cultivateur a vendu 166 hectol. de blé; on trouvera donc pour l'étendue du champ $8^{ha}30^{a}$.

15. Un ouvrier gagne 24 fr. par semaine ; il veut placer chaque mois $\frac{1}{4}$ de son gain à la Caisse d'épargne. Combien placera-t-il par an et que lui reste-t-il pour sa dépense journalière ?

R. Dans 52 semaines, l'ouvrier gagne 1248 fr.; il place par an 312 fr.; et il lui reste $2^{fr},564$ à dépenser par jour.

16. Un père de famille achète une pièce de terre inculte qu'il paie $7^{fr},75$ l'are et la fait défricher par ses enfants; puis il la revend avec 50 % de bénéfice. Combien a-t-il revendu l'hectare ? combien a-t-il gagné en tout si le terrain était de 240 ares ?

R. Prix du terrain $7^{fr},75 \times 240^{a} = 1860^{fr}$; prix de revente $1860 + 930 = 2790^{fr}$; il revend l'hectare $1162^{fr},50$; il gagne en tout 930 fr.

17. Quelle est la quantité d'argent pur qui entre dans la fabrication d'une somme composée de 28 pièces de 5 fr., 17 pièces de 2 fr., et 34 pièces de 20 centimes?

R. Les 28 pièces de 5 fr. au titre de 0,900 donnent 630 gr. d'argent pur et les pièces divisionnaires au titre de 0,835 en donnent $170^{gr},34$. Ensemble $800^{gr},34$ d'argent pur.

18. Un particulier qui devait 3500 fr. a donné en paiement 6 pièces de vin, chacune de 230 litres à $0^{fr},65$ le litre ; 8 pièces de 225 litres à $0^{fr},75$ le litre et 7 pièces à $0^{fr},80$. Quel est le nombre de litres de ces dernières pièces ?

R. Les 14 premières pièces valent 2247^{fr}; il reste 1253 fr. pour le prix des 7 dernières pièces, ce qui donne $223^{l},75$ pour chacune de ces pièces.

19. Une salle de classe rectangulaire a $9^m,78$ de long, $5^m,36$ de large et $3^m,45$ de haut. On demande de combien il faudrait élever le plafond pour que chacun des 52 élèves qui y sont reçus eût, ainsi que l'instituteur, 4 mètres cubes d'air à respirer.

R. Il faut que la classe contienne $4^{m3} \times 53 = 212^{m3}$. La hauteur doit être de $212^{m3} : (9^m,78 \times 5^m,36) = 4^m,04$. Il faut donc élever le plafond de $0^m,59$.

20. Une pompe fournit $2^l,25$ d'eau par coup de balancier et l'on donne quinze coups par minute ; 1° combien de coups faudrat-il pour remplir un réservoir long de $2^m,70$ large de $2^m,40$ et profond de $1^m,50$; 2° combien de temps ?

R. Le réservoir contient 9720 litres; la pompe fournit $33^l,75$ par minute; il faut 4320 coups de balancier, et 4 heures 48 minutes pour remplir le bassin.

21. Quel est le diamètre de la Lune, sachant qu'il est à celui de la Terre comme 27 est à 100 et que la longueur de ce dernier est de 2865 lieues.

R. Le diamètre de la Lune égale les $\frac{27}{100}$ de 2865 lieues; il est donc de $773^{lieues},55$.

22. On demande quelle est, en litres, la capacité d'un vase, sachant que l'eau qui remplissait ce vase pèse autant que 25 pièces de 5 francs en argent, plus 64 pièces de dix centimes.

R. Les 25 pièces de 5 francs pèsent 625^{gr}; les 64 pièces de 10 centimes pèsent 640 gr.; les deux sommes $= 1265$ gr. correspondent à 1265 millilitres ou $1^l,265$.

23. Un tronc de chêne équarri a coûté $55^{fr},50$ et a fourni 34 planches de $1^m,60$ de long; quel est le prix moyen du mètre courant de ces planches, sachant que le sciage a employé 2 ouvriers pendant 2 jours, à raison de $3^{fr},50$ par jour.

R. Le bloc revient à $55^{fr},50 + 14^{fr} = 69^{fr},50$; les 34 planches font une longueur de $54^m,40$. Le prix du mètre courant est donc de $1^{fr},28$.

24. La Caisse d'épargne donne $3^{fr},50$ °/₀ d'intérêt par an. Une personne éoonome y a déposé 80 fr. le 1er janvier et 120 fr. le

1er avril ; elle retire son argent à la fin de décembre de la même année. On demande combien elle recevra en tout, capital et intérêt.

R. La première semaine du dépôt et la semaine du retrait étant à déduire, les 80 fr. restent déposés pendant 50 semaines et les 120 fr. pendant 37 semaines; le déposant recevra 205^f,68.

25. Quelle quantité de cuivre faut-il ajouter à un lingot d'argent pur, pesant 1^{kg},25 pour faire des pièces de 2 francs, de 1 fr. et de 0^{fr},50.

R. Au 2e titre, pour 835 gr. d'argent pur, il faut 165 gr. de cuivre; pour 1 gr. d'argent pur, il faut $\frac{165}{835}$ et pour 1250 gr. il faudra $\frac{165}{835} \times 1250 = 247$ gr. de cuivre.

26. On a acheté une pièce de toile de 65^m,50 à 1^{fr},25 le mètre ; on en a revendu $\frac{1}{3}$ à 1^{fr},85 ; la moitié à 1^{fr},70 et le reste à 1^{fr},40 ; combien a-t-on gagné sur le tout et combien pour $^o/_o$ sur le prix d'achat ?

R. Prix d'achat 81^f,545 ; la vente a produit 24^f,235 $+$ 55^f,675 $+$ 27^f,51 $=$ 107^f,42 ; le bénéfice qui est de 25^f,545 représente le 31,20 pour % du prix d'achat.

27. Dans un pays montagneux, on a échangé une propriété de 62 hectares 728 centiares, estimée 2^{fr},40 l'are contre une propriété qui ne vaut que 182^{fr},55 l'hectare. Quelle est l'étendue de celle-ci ?

R. La 1re propriété vaut 14 897^f,472 ; l'étendue de la 2e propriété est 14 897^f,472 : 182^f,55 $=$ 81^{ha} 55^a 28^{ca}.

28. Un bassin reçoit par demi-heure 45 litres $\frac{1}{2}$ d'eau et perd par un orifice 6 litres $\frac{3}{4}$ dans le même temps ; combien conservera-t-il de litres dans 1 heure $\frac{1}{2}$?

R. Chaque demi-heure le bassin conserve 38^l,75 et dans 1^h $\frac{1}{2}$, il en conservera 116^l,25.

29. On veut former un stère de bois avec des bûches de 0^m,85 ; quelle sera la hauteur du tas, si on empile ces bûches entre deux pieux distants de 0^m,92 ?

R. La surface de la base du stère est 0^{m2},782 ; la hauteur du tas sera 1^{m3} : 0,782 $=$ 1^m,278.

30. Un rentier consacre un dixième de ses revenus aux pauvres et les 75 centièmes à ses dépenses personnelles, il lui reste en outre 678 fr. par an. Quel est son revenu annuel?

R. $\frac{1}{10}$ ou $\frac{10}{100} + \frac{75}{100} = \frac{85}{100}$; donc 678 fr. $= \frac{15}{100}$ du revenu, lequel égale 4520 fr.

31. On demande combien les $\frac{3}{4}$ d'un décilitre valent de centimètres cubes.

R. Un décilitre $= 0^l,1 = 100$ millilitres ou 100 centimètres cubes; donc les $\frac{3}{4} = 75$ centimètres cubes.

32. Une étoffe est réduite, après avoir été mouillée, du $\frac{1}{15}$ de sa longueur primitive et du $\frac{1}{16}$ de sa largeur. Quelle longueur d'étoffe neuve faut-il prendre pour couvrir 50 mètres carrés après lavage? — La largeur de l'étoffe avant cette opération est $0^m,80$.

R. La largeur $0^m,80$ se réduit à $0^m,75$; la longueur de l'étoffe lavée égale $50^{m2}: 0^m,75 = 66^m,667$ qui représentent les $\frac{14}{15}$ de l'étoffe à acheter ; il en faut donc $71^m, 428$.

33. Une personne veut acheter de la rente 5 %; à quel prix lui faudra-t-il acheter pour que l'argent lui rapporte $4^{fr},25$ pour 100. Quel capital devra-t-elle placer pour avoir 2000 fr. de revenu?

R. Pour $4^{fr},25$ de rente, il faut 100 fr. de capital; pour 1 fr. il faut $\frac{100}{4,25}$ et pour 5 fr. il faut $117^{fr},644$ (cours de la rente); pour un revenu de 2000 fr. il faut placer $47\,057^{fr},60$.

34. On a dissous dans 5 litres d'eau $1^{kg},760$ de sucre à $1^{fr},50$ le kilog.; le sucre ayant fait augmenter le volume primitif du liquide de $\frac{1}{10}$ on demande 1° la valeur de 1 décalitre de cette eau sucrée; 2° la valeur du litre.

R. $5^l,5$ de cette eau sucrée coûtent $2^{fr},64$. Un litre coûtera $0^{fr},48$ et un décal. $4^{fr},80$.

35. Un père de famille a acheté du blé à deux reprises différentes et au même prix ; il en a acheté d'abord pour 85 fr. et ensuite pour 119 fr.; sachant que la seconde fois il en a eu 8 décalitres de plus que la première, trouver combien il en a acheté de double-décalitres en tout?

R. La différence des achats ou 34 fr. est le prix de 8 décal.; 1 décal. vaut donc $4^{fr},25$; il a dépensé en tout

204 fr.; il a donc acheté 48 décalitres ou 24 double-décalitres.

56. Un rouleau de pièces de 20 fr. valant 1000 fr. a une longueur de $0^m,064$; quelle est l'épaisseur d'une pièce de 20 fr.; combien faudrait-il empiler de ces pièces les unes sur les autres pour faire une pile d'un mètre de hauteur?

R. Une pièce de 20 fr. a $0^m,00128$ d'épaisseur; donc pour une pile de 1^m il faudra 781 pièces, plus une fraction de $0^m,00032$.

57. Les $\frac{2}{3}$ du bois que contient un magasin ont été vendus 2940 fr., à raison de 14 fr. le stère. Combien de stères sont restés en magasin et quelle en est la valeur?

R. Il reste en magasin 105st qui valent 1470 fr.

58. Un capital placé à $4\frac{1}{2}$ °/₀ pendant 8 mois a produit $201^{fr},90$; quel est ce capital?

R. L'intérêt d'un mois est $25^f,2375$; celui de 12 mois $302^f,85$ lequel à 4,50 % correspond à un capital de 6730 fr.

59. On a un bloc de pierre de forme cubique ayant $0^m,84$ d'arête. Si la pierre vaut $7^{fr},50$ le mètre cube et la taille $1^{fr},15$ le mètre carré, quel est le prix de cette pierre taillée?

R. Volume du bloc $0^{m3},592704$; surface totale $4^{m2},2336$; prix de la pierre $4^{fr},445$; prix de la taille $4^{fr},868$; prix de la pierre taillée $9^{fr},313$.

40. Trouver le prix d'un objet, sachant qu'il y a 17 fr. de différence entre les $\frac{5}{7}$ et les $\frac{3}{11}$ de sa valeur.

R. La différence des deux fractions ou $\frac{34}{77} = 17$ fr.; donc le prix de l'objet est $38^f,50$.

41. On verse $32^{gr},025$ d'huile dans un demi-décilitre; quel est le poids de l'eau pure nécessaire pour le remplir, si le litre d'huile pèse 915 grammes?

R. 915 gr. d'huile occupent 1 litre ou 1000^{cm3}; donc $32^{gr},025$ occupent 35^{cm3}; or, 1 demi-décil. $= 50^{cm3}$; donc il faut 15^{cm3} ou 15 grammes d'eau pure pour remplir le demi-décilitre.

42. La plus grande des pyramides d'Égypte a 146 mètres de hauteur et pour base un carré de 233 mètres de côté. Quel est son volume ?

R. La base multipliée par $\frac{1}{3}$ de la hauteur donne pour le volume demandé 2 642 064$^{\text{m3}}$,666...

43. Une barre de fer ronde de 0^{m},175 de diamètre pèse 450 kilog. Quelle est sa longueur ? Le poids d'un décimètre cube de fer est 7^{kg},750.

R. Appelant L la longueur demandée, on a

$$\pi \, \mathrm{R}^2 \times L \times 7{,}75 = 450^{\text{kg}} \, ;$$

d'où $L = \dfrac{450}{3{,}1416 \times (0^{\text{dm}}{,}875)^2 \times 7{,}75} = 24^{\text{dm}}{,}14$

c'est-à-dire 2^{m},414 (voir probl. 551).

IIe Série. — Brevet simple*.

1. Des divers moyens employés pour réduire une fraction à sa plus simple expression. Appliquer à la fraction $\frac{120}{252}$. (*Paris,* 1879.)

R. Voir *Nouvelle Arith.*, p. 179, 180, 181 et 290.

2. Sur un terrain d'un hectare, il est tombé de la neige qui a formé une couche de cinq centimètres d'épaisseur. On demande la quantité d'eau que fournira cette neige fondue, sachant que la neige pèse environ dix fois moins que l'eau ? (*Paris*, 1879.)

R. Le volume de la neige est de 500$^{\text{m3}}$ ou 500 000$^{\text{dm3}}$. La neige fondue fournira donc 50 000 litres d'eau.

3. Définir le plus petit multiple commun à plusieurs nombres. Énoncer la règle à suivre pour trouver le plus petit multiple commun à plusieurs nombres et appliquer cette règle à la recherche du plus petit multiple commun aux nombres 256, 756, 12 348. (*Paris*, 1879.)

R. D'après la théorie (*Nouvelle Arith.*, p. 289), on trouvera $2^8 \times 3^3 \times 7^3 = 2\,370\,816$.

---

* Ce brevet de capacité est souvent désigné sous le nom de *brevet élémentaire, brevet obligatoire, brevet du 2me ordre.*

4. Un négociant souscrit trois billets savoir : le 1er de 2500 fr. payable le 18 avrii ; le 2e de 1700 fr. payable le 2 mai ; le 3e de 1250 fr. payable le 30 mai. Le 31 mars, il veut remplacer ces trois billets par un seul dont la valeur nominale soit égale à la somme des valeurs nominales des trois autres et dont l'escompte soit égal à la somme de leurs escomptes. On demande quelle sera la date de l'échéance du nouveau billet. (*Paris*, 1879.)

R. Le 1er billet est payable dans 18 jours ; le 2e dans 32 jours ; le 3e dans 60 jours. En opérant d'après la théorie exposée, *Arith.*, p. 253, on trouvera 32 jours pour l'échéance commune, ou le 2 mai.

5. La distance de Paris à Belfort est de 443 kilom. ; un train part de Paris à 10h 5m du matin et sa vitesse moyenne est de 56 kilom. à l'heure ; un autre train part de Belfort à 8 h. 45m du matin et sa vitesse moyenne est de 42 kilom. par heure. On demande à quelle distance de Paris et à quelle heure les trains se croiseront. (*Dijon*, 1879.)

R. Quand le train part de Paris, celui de Belfort a déjà fait 56km et la distance qui sépare les deux trains n'est plus que de 387 kilom. ; ils se rapprochent alors de 98 kilom. par heure ; ils se rencontreront donc dans $387 : 98 = 3^h\ 56^m\ 56^s$, c'est-à-dire à $10^h\ 5^m + 3^h\ 56^m\ 56^s = 14^h\ 1^m\ 56^s$, ou à $2^h\ 1^m\ 56^s$ du soir et à $221^{km}\ \frac{1}{7}$ de Paris.

6. Changement que subit la fraction $\frac{7}{12}$ si on ajoute un même nombre 3 à ses deux termes. (Démontrer.) (*Toulouse*, 1879.)

R. Voir le *Guide du Maître*, p. 202.

7. Payer 1158fr,50 avec des poids égaux de monnaies d'or, d'argent et de billon ; combien faut-il donner de pièces de 5 fr. d'argent et d'or, et combien de monnaie de billon ? (*Toulouse*, 1879, *brevet facultatif*).

R. 1gr d'or vaut 3fr,10 ; 1gr d'argent 0fr,20 ; 1gr de billon 0fr,01 ; ainsi 1158fr,50 : 3fr,31 = 350 fois 1gr d'or, 1gr d'argent et 1gr de billon ; donc il faudra 217 pièces de 5 fr. en or ; 14 pièces 5 fr. en argent et 35 pièces de 10 centimes.

8. Une somme de 2704 fr. doit être partagée entre trois personnes. La part de la 1re doit être les $\frac{2}{3}$ de celle de la seconde ; la part de la seconde doit être les $\frac{4}{5}$ de celle de la 3e. Combien revient-il à chaque personne ? Vérifier les résultats. (*Paris*, 1879.)

R. En désignant par 1 la part de la 3e personne, on trouvera qu'il faut partager 2704 fr. proportionnellement aux nombres 8, 12, 15. La 1re part sera 618fr,06 ; la 2e, 927fr,08 ; la 3e, 1158fr,86.

9. Quelle est en kilomètres la distance de la Terre au Soleil, sachant qu'elle équivaut à 12 000 fois le diamètre de la Terre, et que dans toute circonférence de cercle, la circonférence est les $\frac{22}{7}$ du diamètre ? (*Paris*, 1879.)

R. Le diamètre de la Terre $= 40\,000^{km} : \frac{22}{7} = 12\,727$ kilom. ; la distance de la Terre au Soleil est donc de 152 724 000 kilomètres.

10. Réduire au plus petit dénominateur commun les fractions suivantes : $\frac{5}{12}\ \frac{9}{20}\ \frac{19}{54}$; indiquer la méthode qui sert à résoudre les questions de ce genre. (*Paris*, 1879.)

R. Le plus petit dénominateur commun est 540. (Voir *Arith.*, p. 289.)

11. Un champ de forme rectangulaire a 239m,7 de longueur et 174m,8 de largeur. On demande 1º quelle est la superficie de ce terrain en hectares, ares et centiares ; 2º quelle dépense on aurait à faire pour répandre sur le sol de ce champ trois litres et demi de chaux par mètre carré, sachant que la chaux coûte 8fr,75 le mètre cube. (*Poitiers*, 1879.)

R. La surface du champ $= 4^{ha}\ 18^a\ 99^{ca}$; chaux $= 146\,648^l,46$ ou $146^{m3},648$; dépense $= 1283^{fr},17$.

12. Théorie des questions d'alliage. — Indiquer les deux principaux genres que comprennent ces questions, et en expliquer la solution sur des exemples convenablement choisis. (*Poitiers*, 1879 *brevet facultatif.*)

R. Voir *Arith.*, p. 255 et *Guide du Maître*, p. 185.

13. Un marchand a acheté 15 hectol. de vin qui lui ont coûté 990fr,75. Les droits d'entrée sont de 0fr,025 par litre, et il a payé 39fr,65 pour le transport. Combien devra-t-il vendre le litre de vin pour faire un bénéfice de 25 %? (*Paris*, 1879.)

R. Les 15 hectol. reviennent à 1067fr,90; pour gagner le 25 % sur le prix de revient, il faut vendre le litre 0^{fr},89.

14. Depuis le moment où un éclair a jailli d'un nuage orageux jusqu'au moment où le coup de tonnerre s'est fait entendre, j'ai compté à mon pouls 15 pulsations. On demande à quelle distance se trouvait le nuage sachant : 1° que mon pouls bat 72 pulsations par minute ; 2° que la lumière ne met pas de temps appréciable pour venir du nuage jusqu'à nous ; 3° que le son parcourt 340 mètres par seconde. (*Paris*, 1879.)

R. Les 15 pulsations correspondent à 12^s,5 ce qui donne pour la distance cherchée 4250 mètres.

15. Montrer et expliquer que le produit de plusieurs fractions $\frac{2}{5} \times \frac{3}{7} \times \frac{5}{9}$ ne change pas, si l'on intervertit l'ordre des facteurs. (*Paris*, 1879.)

R. Le théorème de la page 279 (*Nouvelle Arith.*,) combiné avec la théorie des *fractions de fractions* (*Arith.*, p. 200), donne la solution demandée.

16. En passant de la température de 4° à celle de 100°, l'eau pure se dilate de $\frac{1}{24}$ de son volume. Quel sera le poids de 6 litres d'eau pure à 100° ? (*Besançon*, 1879.)

R. A 100° chaque litre d'eau a pris un volume de $\frac{25}{24}$ de litre et perd $\frac{1}{25}$ de son poids ou de 1 kilog.; les 6 litres à 100° perdent donc 240 gr. et ne pèsent plus que 5^{kg},760.

17. Exposé sommaire de notre système monétaire, — son origine. (*Besançon*, 1879.)

R. Voir *Arith.*, p. 160.

18. Il faut 8 mètres cubes d'air par personne pour que la respiration ait lieu dans de bonnes conditions ; quelle devra être la longueur d'une salle destinée à recevoir 135 personnes si la hauteur doit avoir 3^m,75 et la largeur 8^m,694 ? (*Besançon*, 1879.)

R. En désignant par L la longueur cherchée, on a $L \times 8^m,694 \times 3^m,75 = 135 \times 8$. On trouvera $L = 33^m,126$.

19. On suppose que 1 hectare de terre produit en moyenne 10 hectol. $\frac{1}{2}$ de blé, et on admet que 3 hectol. 15 litres de blé donnent un sac de farine de 156 kilog. On demande, d'après cela, combien d'ares et de centiares de terre il faudrait ensemencer pour produire 1° un sac de farine; 2° un quintal métrique de farine. (*Paris*. 1879.)

R. 1° Pour produire 1050^l de blé, il faut 100 ares; pour 315^l de blé ou 156^{kg} de farine, il faudrait 30 ares.

2° Pour produire un quintal métrique de farine, il faudra $19^a,23$.

20. Donner la règle à suivre pour réduire une fraction à sa plus simple expression. Appliquer cette règle à la fraction suivante $\frac{26136}{38544}$. (*Paris*, 1879.)

R. Voir *Arith.*, p. 181.

21. Une personne a placé les $\frac{3}{5}$ de ses fonds à 4 °/₀ et le reste à 6 °/₀; elle se fait ainsi une rente annuelle de 9984 fr. On demande : 1° Dans quel rapport sont entre elles les deux portions de la rente annuelle; la 1ʳᵉ de la partie du capital placé à 4 °/₀ et la 2ᵐᵉ de la partie du capital placé à 6 °/₀, et quelles sont les valeurs de ces deux portions. 2° Quelles sont les valeurs des deux portions du capital, dont l'une est placée à 4 °/₀ et l'autre à 6 °/₀. 3° Enfin quel est le total du capital et à quel taux moyen il se trouve placé. (*Paris*, 1879.)

R. Soit un capital de 100 fr.; les $\frac{3}{5}$ ou 60 fr. à 4 % rapportent $2^{fr},40$; les 40 fr. restants à 6 % donnent aussi $2^{fr},40$. Chaque rente est donc égale à 4992^{fr}. Or, le capital qui à 4 % donne 4992 fr. est 124 800 fr. et celui qui à 6 % donne la même rente est 23 200 fr. Le total du capital est donc 208 000 fr. et le taux moyen $4^{fr},80$ %.

22. On a fondu 6000 fr. en pièces de 5 fr. pour fabriquer des pièces de $0^{fr},50$ au titre de 0,835; quelle est la quantité de cuivre qu'il a fallu ajouter à l'alliage et combien a-t-on fait de pièces ? (*Rennes*, 1879.)

R. Les 6000 fr. pèsent 30 000 gr. et contiennent 27 000 gr. d'argent pur; or, le nouveau lingot multiplié par 0,835 = 27 000 gr. d'argent pur et pèsera 32 335 gr. Donc il faut ajouter 2335 gr. de cuivre et le nouveau lingot fournira 12 934 pièces de $0^{fr},50$. (Voir *Guide du Maître*, p. 186).

25. Un hectolitre d'huile pèse 91^{kg} $\frac{1}{2}$ et coûte 118^{fr},50 pris sur place ; le port jusqu'à Paris revient à 65^{fr},75 les 1000 kilog. ; combien devra-t-on vendre 500 grammes de cette huile pour faire un bénéfice de 18 $^o/_o$ sur le prix d'acquisition ? (*Rennes*, 1878.)

R. L'hectolitre d'huile revient à 124^{fr},516 ; le 18 % de ce prix est 22^{fr},412. L'huile devra donc être revendue 1^{fr},60 le kilog. ou 0^{fr},80 les 500 grammes.

24. Un train *express* part de Paris pour Lyon à 7 h. 15 m. du soir et doit arriver à Lyon à 4 h. 33 m. du matin ; un autre train express part de Lyon à la même heure, 7 h. 15 m. du soir, et se dirige sur Paris où il doit arriver à 5 h. 10 m. du matin. On demande les vitesses moyennes de ces trains, et à quelle heure et à quelle distance de Paris et de Lyon ils se rencontreront. — On sait que la distance de Paris à Lyon est de 512 kilomètres. (*Paris.* 1878.)

R. L'express de Paris a une vitesse moyenne de 55 kilom. et l'express de Lyon, une vitesse de 51^{km},6. La rencontre des deux trains aura lieu à 4^h 48^m après leur départ ou à 7^h 15^m + 4^h 48^m = 12^h 3^m ou à minuit 3 minutes, à 264 kilom. de Paris et à 248 kilom. de Lyon.

25. Un litre d'eau pure pèse 1 kilog. et 1 litre d'acide nitrique pèse 1^{kg},480 ; on demande quelle est la quantité d'eau qu'il faut ajouter à 1 kilog. d'acide nitrique pour que le litre du mélange pèse 1^{kg},290. (*Aix*, 1879, *facultatif.*)

R. En adoptant la méthode exposée, *Arith.*, p. 257, on a

1^l acide pèse . . 1480		290 parties en volume.
1^l mélange 1290		
1^l eau pèse . . . 1000		190 parties en volume.

Il faut donc mélanger 290^l d'acide, par exemple, avec 190^l d'eau, ou bien en poids 429^{kg},2 d'acide avec 190^{kg} d'eau. Par conséquent, pour 1 kilog. d'acide, il faudra $\frac{190^{kg}}{429,2}$ = 0^{kg},4427 ou 442^{gr},7 d'eau.

Solution algébrique. — On cherche d'abord le volume de 1 kg. d'acide ; la formule P = V × D donne pour ce volume 675^{cm3},67 ; on pose ensuite l'équation suivante basée sur la même formule :

$$\frac{P}{V} = D \quad \text{ou} \quad \frac{1000^{\text{gr}} \text{ acide} + x^{\text{gr}} \text{ eau}}{675^{\text{cm}^3},67 + x^{\text{cm}^3}} = 1,290$$

d'où $x = 442^{\text{gr}},7$ ou $442^{\text{cm}^3},7$.

Donc, à 1^{kg} d'acide, il faut ajouter $442^{\text{gr}},7$ d'eau pour avoir la densité 1,290.

*** 26.** Un train part de Paris pour Marseille à $6^{\text{h}} 30^{\text{m}}$ du matin et passe à Lyon à $10^{\text{h}} 30^{\text{m}}$ du soir. Un autre train part de Marseille pour Paris à $7^{\text{h}} 15^{\text{m}}$ du matin et passe à Avignon à $10^{\text{h}} 41^{\text{m}}$. La distance de Paris à Marseille est de 863 kilomètres ; celle de Paris à Lyon de 512 kilom. et celle de Marseille à Avignon de 120 kilom. A quelle heure et à quelle distance de Paris les deux trains se rencontreront-ils ? (*Montpellier*, 1878.)

R. Ce problème est semblable au problème 24. On cherchera d'abord les vitesses des deux trains, et on achèvera le probl. comme au n° 24 ; on trouvera pour l'heure de la rencontre $7^{\text{h}} 47^{\text{m}}$ du soir, à 425 kilom. de Paris.

27. Le département de l'Isère est compris entre $44^{\circ} 43'$ et $45^{\circ} 53' 20''$ de latitude septentrionale et entre $2^{\circ} 24' 42''$ et $4^{\circ} 1' 15''$ de longitude orientale. 1° En supposant que les deux points extrêmes en latitude fussent sur le même méridien, quelle serait en kilomètres leur distance comptée sur ce méridien ? 2° Quelle heure est-il au point le plus oriental du département quand il est midi au point le plus occidental ? 3° Quelle heure est-il à Paris quand il est midi à Grenoble ? (La longitude de Grenoble est $3^{\circ} 23' 36''$; les degrés de longitude sont comptés à partir du méridien de Paris) (*Grenoble*, 1878.)

R. La différence des latitudes est $1^{\circ} 10' 20'' = 130^{\text{km}},222$. La différence des longitudes est $1^{\circ} 36' 33'' = 6^{\text{m}} 26^{\text{s}},2$ de différence en temps. Différence du méridien de Paris à celui de Grenoble $= 3^{\circ} 23' 36'' = 13^{\text{m}} 34^{\text{s}},3$ en temps ; donc, quand il est midi à l'ouest du département de l'Isère, il est midi $6^{\text{m}} 26^{\text{s}},2$ à l'est, et quand il est midi à Grenoble il est $11^{\text{h}} 46^{\text{m}} 25^{\text{s}},7$ à Paris.

28. Que devient un quotient lorsque simultanément on multiplie le dividende et le diviseur par un même nombre ? — Vérification à l'aide de l'exemple suivant : 448866 à diviser par 45,63. (*Grenoble*, 1878.)

R. Voir le *Guide du Maître*, p. 58.

29. Une caisse a pour dimensions $1^m,17$; $0^m,90$; $1^m,04$. Combien pourra-t-on y loger de pains de savon, à base carrée, ayant $0^m,13$ de côté et $0^m,29$ de hauteur, les $\frac{3}{25}$ du volume de la caisse devant être réservés pour l'emballage? (*Paris*, 1879.)

R. Volume de la caisse $= 1^{m3},095120$. Espace occupé par le savon $= 0^{m3},963705$. Volume d'un pain $= 0^{m3},004901$. On pourra donc loger dans la caisse 196 pains, plus un reste.

50. Calculer à moins de 0,01 près, le produit de $\frac{83}{11}$ par 235. (*Paris*, 1878.)

R. Voir *Arith.*, p. 196 et 101.

51. Une bouteille remplie d'huile aux $\frac{11}{15}$ de sa capacité pèse 649 grammes de plus que si elle est pesée étant vide. Quelle est, à moins d'un centimètre cube près, la contenance de cette bouteille si le poids du double décalitre de cette huile est à celui de la même quantité d'eau dans le rapport de 37 à 40? (*Nancy*, 1879.)

R. La densité de cette huile est $\frac{37}{40} = 0,925$ (voir *probl.* 536). La formule $P = V \times D$ (*Arith.*, p. 312) donne $701^{cm3},62$ pour le volume des 649 grammes d'huile, c'est-à-dire pour les $\frac{11}{15}$ de la capacité de la bouteille ; donc cette capacité $= 956^{cm3},7$.

52. A quelles conditions doivent satisfaire les termes d'une fraction ordinaire pour donner, par la conversion : 1° une fraction décimale exacte; 2° une fraction périodique simple; 3° une fraction périodique mixte. — *Nota.* Faire les démonstrations au moyen d'exemples convenablement choisis. (*Nancy*, 1879.)

R. Voir *Arith.*, p. 290, *Supplément d'Arith.*, p. 63 et les NOTES, à la fin du volume.

55. Un chemin de fer prend pour le transport des charbons $0^{fr},095$ par tonne et par kilomètre ; on paye en outre un droit fixe de $2^{fr},25$ par wagon contenant 8250 hectol. A combien reviendront $32\,427^{hectol},45$ achetés au prix de $2^f,90$ l'hectolitre et transportés par le chemin de fer à 25 myriam, 83 ? L'hectolitre de charbon pèse $81^{kg},8$. (*Paris*, 1878.)

R. Les $32\,427^{hl},45$ de charbon pèsent $2\,652\,565^{kg},41$ et coûtent $94039^{fr},60$; les frais de transport s'élèvent à 65089^{fr},97 et le droit fixe à 22^{fr},45 ; ce charbon reviendra donc à 159152^{fr},02.

54. La latitude de Dunkerque est de 51°2′11″; celle de Barcelone est de 41° 22′59″. Quelle est la distance en kilomètres qui sépare ces deux villes, en admettant qu'elles se trouvent sur le même méridien? (*Paris, 1879.*)

R. La différence des deux latitudes est 9° 39′12″; or, 1° de latitude vaut 111^{km},111; donc la distance qui sépare les deux villes est de 1072^{km},580.

55. Un poteau vertical est partagé en trois parties : l'une blanche, a 0^m,47 de long ; l'autre, bleue, vaut les $\frac{5}{12}$ de la longueur totale ; la longueur de la 3me, qui est noire, s'obtient en ajoutant 0^m,70 aux $\frac{2}{9}$ de la longueur du poteau. Quelles sont les longueurs de la partie bleue et de la partie noire? Quelle est la longueur totale du poteau? (*Montpellier, 1879.*)

R. $\frac{5}{12} + \frac{2}{9} =$ les $\frac{23}{36}$ de la longueur du poteau ; donc 0^m,47 $+$ 0^m,70 ou 1^m,17 $=$ les $\frac{13}{36}$ restants. La longueur totale du poteau est donc de 3^m,24 ; la partie bleue est de 1^m,35 et la partie noire de 1^m,42.

56. Deux personnes se sont partagé un héritage, il y a un an et demi. L'une a reçu $\frac{2}{9}$ de l'héritage de plus que l'autre, et elle a immédiatement placé sa part totale à intérêt à 6 %. — Elle obtient ainsi, en tout, une somme qui lui permet d'acheter une inscription de rente de 500 fr. à 3 %, au cours de 72^{fr},25. Quelle était la valeur de l'héritage? On tiendra compte dans l'achat du titre de rente, du courtage, soit $\frac{1}{8}$ p. %. (*Montpellier,* 1879. *facultatif.*)

R. Le 1er héritier a reçu les $\frac{11}{18}$ et le 2e les $\frac{7}{18}$ de l'héritage. L'inscription de rente a coûté 12041^{fr},66 $+$ 15^{fr},05 de courtage ou 12056^{fr},71 ; cette somme contient la part du 1er héritier et l'intérêt de cette part à 6 % pour 18 mois. La formule connue (*Nouvelle Arith.*, p. 233) donnera 11061^{fr},20 pour les $\frac{11}{18}$ de l'héritage qui est par conséquent égal à 18100^{fr},14.

57. Expliquer la multiplication des fractions sur l'exemple suivant : $(3 - \frac{2}{5}) \times \frac{4}{7}$. (*Paris, 1879.*)

R. Voir *Nouvelle Arith.*, pages 184 et 196.

58. Une marchande achète 56^m $\frac{3}{4}$ de drap à raison de 12^{fr},75 le mètre ; elle emploie $6^{m}\frac{3}{8}$ pour habiller ses enfants ; combien doit-elle revendre le reste pour rentrer dans ses déboursés et de plus gagner $12\frac{1}{2}$ p. %? (*Paris,* 1879.)

R. Le prix d'achat égale $723^{fr},56$; le 12 1/2 % $= 90^{fr},44$; le prix de revente sera donc 814 fr. ou $16^{fr},158$ le mètre pour les $50^{m}\frac{3}{8}$ restants.

59. Un industriel emploie deux ouvriers dont le 1er reçoit pour sa journée un salaire double de celui que reçoit l'autre. On donne au premier, pour 12 journées de travail 40 fr. et 10 litres de vin ; on donne au second, pour 9 journées de travail $16^{fr},40$ et 2 litres de vin. Quel est le prix d'un litre de ce vin ? (*Douai,* 1878.)

R. Le 1er ouvrier gagne par jour $\frac{40^{f}}{12} + \frac{10^{litres}}{12}$ et le 2e gagne par jour $\frac{16^{fr}40}{9} + \frac{2^{litres}}{9}$. La première somme est double de la seconde ; on a donc :

$$\frac{40^{fr}}{12} + \frac{10^{l}}{12} = \frac{32^{fr},80}{9} + \frac{4^{l}}{9}.$$

En réduisant au même dénominateur 36 et divisant par 36 les deux membres de l'égalité, on a

$$120^{fr} + 30^{l} = 131^{fr},20 + 16^{l}$$

ou bien $14^{l} = 11^{fr},20$; donc 1^{l} coûte $0^{fr},80$.

40. Transformer la somme des nombres fractionnaires $6\frac{2}{3}$ et $9\frac{3}{5}$ en une expression fractionnaire équivalente telle que les $\frac{8}{17}$ de a somme de ses termes soient égaux à 2072. (*Nancy,* 1878.)

R. $6\frac{2}{3} + 9\frac{3}{5} = \frac{244}{15}$ dont la somme des termes est $244 + 15 = 259$; cela posé, *on obtient l'expression équivalente demandée en multipliant les deux termes de l'expression primitive* $\frac{244}{15}$ *par* 17 (dénominateur de la fraction donnée $\frac{8}{17}$) ; de plus, *le nombre connu* 2072 *est le produit de* 259 (somme des termes de l'expression primitive) *par* 8 (numérateur de la fraction $\frac{8}{17}$) ; ainsi on a

$$\frac{244}{15} = \frac{244 \times 17}{15 \times 17} = \frac{4148}{255}$$ expression demandée.

En effet, $4148 + 255 = (244 + 15) \times 17 = 259 \times 17$; or, si on prend les $\frac{8}{17}$ ou 8 fois le $\frac{1}{17}$ de 259×17, on a 2072.

La règle ci-dessus permet d'obtenir facilement un grand nombre d'expressions analogues à la question proposée.

41. Les rails de chemin de fer pèsent 38 kilog. par mètre courant, et la longueur de chaque rail est de 5 mètres. La tonne de fer pour rails se paye 375 fr. On demande le poids total et le prix des rails nécessaires pour établir un chemin de fer à *double voie* sur une longueur de 4 myriamètres. (*Paris*, 1878.)

R. Les quatre rails ont une longueur de 160 kilom., et pèsent ensemble 6080 tonnes valant 2 280 000 fr.

42. On veut drainer un champ long de $132^m,45$ et large de 72^m. Les tuyaux sont espacés de 8^m et disposés dans le sens de la longueur d'un bout à l'autre du champ ; la 1re rangée de chaque côté sera posée à 4^m de la limite du champ. Le cent de tuyaux longs de $0^m,45$ coute $5^{fr},75$ et on perd en emboîtant un tuyau dans l'autre 10 % de la longueur. Calculer le prix des tuyaux nécessaires à ce drainage. (*Clermont*, 1879.)

R. Il y a 9 rangées de tuyaux formant ensemble une longueur de $1192^m,05$; chaque tuyau est réduit à $0^m,405$ de longueur ; il faudra donc $1192^m,05 : 0^m,405 = 2944$ tuyaux qui coûteront $169^{fr},28$.

43. Un coffre ayant $3^m,20$ de longueur $0^m,75$ de largeur et $1^m,65$ de hauteur est rempli de froment jusqu'aux $\frac{3}{4}$ de sa hauteur ; sachant que l'hectolitre de ce froment pèse 76 kilog., que 100 kilog. de froment donnent 82 kilog. de farine et que 60 kilog. de farine donnent 75 kilog. de pain, trouver combien on ferait de pains de $1^{kg}\frac{1}{2}$ avec le froment contenu dans ce coffre. (*Clermont*, 1879.)

R. Les $\frac{3}{4}$ de la capacité du coffre contiennent $2^{m3},970$ ou $29^{hectol},70$ de froment pesant ensemble $2257^{kg},2$ et produisant $1850^{kg},904$ de farine ; or, si 60^{kg} de farine produisent 75 kg. de pain ou 50 pains de $1^{kg},5$; on trouvera que les $1850^{kg},904$ de farine produisent 1542 pains de $1^{kg},5$ et une fraction.

44. Un marchand achète 625 stères de bois à raison de $12^{fr},25$ le stère ; il paye pour le transport et le sciage 3750^{fr}. Il revend sa provision à raison de $3^{fr},15$ le quintal métrique. On demande quel est son bénéfice, sachant que le bois pèse 0,82 du poids de l'eau sous le même volume. (*Chambéry*, 1879.)

R. Le prix de revient du bois est de 11 406^{fr},25 ; les 625 stères donnent $625 \times 0,82 = 512^{tonnes},5 =$ 5125 quintaux métriques qui fournissent une recette de 16 143^{fr},75. Le marchand fait donc un bénéfice de 4737^{fr},50.

Nota. Dans ce problème, on a confondu le stère de bois avec le mètre cube de bois *plein.*

45. On a partagé une somme entre quatre personnes ; la 1re a reçu $\frac{1}{5}$ de la somme totale, la 2e les $\frac{4}{9}$ du reste, la 3e les $\frac{2}{3}$ du 2e reste et la 4e qui a eu le dernier reste pour sa part a reçu 2400^{fr}. On demande à combien s'élevait la somme à partager, et quelle est la part de chaque personne. (*Paris*, 1878.)

R. La 1re personne prend $\frac{1}{5}$; premier reste . $\frac{4}{5}$.

La 2me — prend $\frac{16}{45}$; second reste . $\frac{20}{45}$ ou $\frac{4}{9}$.

La 3me — prend $\frac{8}{45}$; troisième reste. $\frac{12}{45}$ ou $\frac{4}{15}$.

La 4me — prend $\frac{4}{15}$ qui égalent 2400 fr.

Donc la somme à partager est 9000 fr. La 1re personne aura donc 1800 fr., la 2e 3200 fr., la 3e 1600 fr.; et la 4e 2400 fr.

46. On demande quel est le traitement d'un instituteur sachant qu'il doit subir une retenue égale à $\frac{1}{20}$ de ce traitement, qu'il dépense par an les $\frac{4}{5}$ de son traitement diminué de la retenue, plus encore 200^{fr} ; qu'enfin au bout de 6 ans, il est arrivé à économiser les $\frac{227}{550}$ de son traitement annuel. (*Douai*, 1879.)

R. L'instituteur dépense les $\frac{4}{5}$ des $\frac{19}{20}$ ou les $\frac{76}{100}$ de son traitement ; il ne lui reste que le $\frac{1}{5}$ des $\frac{19}{20}$ ou les $\frac{19}{100}$. Dans ces conditions, il aurait dû économiser dans 6 ans $\frac{114}{100}$ ou les $\frac{57}{50}$ de son traitement ; or, en réalité, il n'a économisé que les $\frac{227}{550}$, soit une différence de $\frac{400}{550}$ ou de $\frac{8}{11}$, différence provenant des 200 fr. qu'il dépense de plus par an, soit en 6 ans 1200 fr. qui représentent la fraction $\frac{8}{11}$ du traitement annuel ; il gagne donc 1650 fr. par an.

47. On a payé 8000 fr. un champ de 3 hectares 9 ares. Une partie de ce champ, ensemencée en blé, donne un revenu net de $\frac{1}{2}$ $^o/_o$; l'autre partie ensemencée en seigle ne donne que 3,5 $^o/_o$. Le revenu total ayant été de 315 fr., on demande quelle est la superficie de chacune des deux parties. (*Douai,* 1879.)

R. Les 8000 fr. placés en totalité à 4,5 % auraient produit 360 fr., au lieu de 315 fr. soit en plus 45 fr. ; cette différence vient de ce que la 2e partie du champ rapporte 1 fr. % de moins *pour chaque* 100 *fr. de capital;* donc cette seconde partie est égale à 45 fois 100 fr. ou 4500 fr.; la 1re partie est donc de 3500 fr. La 1re partie du champ égale en surface les $\frac{3500}{8000}$ de 309 ares, ou 135^{ares},19 et la 2e partie, les $\frac{4500}{8000}$ de 309 ares ou 173^a,81.

48. L'alliage employé dans la fabrication d'une cloche est composé de 8 parties de cuivre et de 2 d'étain. Le cuivre vaut 2^r,75 le kilog. et l'étain 5^{fr},25. Les frais de fabrication s'élèvent à 10 °/₀ du prix de la matière. On demande, d'après cela, le prix de la cloche, sachant qu'elle pèse 1342 kilog. (*Paris,* 1878.)

R. Sur 1342 kilog., il y a $\frac{8}{10}$ de cuivre ou 1073^{kg},6 et $\frac{2}{10}$ d'étain ou 268^{kg},4 ; les 1073^{kg},6 de cuivre valent 2952^{fr},40 et les 268^{kg},4 d'étain, 1409^{fr},10 soit en tout 4361^{fr},50 de matière et 436^{fr},15 de frais de fabrication. La cloche coûte donc 4797^{fr},65.

49. Diviser 0,719 par $\frac{1}{6}$ et expliquer l'opération. (*Paris,* 1878.)

R. Voir *Arith.,* p. 203.

50. Le $\frac{1}{5}$ d'un bassin étant rempli d'eau, on ouvre le robinet d'une fontaine qui y verse son eau et qui le remplirait en 5 heures $\frac{3}{4}$ s'il était vide et si elle coulait seule ; on fait fonctionner en même temps une pompe qui retire l'eau du bassin et qui le viderait en 9 h. $\frac{2}{3}$ s'il était plein et si elle agissait seule ; au bout de combien de temps le bassin sera-t-il rempli ? (*Poitiers,* 1879.)

R. Le robinet remplirait le bassin en 23 *quarts* d'heure ; dans un quart d'heure, il remplit le $\frac{1}{23}$ du bassin, et dans une heure les $\frac{4}{23}$.

La pompe viderait le bassin en 29 *tiers* d'heure ; dans 1 heure elle vide les $\frac{3}{29}$ du bassin ; d'où il suit que dans 1 heure le robinet et la pompe ne remplissent que les $\frac{4}{23}$ — $\frac{3}{29}$ ou les $\frac{47}{667}$ du bassin ; or, autant de fois les $\frac{4}{5}$ (restés vides) du bassin contiendront $\frac{47}{667}$ autant il faudra d'heures pour remplir ces $\frac{4}{5}$. La division donne $11^h\,21^m$ pour le temps demandé.

51. Raisonnement et règle pratique de la division d'une fraction par une fraction. On prendra pour dividende la fraction $\frac{28}{45}$ et pour diviseur $\frac{4}{9}$. (*Poitiers*, 1879.)

R. Voir *Arith.*, p. 203.

52. Un ouvrier peut transporter en brouette et par jour 800 kilog. à un 1 kilom. Le prix de la journée est de $3^{fr},50$; on demande combien coûtera le transport de 78 mètres cubes de terre à une distance de 185 mètres, sachant que le mètre cube de terre pèse 2700 kilog. (*Paris*, 1878.)

R. Le poids des $78^{m3} = 210\,600^{kg}$, lesquels, transportés à 1 kilom., coûteraient $921^{fr},375$; donc, transportés à 185 mètres, ils coûteront $170^{fr},45$.

* **53.** Le 26 mai 1880 l'âge de Paul était les $\frac{55}{71}$ de celui de Pierre ; le 26 juillet suivant il en était les $\frac{7}{9}$. Trouver la date de la naissance de chacun d'eux.

Les mois seront comptés de 30 jours et l'année de 360 jours (*Dijon.*)

R. Voir le *Guide du Maître*, page 204.

54. Dans un vase rempli aux $\frac{3}{4}$ d'alcool, on retire $0^{lit},75$ de liquide ; on met ce vase dans l'un des plateaux d'une balance et on lui fait équilibre en mettant dans l'autre plateau une somme de $430^{fr},50$ en monnaie d'argent. On demande quelle est la contenance de ce vase. (Le poids du vase vide est de 25 décagr. et le poids de l'alcool est les 0,82 du poids de l'eau sous le même volume.) (*Montpellier*, 1879.)

R. D'après la formule $P = V \times D$, les $0^l,750$ d'abord retirés ont un poids exprimé par $750^{cm3} \times 0,82 = 615$ gr. Donc le poids de l'alcool qui remplit les $\frac{3}{4}$ du vase $= 5^{gr} \times 430^{fr},50 + 615^{gr} - 250^{gr}$ (poids du vase) $= 2517^{gr},50$. Ainsi, l'alcool qui remplirait tout le vase pèserait net $2517^{gr},5 \times \frac{4}{3} = 3356^{gr},66$. Donc le volume ou la capacité du vase, $\frac{3356^{gr},66}{0,82} = 4093^{cm3}$ ou $4^l,093$.

55. Un convoi de chemin de fer doit se rendre de Paris à Lyon (512 kilom.) à raison de 32 kilom. à l'heure. Parvenu aux $\frac{3}{4}$ de sa course, le mécanicien augmente de 6 kilom. par heure la vitesse de la locomotive. A quelle heure le convoi arrivera-t-il à Lyon ? Le départ de Paris a eu lieu à 5 h. 30 m. du soir. (*Paris*, 1878.)

R. Les $\frac{3}{4}$ de 512 kilom. sont parcourus en 12 heures, le quart restant en $3^h 22^m$; donc les 512 kilom. sont parcourus en $15^h 22^m$; le convoi arrivera donc à Lyon à $8^h 52^m$ du matin.

56. On place à côté l'une de l'autre trois règles de manière qu'elles se touchent et qu'elles aient une extrémité commune ; chacune est divisée en parties égales, mais les divisions de la 1re valent 8 millimètres, celles de la 2e 12 millim. et celles de la 3e 20 millim. ; déterminer, en raisonnant la question, les traits de division qui coïncideront sur les trois règles. (*Nancy*, 1879.)

R. Les traits de coïncidence seront marqués par le plus petit multiple commun 120 des nombres 8, 12 et 20. Donc la 1re coïncidence se fera à $\frac{120}{8}$ ou à la 15e division de la 1re règle ; à $\frac{120}{12}$ ou à la 10e division de la 2e règle ; et à $\frac{120}{20}$ ou à la 6e division de la 3e règle et ainsi de suite.

57. Trouver le plus petit multiple commun des nombres 180, 216, 405, 120 et justifier le résultat. (*Nancy*, 1878.)

R. Le plus petit multiple est $2^3 \times 3^4 \times 5 = 12960$. (Voir *Nouvelle Arith.*, p. 289 et le probl. précédent.)

58. Une marchande a acheté 35 pièces de drap de 60^m chacune à raison de 1065 fr. la pièce. Elle a vendu le tout avec un bénéfice de $8\frac{3}{4}$ °/₀. On demande le prix d'achat du mètre, le prix de vente et le bénéfice de la marchande pour chaque mètre. (*Paris*, 1878.)

R. Le drap a coûté à la marchande $17^{fr},75$ le mètre ; le bénéfice par mètre = le $8\frac{3}{4}$ % de ce prix ou $1^{fr},553$; donc le prix de revente sera $19^{fr},303$ le mètre.

59. Trouver un nombre dont le produit par 48, augmenté de 160, soit égal à son produit par 56 diminué de 400. (*Paris*, 1878.)

R. (Le nombre cherché multiplié par 48) + 160 = (le nombre multiplié par 56) — 400 ; aux deux membres de cette égalité il faut ajouter d'abord 400, puis retrancher 48 fois le nombre inconnu ; on trouvera alors que 8 fois le nombre cherché = 560 ; ce nombre est donc égal à 70.

60. Un marchand a acheté une balle de riz pesant 198 kilog. au prix de $0^{fr},45$ le kilog.; il a déjà vendu les $\frac{5}{9}$ à raison de $0^{fr},60$ le kilog., lorsqu'on lui offre de prendre le reste en lui assurant un bénéfice de 30 % sur son prix d'achat. On demande à combien revient au dernier acquéreur le kilog. de riz. (*Lyon*, 1878.)

R. Le marchand a payé $89^{fr},10$ les 198^{kg}; le 30 % de $89^{fr},10$ est $26^{fr},73$; donc la recette totale $= 115^{fr},83$; or les $\frac{5}{9}$ ou 110^{kg} ont été vendus 66^{fr}; les 88 kilog. restants vaudront $115^{fr},83 - 66 = 49^{fr},83$; donc le riz revient au 2e acquéreur à $0^{fr},566$ le kilog.

61. Trouver la distance qui sépare deux villes situées sur le même méridien, sachant qu'elles ont respectivement pour latitude nord $48°\,50'\,11''$ et $41°\,52'18''$. On sait que le quart du méridien est divisé en 90° et que chaque degré comprend $60'$ et chaque minute $60''$. (*Lyon*, 1878.)

R. La différence des deux latitudes est $6°\,57'\,53''$ et la distance entre les deux villes est de $773^{km},857$. (Voir p. 188 et le probl. 27, même série).

62. Une salle de classe doit présenter une surface de 1 mètre carré par élève. D'après cela, trouver de combien il faudra agrandir dans le sens de la largeur une salle de $32^{m2},2875$ de surface et dont la longueur est de $6^m,15$ pour qu'elle puisse recevoir 40 élèves? (*Caen*, 1879.)

R. On calcule d'abord la largeur actuelle ($5^m,25$); puis la nouvelle largeur l, en posant $6^m,15 \times l = 40^m$; d'où la nouvelle largeur $l = 6^{m2},504$; il faudra donc augmenter la largeur actuelle de $1^m,254$.

63. On veut mélanger des vins à 35 fr. et à 28 fr. l'hectolitre de manière qu'un hectol. du mélange revienne à 30 fr.; de combien d'hectolitres du 1er et d'hectolitres du 2e le mélange devra-t-il se composer? (*Paris*, 1878.)

R. Par la méthode exposée, *Arith.*, p. 257, on trouvera qu'il faut mélanger 2 hectol. de vin à 35 fr. avec 5 hectol. à 28 fr., c'est-à-dire dans le rapport de 2 à 5.

64. Un marchand a vendu les $\frac{3}{4}$ d'une pièce d'étoffe à un premier acheteur, puis les $\frac{2}{3}$ du reste à un second. Le coupon restant a une longueur de $2^m,77$ et il est vendu $72^{fr},45$. Quelle était la longueur de la pièce et sa valeur au prix du coupon ? (*Bordeaux,* 1878.)

R. Après la vente des $\frac{3}{4}$, il ne reste plus que $\frac{1}{4}$ dont on prend les $\frac{2}{3}$; le 2° reste est donc $\frac{1}{3}$ de $\frac{1}{4}$ ou $\frac{1}{12}$; cette dernière fraction représente $2^m,77$ d'étoffe valant $72^{fr},45$. Les $\frac{12}{12}$ ou la pièce d'étoffe a $33^m,24$ de longueur et vaut $869^{fr},40$.

65. Un bloc de chêne rectangulaire a $2^m,05$ de long sur $0,32$ de large et $0,42$ d'épaisseur, quel est son poids ? La densité du chêne est 0,82. (*Aix*, 1879.)

R. Le volume du bloc $= 0^{m3},27552$; le poids demandé $= 0^{m3},27552 \times 0,82 = 0,^{tonne}225926$ ou $225^{kg}, 926$. (Voir probl. 551).

66. Quel doit être en fraction décimale le diviseur d'une division dont le quotient est égal à 16 fois le dividende ? (Faire le raisonnement.) (*Paris*, 1878.)

R. Le diviseur doit être $\frac{1}{16} = 0,0625$ fraction finie à quatre décimales, puisque le dénominateur $16 = 2^4$. (Voir *Nouvelle Arith.*, p. 290.)

67. On pèse un vase une première fois plein d'eau et une seconde fois plein d'huile ; le 1er poids surpasse le second de 204 gr. Trouver en litres et fractions de litre la capacité du vase, sachant que le décilitre d'huile pèse $91^{gr},5.$ (*Chambéry*, 1878.)

R. 1 litre d'eau pèse 1000 gr. et 1 litre d'huile, 915 gr., différence 85 gr.; donc le vase contiendra autant de litres que 204 gr. contiendront 85 gr. La capacité du vase est donc de $2^l,40$.

68. On a échangé 5 moutons contre 2 ânes ; 10 ânes contre 3 bœufs ; 12 bœufs contre 5 chevaux, et 7 chevaux contre 8 chameaux estimés chacun 315 fr. en moyenne. Dire le prix des moutons. (*Alger*, 1878.)

R. 8 chameaux ou 7 chevaux valent 2520 fr. donc 5 chevaux ou 12 bœufs valent 1800 fr.; donc 3 bœufs ou 10 ânes valent 450 fr.; donc 2 ânes ou 5 moutons valent 90 fr.; donc enfin 1 mouton vaut 18 fr.

69. Un capital augmenté de l'intérêt qu'il rapporte à 5 %

pendant 3 mois devient 10 068^{fr},30 ; quel est ce capital ? (*Alger*, 1879.)

R. La formule (*Nouvelle Arith.*, p. 233) donne : capital demandé $= \dfrac{10068^{fr},30}{1,0125} = 9944$ fr.

70. Deux compagnies d'ouvriers peuvent faire un même travail, l'une en 15 jours, l'autre en 17 jours ; on prend le $\frac{1}{4}$ des ouvriers de la 1re compagnie et les $\frac{4}{5}$ des ouvriers de la seconde. En combien de jours se fera l'ouvrage ? (*Bordeaux*, 1878.)

R. Pour faire le travail $\frac{1}{4}$ des premiers ouvriers mettrait 60 jours et les $\frac{4}{5}$ des seconds ouvriers mettraient $\frac{85}{4}$ de jour; donc en un jour les premiers font $\frac{1}{60}$ et les seconds $\frac{4}{85}$ du travail; ensemble ils feront par jour $\frac{1}{60} + \frac{4}{85} = \frac{325}{5100} = \frac{13}{200}$ du travail.
L'ouvrage se fera donc en 15 jours $\frac{9}{13}$ de jour.

71. Trois ouvriers ont travaillé pour le même patron : le 1er a fait 18 journées à 3^{fr},50 ; le 2e a fait 15 journées à 4^{fr},25 ; le 3e, 6 journées à 5 fr. Le patron, étant à court d'argent, leur abandonne en paiement un effet de 187^{fr},75 à partager entre eux. Un agent d'affaires consent à échanger à ses risques et périls cet effet contre espèces avec une perte de 8 °/₀. Combien revient-il à chaque ouvrier ? (*Besançon*, 1878.)

R. Le 1er ouvrier a gagné 63 fr. ; le second 63^{fr},75 ; le 3e 30 fr. L'effet de 187^{fr},75 escompté à 8 % est réduit à 172^{fr},73 lesquels, partagés proportionnellement au gain des trois ouvriers, donnent 69^{fr},42 au 1er ; 70^{fr},25 au 2e ; et 33^{fr},06 au 3e.

72. On veut convertir 75 kilog. de plomb en feuilles ayant une épaisseur d'un dixième de millimètre. La densité du plomb est 11,3. On demande de calculer la surface que l'on pourrait recouvrir avec les feuilles ainsi obtenues. (*Paris*, 1878.)

R. Prenons le décimètre linéaire pour unité, la formule $P = V \times D$ donne

$$\text{Volume} = \frac{75^{kg}}{11,3} = 6^{dm3},637168.$$ Donc la surface demandée $= \dfrac{6^{dm3},637168}{0^{dm},001} = 6637^{dm2},168$ ou $66^{m2},37168.$

73. Un commerçant est établi depuis 4 ans. Pendant la 1re année son capital s'est accru de ses $\frac{2}{7}$; la 2e année il a diminué de $\frac{1}{8}$ de ce qu'il était après la première ; le bénéfice de la 3e année représente le $\frac{1}{12}$ du capital primitif. Enfin, pendant la 4e année le gain est égal à celui de l'ensemble des trois premières. Au bout de 4 ans, l'avoir du commerçant s'élève à 30 100 fr. ; combien avait-il en entrant dans les affaires ? (*Dijon*. 1879.)

R. Après un an, le capital primitif 1 ou $\frac{7}{7}$ devient $\frac{9}{7}$; après 2 ans, il est devenu $\frac{9}{8}$; après 3 ans, il devient $\frac{29}{24}$; donc le bénéfice après 3 ans étant égal à $\frac{5}{24}$, le capital primitif, après 4 ans, s'est élevé à $\frac{34}{24} = 30100$ fr. Donc enfin le capital primitif 1 ou $\frac{24}{24} = 21\ 247^{fr},06$.

74. On a payé 7210 fr. un terrain de 1 hectare 3 ares. On en a déjà revendu deux portions à raison de 1^{fr},20 le mètre carré, savoir : la 1re de 475^{m2} ; la deuxième de 21 ares 8^{m2}. On vend le reste du terrain à 80 fr. l'are. On demande d'après cela combien pour cent on a gagné ou perdu sur le prix d'achat. (*Paris*, 1879.)

R. La 1re parcelle vendue a produit 570 fr. ; la 2e a produit 2529^{fr},60 ; le reste du terrain ou 77^a,17 a produit 6173^{fr},60 ; la vente totale a donné 9273^{fr},20 c'est-à-dire un bénéfice de 28^{fr},61 %.

75. Partager 45 fr. entre un homme, 3 femmes, 5 enfants, de manière que chaque femme reçoive 2 fois $\frac{1}{2}$ autant qu'un enfant et que l'homme ait les $\frac{5}{3}$ de ce qu'aura une femme. (*Lyon*, 1879.)

R. Supposons que la part d'un enfant $= 1$, les 5 enfants auront 5 ; chaque femme aura 2,5 et les trois femmes 7,5 ; l'homme aura les $\frac{5}{3}$ de 2,5 ou 4,166. Les 45 fr. partagés proportionnellement aux nombres 5 7,5 et 4,166 donnent pour les 5 enfants 13^f,50 ou 2^f,70 pour chaque enfant. Les 3 femmes auront 20^f,25 ou 6^f,75 chacune et l'homme recevra 11^f,25.

76. On a extrait 250 litres d'huile d'un certain nombre d'hectolitres d'olives que l'on propose de déterminer. On sait que les olives donnent 12 $^o/_o$ d'huile ; que l'hectolitre d'olives pèse 45^{kg},2 et que la densité de l'huile est de 0,912. (*Aix*, 1879.)

R. Un hectolitre d'olives pèse 45^{kg},2 dont le 12 %

est $5^{kg},424$; or, 250^l d'huile pèsent 228 kilog. ; il faudra donc $228^{kg} : 5^{kg},424 = 42^{hl},03$ d'olives.

77. Une personne place une partie de sa fortune à 5 % et l'autre partie à 3 % ; elle se fait ainsi un revenu de 1810 fr. Si les placements étaient intervertis, la personne perdrait 180 fr. par an. Quelle est sa fortune ? (*Paris*, 1878.)

R. D'après l'énoncé on a

La 1re partie à 5 % $+$ la 2e à 3 % rendent   1810 fr.

La 1re partie à 3 % $+$ la 2e à 5 % rendent   1630 fr.

Donc la 1re partie à 8 % $+$ la 2e à 8 % rendent   3440 fr.

Cela posé, autant de fois 8 fr. seront contenus dans 3440 fr., autant de fois il y aura 100 fr. dans le capital cherché ; donc la fortune demandée égale 43 000 fr.

Par un raisonnement semblable à celui du probl. n° 47 qui précède, on trouverait que la 1re partie du capital $= 26\,000$ fr., et que la 2e partie égale 17 000 francs.

78. Un particulier qui possède 125 obligations du chemin de fer de l'Ouest, les remet à un agent de change pour les échanger contre de la rente 3 %. Le cours de cette rente est $76^{fr},50$ et celui des obligations de l'Ouest est 358 fr. Le courtage de l'agent de change est de $\frac{1}{8}$ % sur une seule des deux opérations. On demande 1° combien ce particulier aura de rente ; 2° s'il fait une opération avantageuse, l'obligation de l'Ouest rapportant $14^{fr},40$ par an. (*Bordeaux*, 1878.)

R. La vente des obligations produit 44 750 fr. — $55^{fr},9375$ de courtage égale net $44\,694^{fr},06$ somme qui, placée en rente 3 % au cours de $76^{fr},50$, donne un revenu annuel de $1752^{fr},70$ tandis que les obligations rapportaient 1800 fr., soit une différence en moins de $47^{fr},30$ dans le revenu.

79. Donner quelques détails sur la détermination précise du mètre. (*Caen*, 1879.)

R. Voir l'origine du mètre (*Arith.*, p. 133 et 134).

80. Quel est le capital qui, augmenté de ses intérêts à $3\frac{3}{4}$ % par an, pendant 50 jours, produit 193 francs ? (*Lyon*, 1879.)

R. L'intérêt de 1 fr. à 3^{fr},75 % pour 50 jours est égal à 0^{fr},0052. Alors la théorie et la formule de la page 233 (*Nouvelle Arith.*) donne

$$\text{Capital demandé} = \frac{193}{1^{fr},0052} = 192 \text{ fr.}$$

81. Un robinet fournit 365 centilitres par minute ; on le laisse ouvert pendant 4 heures 35 minutes. A quelle hauteur s'élèvera l'eau dans un bassin ayant pour dimensions de sa base 15 décimètres et 46 centimètres. (*Lyon*, 1879.)

R. Le robinet fournit 1003^{l},75 en 4^{h} 35^{m} ; si on prend le décimètre linéaire pour unité, on trouvera 69^{dm2} pour la surface du fond du bassin et 14^{dm},547 ou 1^{m},455 pour la hauteur de l'eau dans le bassin.

82. Indiquer et expliquer le caractère auquel on reconnaît qu'un nombre est divisible par 25, et le procédé le plus rapide pour effectuer la division. (*Poitiers*, 1879.)

R. Voir *Nouvelle Arith.*, p. 285. Le procédé le plus rapide pour diviser un nombre par 25 consiste évidemment à diviser ce nombre d'abord par 100, et à multiplier le quotient par 4.

IIIe série. — Brevet complet.*

1. On suppose que les deux planètes Vénus et la Terre sont sur un même rayon partant du Soleil et du même côté par rapport au Soleil, de sorte que Vénus se trouve entre la Terre et le Soleil, et on demande après combien de temps ce phénomène se reproduira. — On sait que la Terre accomplit sa révolution autour du Soleil en 365^{jours}, 2563744, tandis que Vénus accomplit la sienne en 224j,7007869. — On devra exprimer le résultat trouvé en jours, heures, minutes et secondes (*Paris*, 1879.)

R. Ce problème rappelle celui du n° 584 que nous avons traité page 198 ; toutefois, il faut ici commencer par calculer les vitesses angulaires de la Terre et de Vénus en un jour. On trouvera que l'angle ou l'arc

---

* Le brevet complet porte également le nom de *brevet supérieur* et de *brevet du* 1er *ordre.*

parcouru par la Terre en 1 jour est égal à 0° 59′ 8″,19 et celui de Vénus égal à 1° 36′ 7″,67 ; on résout ensuite le problème comme on l'a vu au probl. n° 584 ; les calculs donnent pour le temps demandé 583ʲ 22ʰ 5ᵐ 36ˢ,2.

Méthode directe. Pour plus de simplicité, nous avons assimilé le mouvement des deux mobiles sur une ligne circulaire à celui de deux mobiles qui se meuvent sur une ligne droite. Dans ce système, le calcul a été divisé en deux parties ; on a cherché d'abord le temps qu'a mis un des mobiles pour arriver au point de départ, et on a calculé ensuite le temps employé pour la rencontre. La somme des deux temps a donné la solution demandée.

Mais on peut obtenir directement cette solution *en divisant 360° par la différence des vitesses des deux mobiles.* (Voir la formule, p. 201.)

En effet, la différence des vitesses indique l'avance que prend *chaque jour* le mobile qui va le plus vite, et comme il faut, pour que la rencontre ait lieu, gagner en définitive 360°, il s'écoulera, avant la rencontre, autant de jours que 360° contiendront l'avance d'un jour.

Appliquons cette méthode à la solution du problème. La différence des vitesses angulaires de la Terre et de Vénus étant de 0° 36′ 59″,48 ou de 2219″, 48 on aura

$$\frac{360°}{2219″,48} = \frac{1\,296\,000″}{2219″,48} = 583ʲ\ 22ʰ\ 5ᵐ\ 36ˢ,2.$$

2. Définir le *plus grand commun diviseur* et le *plus petit commun multiple* de deux nombres, et dire comment on trouve l'un et l'autre. — Démontrer que le produit du *plus grand commun diviseur* et du *plus petit commun multiple* de deux nombres est égal au produit de ces deux nombres. Conséquences que l'on peut tirer de là pour la recherche du *plus grand commun diviseur* et du *plus petit commun multiple* de deux nombres. (*Paris*, 1878.)

R. Voir *Nouvelle Arith.*, p. 287, 290 et les NOTES, à la fin du volume.

3. Au 1ᵉʳ février, un banquier a avancé 25 000 fr. à un négociant. Celui-ci rembourse 5 mois après 8500 fr.; 2 mois et demi après 1500 fr.; 1 mois ¾ après 3675 fr. Combien le négociant doit-il payer au banquier pour se libérer complètement le 1er janvier suivant ? Le taux de l'intérêt est de 4 $\frac{1}{2}$ p. % (*Bordeaux*, 1878.)

R. Ce problème est ce qu'on nomme un *compte courant* que le banquier établit par DOIT et AVOIR. Au Doit ou au Débit du négociant le banquier inscrit les sommes qu'il donne et les intérêts qu'elles produisent, et à l'Avoir ou au Crédit du négociant les sommes que celui-ci rembourse ou dépose ainsi que les intérêts que ces à-comptes rapportent jusqu'au jour du règlement.

Ainsi on portera au Doit les 25 000 fr. et les intérêts pendant 11 mois, et au Crédit les divers à-comptes avec leurs intérêts jusqu'au 1er janvier ; la différence du Doit et de l'Avoir fait connaître la situation du négociant. On trouvera que celui-ci doit au 1er janvier 12 121^{fr},20.

4. Trouver la fraction ordinaire génératrice de la fraction décimale périodique 0,261 261.....Exposer la méthode. (*Chambéry*,1879.)

R. Cette fraction est $\frac{261}{999} = \frac{29}{111}$ (Voir *Arith.*, p. 291 et *Supplément d'Arith.*, pp. 63 et 64).

5. Deux robes sont à faire pour deux filles ; pour l'aînée ou prend 12^m d'étoffe et 8^m de doublure ; pour la plus jeune 6^m d'étoffe et 5^m de doublure. La robe de l'aînée coûte 39^{fr},80 ; celle de la cadette 20^{fr},75. Calculer le prix du mètre de l'étoffe et celui du mètre de la doublure. (*Clermont*, 1878.)

R. La solution des problèmes de ce genre a été indiquée dans notre *Introduction*, p. 12 ; on trouvera 2^{fr},75 pour le prix d'un mètre d'étoffe, et 0^{fr},85 pour le prix d'un mètre de doublure.

6. Le doublon, monnaie d'or des îles Philippines, est au titre de 0,875 et pèse 6^{gr},766 ; le double ducat. monnaie d'or des Pays-Bas, est au titre de 0,983 et pèse 6^{gr},988. Combien de doublons et de doubles ducats faudra-t-il fondre dans un creuset pour faire un alliage servant à fabriquer 1000 pièces d'or de 20 fr. en monnaie française ? (*Douai*, 1878.)

R. Si on applique à ce problème la méthode exposée, *Arith.*, p. 257, on trouvera que pour obtenir 108 gr. d'alliage à 0,900 il faut prendre 83 gr. de doublons et 25 gr. de doubles ducats ; or, 1000 pièces de 20 fr. pe-

sant 6451^{gr},61 il faut répartir ce poids proportionnellement aux nombres 83 et 25 ; puis diviser le nombre
correspondant à 83 par le poids d'un doublon, et le
nombre correspondant à 25 par le poids d'un double
ducat. Le 1er quotient donnera 733 doublons, et le 2^e
quotient, 214 doubles ducats.

7. Calculer le plus grand commun diviseur et le plus petit
multiple commun des deux nombres suivants : 1903 et 2249. (*Alger,*
1878.)

R. Le plus grand commun diviseur des deux nombres est 173 et le plus petit multiple commun est 11
$\times$ 13 $\times$ 173 $=$ 24 739. (Voir *Arith.*, p. 287 et 290.)

8. Définir l'escompte en dedans et l'escompte en dehors. Calculer l'escompte en dehors (commercial) et aussi l'escompte en dedans (rationnel), sur un billet de 8100 fr., payable dans 90 jours,
le taux de l'escompte étant 5 ^{o}/$_o$ et l'année de 360 jours. — Connaissant l'escompte en dedans d'un billet, comment calculerait-on
l'escompte en dehors ? (*Alger*, 1878.)

R. Voir la définition et la théorie des deux escomptes p. 270. D'après cette théorie, l'escompte en dehors
du billet est 101^{fr}, 25 et l'escompte en dedans de ce
même billet est 100 fr.

9. Règle de société dans le cas où des mises différentes sont
placées pour des temps différents et où il y a un bénéfice à partager. Comment doit se faire le partage ? Justifier la réponse par
un exemple. (*Douai*, 1879.)

R. Voir p. 281 la règle et la discussion relatives à ce
problème.

10. Une personne doit 3 billets : le 1er de 520 fr. payable dans
6 mois ; le 2e de 740 fr., payable dans 8 mois ; le 3e dont le montant
est inconnu, payable dans 165 jours. Ces trois billets peuvent être
équitablement remplacés par un billet de 2200 fr. payable dans
7 mois. Quel est le montant du troisième billet ? Escompte en dehors à 6°/$_o$ par an. (*Douai*, 1878.)

R. Cherchons d'abord la valeur *actuelle* de chaque
billet y compris le billet x, nous trouverons trois
expressions (de la forme $520^{fr} - \dfrac{520 \times 6 \times 180}{36\,000}$)

dont la somme sera égale à la valeur *actuelle* du billet unique de 2200 fr.; on aura ainsi une équation qui donnera $x = 933^{fr}, 882$ pour la valeur du 3ᵉ billet.

REMARQUE. — Le montant du billet unique de 2200 fr. n'est pas ici la somme des trois billets, comme on pourrait le croire d'après la règle générale sur l'échéance commune; aussi l'échéance commune de 7 mois n'est-elle pas la même que celle qu'on obtiendrait dans les conditions ordinaires des problèmes de ce genre.

11. On fait deux divisions successives en employant le même dividende et en prenant pour la seconde opération un diviseur égal aux $\frac{5}{8}$ de celui de la première. Comment le 1ᵉʳ quotient est-il modifié et pourrait-on le reproduire à l'aide du second? — Raisonner sur le quotient 825 obtenu par les $\frac{5}{8}$ d'un premier diviseur. (*Nancy*, 1879.)

R. Il suffit de multiplier le 2ᵉ quotient par la fraction $\frac{5}{8}$ pour obtenir le 1ᵉʳ quotient; ainsi $825 \times \frac{5}{8} = 515, 625$; c'est ce qu'il est facile de démontrer d'une manière générale, en divisant d'abord a par b, ce qui donne le 1ᵉʳ quotient $\dfrac{a}{b}$; on divise ensuite a par $b \times \dfrac{n}{m}$; le second quotient sera $\dfrac{am}{bn}$, quotient qui doit être évidemment multiplié par la fraction $\dfrac{n}{m}$, pour reproduire le 1ᵉʳ dividende $\dfrac{a}{b}$.

12. Une personne achète une propriété qui lui revient tout compris à 40,000 fr. Les droits d'enregistrement s'élèvent à 5.50 pour cent du prix d'achat, et en plus le double décime. — Les honoraires du notaire à $0^{fr},75$ % du prix d'achat. Quels ont dû être : 1º le prix d'achat porté au contrat? 2º Les droits d'enregistrement? 3º Les honoraires du notaire? (*Toulouse*, 1879.)

R. Pour 100 fr. on paie $5^{fr},50 + 2$ fois $0^{fr},55 + 0^{fr},75$ ou $7^{fr},35$; or $\dfrac{40\,000 \times 100}{107,35} = 37\,261^{fr},294$ prix d'achat. Les droits d'enregistrement égalent

$2459^{fr},245$; les honoraires du notaire s'élèvent à $279^{fr},46$.

13. On engage le tiers d'un capital dans une entreprise où le bénéfice est de 12 $^o/_o$; puis le $\frac{1}{4}$ du même capital dans une affaire où il rapporte 15 $^o/_o$, et le reste est employé à 10 $^o/_o$. Le bénéfice total est tel que, augmenté des $\frac{3}{4}$ de ses 0, 8 il est égal à 20 024 fr. Déterminer le capital engagé, les capitaux partiels et les bénéfices qu'ils ont produits. — *Nota.* Résoudre le problème par l'arithmétique. (*Nancy*, 1879.)

R. Le bénéfice réalisé $= 12\,515$ fr.; or, d'après la méthode adoptée dans le problème précédent, on dira : sur 100 fr. on engage $\frac{1}{3}$ qui à 12 $^o/_o$ rapporte 4 fr.; puis le $\frac{1}{4}$ qui, à 15 $^o/_o$, rapporte $3^{fr},75$ et le reste (les $\frac{5}{12}$ de 100 fr.) ou $41^{fr},666..$ à 10$^o/_o$ rapporte $4^{fr},1666$, soit en tout un bénéfice de $11^{fr},9166$ pour 100 fr. de capital. Le capital engagé égale donc $\dfrac{12\,515 \times 100}{11,9166} = 105\,020^{fr},979$.

$$\text{Dont} \quad \tfrac{1}{3} = 35006^{fr},993 \text{ à } 12\ ^o/_o = 4200^{fr},839.$$
$$\tfrac{1}{4} = 26255^{fr},245 \text{ à } 15\ ^o/_o = 3938\ ,287.$$
$$\tfrac{5}{12} = 43758^{fr},741 \text{ à } 10\ ^o/_o = 4375\ ,874.$$

14. En passant de la température de 0 à 1° une barre de fer s'allonge de $\frac{1}{79700}$ de sa longueur primitive ; quelle sera à 30° la longueur d'une barre de fer qui à 0° est longue de $10^m\ \frac{5}{6}$? —*Nota.* On fera les calculs sans réduire les fractions ordinaires en fractions décimales et l'on exprimera le résultat par nombre entier accompagné d'une fraction ordinaire (*Aix*, 1879.)

R. La longueur demandée $= 10^m\ \frac{5}{6} + \frac{30}{79700} \times 10^m\ \frac{5}{6} = 10^m\ \frac{8009}{9564}$.

15. Une personne doit le 15 avril 1° 500 fr. payables le 1er mai; 2° 480 fr. payables le 15 juin ; 3° 600 fr. payables le 10 août. Elle souscrit ce jour-là un billet de 1580 fr. Quelle échéance convient-il d'attribuer à ce billet ? (*Besançon*, 1879.)

R. Le billet unique étant la somme des trois billets proposés, la règle sur l'échéance commune porte l'échéance commune demandée à 68 jours, c'est-à-dire au 22 juin.

16. Un oncle, au moment de sa mort, a deux neveux âgés de 16 ans et 18 ans. Il leur lègue une somme de 60 000 fr. qu'ils doivent se partager de telle sorte que chaque part augmentée de ses intérêts composés à 5 % prenne la même valeur quand le possesseur atteindra l'âge de 20 ans. Que revient-il à chacun d'eux ? (*Besançon*, 1879.)

R. Nous avons vu page 259 qu'un franc placé à intérêts composés à 5 % devient à la fin de la 2ᵉ année $(1^{fr},05)^2 = 1^{fr},1025$ et à la fin de la 4ᵉ année $(1^f,05)^4 = 1^{fr},2155$; il faut donc, pour faire la répartition, partager les 60 000 fr. proportionnellement aux nombres 1,1025 et 1,2155. On trouvera pour la part de l'aîné $31 462^{fr},55$ et pour la part du plus jeune $28 537^{fr},45$.

17. Un coffret d'or du poids de 288 grammes a une valeur intrinsèque de $927^f,60$; quel en est le titre. (*Chambéry*, 1879.)

R. 1 gramme d'or monnayé au titre de $0,900$ vaut $3^{fr},10$ et 1 gramme d'or pur $3^{fr},444$; donc le coffret contient $927^{fr},60 : 3^{fr},444 = 269^{gr},33$ d'or pur. Son titre est donc de $0,935$.

18. Une pièce de vin pur contient 228 litres, on en tire 20 litres que l'on remplace par de l'eau ; on tire de nouveau 20 litres du mélange qu'on remplace par de l'eau et l'on répète indéfiniment cette opération. Quelle loi suivront les quantités décroissantes de vin pur contenues dans le tonneau. Calculer ce qui restera de vin après la 3ᵐᵉ opération. (*Dijon*, 1879.)

R. 1ʳᵉ OPÉRATION. — Les 20^l tirés contiennent 20^l de vin pur ; il reste dans le tonneau 208^l de vin pur; le 1ᵉʳ *mélange* $= 208^l$ de vin $+ 20^l$ eau.

2ᵉ OPÉRATION. — 1^l du mélange contient $\dfrac{1}{228}$ des 208 litres de vin restés dans le 1ᵉʳ mélange; donc 20^l contiennent les $\dfrac{20}{228}$ des 208^l de vin; par la même raison, les 208 autres litres restant dans le tonneau conservent les $\dfrac{208}{228}$ des 208^l ou les $\dfrac{(208)^2}{228}$ de vin; donc, le

$$2^e \text{ mélange} = \frac{(208)^2}{228} \text{ vin} + \ldots \text{ eau.}$$

3me OPÉRATION. — De même, les 20^l soutirés du 2me mélange, contiennent les $\dfrac{20}{228}$ des $\dfrac{(208)^2}{228}$ ou $\dfrac{20 \times (208)^2}{(228)^2}$ de vin; et les 208 autres litres restants du mélange conservent encore les $\dfrac{208}{228}$ de $\dfrac{(208)^2}{228}$ ou $\dfrac{(208)^3}{(228)^2}$ de vin; donc le 3me mélange $= \dfrac{(208)^3}{(228)^2}$ vin $+$ eau.

En continuant le même raisonnement, on trouvera pour la n^{me} OPÉRATION que les 20 litres soutirés contiennent $\dfrac{20 \times (208)^{n-1}}{(228)^{n-1}}$ et le vin restant dans le tonneau $= \dfrac{(208)^n}{(228)^{n-1}}$ (*loi de décroissance*).

D'où il suit qu'après la 3e opération, il reste dans le tonneau $\dfrac{(208)^3}{(228)^2} = 173^l,11$ de vin.

19. Pour acquitter une dette de 8410^{fr},80 on donne en paiement : 1° Un billet de 3528 fr. payable dans 25 jours ; 2° un billet de 2523 fr., payable dans 53 jours; 3° un troisième billet, payable dans 60 jours. On demande : 1° quel est le montant de ce troisième billet; 2° quels seraient le montant et le moment de l'échéance d'un billet à échéance moyenne équivalant à l'ensemble des trois billets dont il s'agit. — Le taux de l'escompte est de 6 °/₀ par an. (*Poitiers*, 1879.)

R. Les 8410^{fr},80 sont une dette échue qui a toute sa *valeur actuelle*. En appelant x la valeur du 3e billet payable dans 60 jours et ramenant les trois billets à leur *valeur actuelle*, on aura l'équation

$$3528^f - \frac{3528 \times 25}{6000} + 2523^f - \frac{2523 \times 53}{6000}$$

$$+ \, x - \frac{x \times 60}{6000} = 8410^{\text{fr}},80.$$

ou $\qquad 3513^f,30 + 2500^f,7135 + x - \dfrac{x}{100} = 8410^f,80$;

ou bien $\qquad 351330 + 250071^f,35 + 99x = 841080^f$;

d'où $\qquad\qquad x = 2421$ fr.

La somme des trois billets est égale à 8472 fr. ; il ne reste plus qu'à déterminer l'échéance commune de ces trois billets au moyen de la règle connue. On trouvera pour l'échéance moyenne $43^j,34$ ou mieux 44 jours.

20. Trois personnes associées pour une entreprise y ont consacré chacune un certain capital. La 1re a versé 16832 fr. ; la 2me 10625 fr. ; la 2me a apporté en outre, avec la mise, un brevet qui lui donne droit, d'après l'acte de société, au prélèvement de $8^{fr},50$ % sur les bénéfices avant tout partage. Au moment de la liquidation le 1er associé reçoit $1854^{fr}.25$ et le 3me reçoit $2524^{fr},25$. On demande 1° le montant du capital engagé par le 3me associé ; 2° le montant des deux sommes qui reviennent au 2me associé pour sa mise et son brevet ; 3° le bénéfice total de la société. (*Poitiers,* 1879.)

R. Les bénéfices entre associés étant proportionnels aux mises, on déterminera la mise x du 3e associé, en posant la proportion

$$1854^{fr},25 \ : \ 2524^{fr},25 \ :: \ 16832^{fr} : x$$

d'où $x = 22913^{fr},94$ ou 22914^{fr} ; on a donc pour le capital engagé $16832^{fr} + 10625^{fr} + 22914^{fr} = 50371$ francs. Il est facile ensuite de déterminer, par une autre proportion, la part qui revient au 2e associé pour sa mise de 10625^{fr} (abstraction faite du brevet) ; cette part est égale à $1170^{fr},50$. On a alors pour la somme des bénéfices correspondant aux versements, 5549 fr. ; mais comme le 2e associé a prélevé, avant tout partage, le 8,50 % sur le bénéfice total, les 5549 fr. ne représentent que les 91,50 % de ce bénéfice ; on trouvera donc pour le bénéfice total $6064^{fr},50$.

21. Une personne qui avait emprunté 6000 fr. à intérêt simple s'est libérée en 10 ans du capital et des intérêts, en payant 800 fr. à la fin de chaque année. A quel taux avait-elle emprunté ? (*Grenoble,* 1878.)

R. La somme des *valeurs actuelles* des dix billets de 800 fr. doit être égale à 6000 fr.; cela posé, si on appelle x l'intérêt de 1 fr. pour 1 an, on aura

1° *Valeur actuelle* du 1er billet $= 800^f - x \times 800$ fr. ;

2° *Valeur actuelle* du 2me billet $= 800^f - x \times 800 \times 2$;

3° *Valeur actuelle* du 3me billet $= 800^f - x \times 800 \times 3$;

4° Etc.

L'équation finale donnera $x = 0^{fr},04545$.

Donc le taux demandé $= 100x = 4^{fr},545$ %.

22. On a un lingot d'argent au titre de 0,825 ; on y ajoute 2000 grammes d'argent pur et on obtient ainsi un lingot au titre de 0,850. On demande quel était le poids du lingot. (*Douai*, 1878.)

R. Soit x le poids du lingot ; ce poids, x, multiplié par son titre 0,825 donne la quantité d'argent pur contenu dans le lingot (voir p. 185) ; on a donc

l'équation $\dfrac{x \times 0,825 + 2000^{gr}}{x + 2000^{gr}} = 0,850$;

d'où $x = 12000$ grammes.

*** 23.** En présentant à l'escompte 6 % 2 billets payables l'un en 24 jours et l'autre en 35 jours, on a reçu une certaine somme avec laquelle on a acheté de la rente 5 % au cours de $113^{fr},10$. Le coupon trimestriel est de $74^f,75$ et on sait de plus que le montant du 1er billet était les $\frac{5}{12}$ du montant du second. On demande quelles étaient les valeurs des deux billets. (*Rennes*, 1879.)

R. La rente annuelle est de 299 fr. qui au cours de $113^{fr},10$ correspond à un capital de $6763^{fr},38$ lequel augmenté de $0^{fr},60$ de timbre et de $\frac{1}{8}$ % de courtage s'élève à la somme de $6772^{fr},43$ *valeur actuelle* des deux billets escomptés; or, ces billets ont leur valeur nominale dans le rapport de 5 à 12. Le 1er de ces nombres, 5, escompté à 6 % pour 24 jours est réduit à 4,98 et le second, 12, escompté à 6 % pour 35 jours est réduit à $11^{fr},93$. Il ne reste plus qu'à partager les $6772^{fr},43$ proportionnellement aux deux nombres escomptés 4,98 et 11,93. On trouvera pour la valeur nominale des billets $2002^{fr},49$ pour le 1er billet et $4805^{fr},98$ pour le second.

24. Une ménagère a acheté, moyennant 66^{fr},70 24 mètres de toile et 26^m de calicot ; avec 68^{fr},30 elle aurait acheté 26^m. de toile et 24^m de calicot. Calculer le prix du mètre de chaque étoffe. (*Lyon*, 1879.)

R. Voir la solution arithmétique du problème, pages 12 et 15 ; on trouvera 1^{fr},75 pour le prix d'un mètre de toile et 0^{fr},95 pour un mètre de calicot.

25. Une personne a placé les $\frac{2}{11}$ de sa fortune à 6 %, les $\frac{5}{16}$ à 5 % et le reste à 4 %. Au bout de l'année elle a dépensé les $\frac{5}{7}$ de son revenu et elle a placé le reste à 6 % , à intérêts composés. Au bout de 3 ans et 5 mois, ce reste ainsi placé représente 3400 fr. On demande quelle est la fortune de cette personne. (*Montpellier*, 1879.)

R. En réduisant les deux fractions $\frac{2}{11}$ et $\frac{5}{16}$ au même dénominateur, on trouvera pour dénominateur commun 176 ; supposons d'abord que 176 soit la fortune demandée, les trois parts seront alors représentées par les numérateurs 32, 55 et 89 ; ces parts placées dans les conditions du problème donneront ensemble un revenu de 8^f,23 dont les $\frac{2}{7}$ ou 2^f,351428 placés à 6 % pendant 3 ans 5 mois, à intérêts composés, deviennent

$$2^f,351428 \times (1,06)^3 + \frac{2^f,35 \times (1,06)^3 \times 6 \times 5}{100 \times 12}$$

$$= 2^f,8688\ldots$$

Ainsi 2^{fr},8688 correspondent à un capital primitif de 2^{fr},35 ; donc un capital de 3400 fr. correspond à un capital primitif de $\dfrac{3400 \times 2^f,35}{2^f,8688} = 2785^{fr},20 =$ les $\frac{2}{7}$ du revenu annuel ; donc ce revenu $= 9748^{fr},20$; or, on a vu que pour avoir 8^{fr},23 de revenu, il fallait placer 176^{fr}, d'où il suit que pour avoir un revenu annuel de 9748^{fr},20 il faudra un capital de $\dfrac{9748^{fr},20 \times 176}{8,23} =$ 208 467^{fr}, fortune demandée.

Solution algébrique. En appelant x la fortune demandée, et au moyen des logarithmes, la solution algébrique est très simple.

26. Démontrer que si l'on divise deux nombres donnés par le plus grand commun diviseur, les quotients obtenus sont premiers entre eux. (*Montpellier*, 1879.)

R. Si les quotients obtenus n'étaient pas premiers entre eux, ils auraient un ou plusieurs facteurs communs; mais alors on n'aurait pas divisé les deux nombres proposés par leur *plus grand commun diviseur*, ce qui est contraire à l'hypothèse.

27. Un marchand vendant 258^m d'une 1re étoffe à raison de $2^f,75$ le mètre a fait une perte de 23 fr. $^o/_o$ sur le prix d'achat. D'un autre côté, il a vendu pour 487 fr. un lot d'une 2e étoffe qui lui avait coûté 450 fr. On demande : 1° combien il a gagné ou perdu $^o/_o$ sur l'ensemble des deux marchés : 2° combien il aurait dû vendre le mètre de la 1re étoffe pour ne faire ni gain ni perte sur cet ensemble. (*Caen,* 1879.)

R. La 1re vente a produit $709^{fr},50$ qui représentent seulement les $\frac{77}{100}$ du prix d'achat lequel est $921^{fr},428$ soit une perte de $211^{fr},928$. La 2e vente donne un bénéfice de 37 francs ; la perte est donc de $174^{fr},928$ sur les deux ventes ou de $12^{fr},75$ $^o/_o$.

Pour n'avoir ni gain ni perte, il aurait fallu vendre la 1re étoffe $211^{fr},928 - 37^{fr}$ ou $174^{fr},928$ de plus, et alors les 258 mètres auraient été vendus $3^{fr},428$ le mètre.

28. Démontrer que dans la suite, 1, 2, 3, 4, 5, 6, 7, 8, 9, 10, etc., des nombres naturels, le produit de trois nombres consécutifs est toujours divisible par 6. (*Nancy,* 1878.)

R. Dans la suite 1, 2, 3, 4, 5, 6.... des nombres naturels, sur deux nombres consécutifs, le premier ou le second est un multiple de 2 et sur trois nombres consécutifs il y a toujours un multiple de 3; donc le produit de trois nombres consécutifs est un multiple de 2 et de 3 ou un multiple de 6.

IVe Série. — Baccalauréat ès sciences.

1. Indiquer les caractères auxquels on reconnaît qu'une fraction ordinaire donne lieu à une fraction périodique simple ou mixte.

R. Voir *Nouvelle Arith.*, p. 290, *Suppl. d'Arith.*, p. 60 et les NOTES à la fin du volume.

2. Réduction des fractions ordinaires en fractions décimales, et réciproquement. — Quotients approchés.

R. Voir *Nouvelle Arith.*, p. 206.

3. Décomposer le nombre 25 480 en ses facteurs premiers.

R. On a $25\,480 = 2^3 \times 5 \times 7^2 \times 13$.

4. Intérêts simples. — Donner la formule générale.

R. Voir *Arith.*, p. 231, 232.

5. Quelle est la durée de la révolution d'un astre qui a mis 3553 jours 7 heures 39 minutes 27 secondes pour exécuter 54 révolutions complètes?

R. Cette durée est égale à $65^j \ 19^h \ 15^m \ 10^s{,}5$.

6. Tout nombre qui divise un produit de deux facteurs et qui est premier avec l'un des facteurs, divise l'autre. — Prendre un exemple.

R. Voir notre *Supplément d'Arith.*, page 23 et les NOTES à la fin du volume.

7. Trouver le plus petit nombre divisible par des nombres donnés. Exemple : 8, 15, 21.

R. Ce nombre $= 2^3 \times 3 \times 5 \times 7 = 840$. (Voir *Arith.*, p. 289.)

8. Exposer la théorie de l'escompte en dedans ou rationnel et de l'escompte en dehors ou commercial.

R. Voir cette théorie, p. 270.

9. Exposer la méthode de la recherche du plus grand commun diviseur entre deux nombres : 1º directement ; 2º par la décomposition de ces deux nombres en facteurs premiers.

R. Voir *Arith.*, pages 181, 290 et les NOTES à la fin du volume.

10. La longueur d'un degré prise sur un certain cercle est de $872^m{,}21$; quelle sera la longueur d'un arc de $37^o \ 25' \ 30''$?

R. Cette longueur $= 32\,642^m{,}459$.

11. Prouver que la racine carrée et la racine cubique de 2 sont incommensurables.

R. Voir cette démonstration, p. 309.

12. Démontrer que dans une multiplication de deux facteurs le nombre des chiffres du produit est égal à la somme des chiffres des deux facteurs, ou à cette somme moins 1.

R. Soit un facteur composé de 4 chiffres et un autre facteur composé de 3 chiffres. Le produit de ces facteurs aura 6 chiffres au moins et 7 chiffres au plus.

En effet, le plus petit facteur de 3 chiffres est 100, et le plus grand 999 (ou 1000 — 1). Or, un nombre de 4 chiffres multiplié par 100 donne un produit composé de 6 chiffres et multiplié par 1000, il donne un produit composé de 7 chiffres.

Donc le produit cherché ne peut pas avoir moins de 6 chiffres, ni plus de 7.

Mais peut-il avoir 7 chiffres ? oui, puisque le facteur 1000 — 1 ou 999 donne un nombre de 7 chiffres diminué d'une fois le multiplicande qui est un nombre de 4 chiffres ; or, il est facile de voir que cette différence donnera 6 ou 7 chiffres et sûrement 7 chiffres si le chiffre des unités de millions est plus grand que 1 ; ce qui démontre le principe énoncé.

13. Prouver qu'il n'y a qu'une seule manière de décomposer un nombre en ses facteurs premiers.

R. Nous avons démontré (*Suppl. d'Arith.*, p. 23 et les NOTES, p. 733) que *lorsqu'un nombre divise le produit de deux facteurs et qu'il est premier avec l'un de ces facteurs, il divise l'autre facteur.*

On étend facilement ce principe au produit de plusieurs facteurs en disant : *Quand un nombre* PREMIER *divise le produit de plusieurs facteurs, il divise au moins un de ces facteurs et il est égal à un de ces facteurs, si les facteurs du produit sont des nombres premiers.* (Voir p. 374.)

Cela posé, prenons pour exemple le nombre 360 égal à $2^3 \times 3^2 \times 5$. (*Nouvelle Arith.*, p. 258.)

Nous disons qu'il n'y a pas d'autre système de facteurs premiers qui puisse reproduire 360.

En effet, supposons qu'on ait à la fois

$$360 = 2^3 \times 3^2 \times 5 \text{ et } 360 = m \times n \times o \times p \times q \dots$$

m, n, o, p, q, étant des *facteurs premiers*.

Le facteur premier m divisant 360 doit diviser un de ses facteurs, et par conséquent il doit *être égal à l'un d'eux*. Supposons que $m = 2$ et divisons 360 par 2, nous aurons

$$180 = 2^2 \times 3^2 \times 5 \text{ et } 180 = n \times o \times p \times q \dots$$

De même n divisant 180 doit être égal à un des facteurs premiers de 180. Supposons que $n = 5$ et divisons 180 par 5, nous aurons

$$36 = 2^2 \times 3^2 \text{ et } 36 = o \times p \times q \dots.$$

En continuant d'opérer ainsi, on voit que tous les facteurs premiers littéraux sont successivement égaux aux facteurs numériques, et on trouve que le système $m \times n \times o \times p \times q \dots$ est précisément égal à $2^3 \times 3^2 \times 5$.

14. Lorsqu'un nombre est divisible séparément par deux nombres premiers entre eux, il est divisible par le produit de ces deux nombres. (*Application du problème précédent.*)

R. Cette proposition est une conséquence du probl. précédent. (Voir la démonstration, p. 311, probl. 848.)

15. La plus haute montagne du globe le Gaurisankar (dans l'Himalaya, Asie) a une hauteur de 8840 mètres. On veut la représenter sur un globe en carton, par une saillie de 1 millimètre ; quel doit être le rayon de ce globe, sachant que le rayon moyen de la terre est de 6366 kilom. ?

R. Le rayon demandé $= \dfrac{6\,366\,000}{8840} = 0^{\mathrm{m}},720.$

16. Quel est le plus petit multiple des nombres 12, 16, 60, 72 ? Quel est leur plus grand commun diviseur.

R. Le plus petit multiple cherché $= 2^4 \times 3^2 \times 5 = 720$; le plus grand commun diviseur $= 2^2 = 4$ (Voir *Arith.*, p. 289 et 290.)

17. Sur un certain cercle, la longueur de l'arc de 92° 21′ 47″,2 vaut 23 mètres. Quelle est en degrés, minutes et secondes la longueur d'un mètre ?

R. L'arc d'un mètre correspond à 4° 0′ 56″, 8.

18. La longitude de Brest est de 6° 49′ ; celle de Cayenne 54° 35′ ; ces deux longitudes sont occidentales. On demande quelle heure il est à Brest quand, à Cayenne, il est 2 heures de l'après-midi.

R. Quand il est 2 heures du soir à Cayenne, il est $5^h 11^m 4^s$ du soir à Brest. (Voir le raisonnement, p. 194.)

19. On a deux lingots d'argent, l'un au titre de 0,950 et l'autre au titre de 0,820 ; combien doit-on prendre de chacun pour former un lingot avec lequel on puisse fabriquer 200 000 fr. en pièces de 5 francs ?

R. Par la méthode exposée, *Arith.*, p. 257, on trouvera qu'il faut prendre $615^{kg},385$ du 1er lingot et $384^{kg},615$ du 2e lingot.

20. Le grand axe de l'orbite de la planète Mars est égal, en prenant pour unité celui de l'orbite terrestre, à 1,52369. Trouver en jours la durée de la révolution de cette planète, sachant que la Terre effectue sa révolution sidérale en 365j,25628, connaissant cette loi de Képler : *Les carrés des temps des révolutions des planètes sont proportionnels aux cubes des grands axes de leurs orbites.*

R. Si on appelle x la durée de la révolution de Mars, on aura, d'après la loi de Képler, la proportion

$$\frac{x^2}{(365,25628)^2} = \frac{(1,52369)^3}{1} \quad \text{d'où} \quad x = 686^j,97914.$$

NOTES

I

Théorie du plus grand commun diviseur de deux ou de plusieurs
nombres.

Rappelons d'abord les principes suivants :

PREMIER PRINCIPE. *Tout diviseur d'un nombre
divise aussi les multiples de ce nombre.*

DEUXIÈME PRINCIPE. *Tout nombre qui divise séparément deux autres nombres divise aussi exactement leur
somme ou leur différence.*

(Voir, pour la démonstration, la *Nouvelle Arithmétique*, page 282.)

**Cela posé, on demande le plus grand commun divi-
seur des deux nombres 720 et 612. On dira :**

Le plus grand commun diviseur de 720 et de 612 ne peut surpasser 612 ; or, comme 612 se divise lui-même, s'il divise 720 il
sera le plus grand commun diviseur cherché ; il faut donc essayer
la division de 720 par 612.

En effectuant l'opération, on trouve 1 au quotient et 108 pour
reste. Le nombre 612 n'est donc pas le plus grand commun diviseur. Il s'agit maintenant de démontrer que le plus grand commun diviseur de 720 et de 612 est *absolument le même* que celui
qui existe entre le plus petit nombre 612 et le reste de la division
108. En effet, dans une division le dividende égale le diviseur
multiplié par le quotient, plus le reste ; on a donc

$$720 = 612 \times 1 + 108.$$

Or, le plus grand commun diviseur cherché, divisant 720 et
612, doit aussi diviser leur différence 108 (*deuxième principe*) ;
et réciproquement, tout diviseur commun à 612 et à 108 divisera
leur somme 720, en vertu du même principe. Par conséquent, le
plus grand commun diviseur de 720 et de 612 est réellement le
même que celui qui existe entre 612 et 108.

L'opération est donc ramenée à chercher le plus grand commun diviseur entre 612 et 108. Pour cela, il faut raisonner sur 612

et 108 comme on vient de le faire sur les nombres primitifs 720 et 612, on dira : le plus grand commun diviseur entre 612 et 108 ne peut surpasser 108, mais il peut lui être égal, et si la division de 612 par 108 se fait exactement, 108 sera le plus grand commun diviseur cherché.

En divisant 612 par 108, on a 5 au quotient et 72 pour reste ; donc 108 n'est pas le plus grand commun diviseur cherché ; mais on a

$$612 = 108 \times 5 + 72.$$

On prouverait encore, par un raisonnement analogue à celui qui précède, que le plus grand commun diviseur entre 612 et 108 est *absolument le même* que celui qui existe entre le premier reste 108 et le second 72.

Ainsi la question est ramenée à chercher le plus grand commun diviseur de 108 et de 72.

En continuant le même raisonnement et les mêmes opérations, c'est-à-dire en divisant toujours le reste précédent par le dernier reste, on trouve 36 pour le plus grand commun diviseur de 720 et de 612.

On dispose l'opération comme il suit :

	1	5	1	2
720	612	108	72	36
108	.72	.36	..	

Si l'opération donne 1 pour dernier reste, il est évident alors que les deux nombres proposés sont *premiers entre eux,* puisqu'ils n'ont pas d'autres diviseurs communs que l'unité.

REMARQUE I. — *Tout nombre qui divise deux autres nombres divise aussi leur plus grand commun diviseur.*

Soient les deux nombres 720 et 612, qui sont l'un et l'autre divisibles par 9 ; nous disons que 9 divisera le plus grand commun diviseur de ces deux nombres. En effet, d'après la théorie du plus grand commun diviseur, le nombre 9, divisant 720 et 612, divise aussi le premier reste 108 de la division ; divisant 612 et

5×108, il divise le deuxième reste 72, et ainsi de suite pour tous les restes successifs. Or, le plus grand commun diviseur 36 étant le dernier de ces restes, 36 sera encore divisible par 9.

REMARQUE II. — *Si on multiplie ou si on divise deux nombres par un même facteur, le plus grand commun diviseur de ces deux nombres est aussi multiplié ou divisé par ce facteur.*

Reprenons les deux nombres 720 et 612 dont nous avons trouvé le plus grand commun diviseur. Si, par exemple, on multiplie chacun de ces nombres par 3, le premier reste 108 est aussi multiplié par 3. (Voir Reste d'une division, pages 57, 58 et 59.)

Par la même raison, 612 et 108 étant multipliés par 3, le deuxième reste 72 est aussi multiplié par 3.

Enfin, 108 et 72 étant encore multipliés par 3, le troisième reste 36 l'est également.

Mais, puisque 72 divisé par 36 donne zéro pour reste, 3 fois 72 divisé par 3 fois 36 donnera aussi zéro pour reste ; donc 3 fois 36 sera le plus grand commun diviseur entre 3×720 et 3×612, ce qu'il fallait prouver.

Ces deux remarques, en complétant la théorie du plus grand commun diviseur, servent de base à la démonstration du théorème suivant.

THÉORÈME. — *Tout nombre qui divise un produit de deux facteurs et qui est* PREMIER *avec l'un des facteurs, divise l'autre.*

Soit, par exemple, le nombre 8 qui divise 216, produit des deux facteurs 9×24 ; le diviseur 8 étant premier avec l'un des facteurs 9, nous disons que 8 divisera nécessairement l'autre facteur 24.

En effet, les nombres 8 et 9 étant premiers entre eux, leur plus grand commun diviseur est l'unité. Or, en vertu de la remarque II, si on multiplie les deux nombres 8 et 9 par 24, on aura les deux produits 8×24 et 9×24, et le plus grand commun diviseur sera 1×24 ou 24 ; mais le premier de ces produits, 8×24, étant un multiple de 8, est divisible par 8 ; d'un autre côté, nous avons admis que 9×24 ou 216 est aussi divisible par 8 ; donc, en vertu de la remarque I, le diviseur 8 divisant 8 fois 24 et 9 fois 24, doit diviser 24 qui est le plus grand commun diviseur de ces produits. C'est ce qu'il fallait démontrer.

Hâtons-nous cependant de faire observer qu'un nombre peut fort bien diviser le produit de deux facteurs sans diviser aucun de ces facteurs ; c'est ainsi que 60, produit de 20 par 3, est divisible par 12, sans que 12 divise ni le facteur 20 ni le facteur 3. Il suit de là que le théorème n'est vrai que lorsque l'un des facteurs du produit est premier avec le diviseur.

Le théorème qui précède conduit aux conséquences ou aux corollaires suivants :

1° *Tout nombre premier qui divise le produit de plusieurs facteurs divise au moins un de ces facteurs, et il est égal à un de ces facteurs si les facteurs du produit sont des nombres premiers.*

2° *Lorsqu'un nombre est divisible séparément par deux nombres premiers entre eux, il est divisible par le produit de ces nombres.* (Voir probl. 348, p. 311.)

Remarque I. — On pourrait également trouver le plus grand commun diviseur de 720 et de 612 en décomposant les deux nombres en leurs facteurs premiers. On aurait alors $720 = 2^4 \times 3^2 \times 5$ et $612 = 2^2 \times 3^2 \times 17$; la règle que nous rappelons dans le paragraphe qui suit donnerait pour le plus grand commun diviseur cherché $2^2 \times 3^2 = 36$. (Voir *Nouvelle Arithmétique,* p. 290.)

Remarque II. — *Le produit du plus grand commun diviseur et du plus petit commun multiple de deux nombres est égal au produit de ces deux nombres.* En effet on vient de voir que le plus grand commun diviseur de 720 et de 612, par exemple, est $2^2 \times 3^2$; nous avons vu (*Nouvelle Arithmétique,* p. 289) que le plus petit commun multiple des deux nombres est $2^4 \times 3^2 \times 5 \times 17$. Donc le produit du plus grand commun diviseur par le plus petit commun multiple est égal à

$$2^2 \times 3^2 \times 2^4 \times 3^2 \times 5 \times 17$$

ou bien

$$(2^4 \times 3^2 \times 5) \times (2^2 \times 3^2 \times 17) = 720 \times 612.$$

D'où il suit que le plus grand commun diviseur de deux nombres est égal au produit de ces deux nombres divisé par leur plus petit commun multiple, et réciproquement.

Ce principe ne serait pas vrai pour plus de deux nombres.

Plus grand commun diviseur de plusieurs nombres.

On trouve le plus grand commun diviseur de plusieurs nombres au moyen de la règle suivante, que nous avons indiquée dans la *Nouvelle Arithmétique*, page 290.

RÈGLE. — *On décompose les nombres proposés en leurs facteurs premiers; le plus grand commun diviseur cherché est alors égal au produit des* FACTEURS COMMUNS *affectés chacun du* PLUS FAIBLE EXPOSANT *que ces facteurs ont dans les nombres proposés.*

On demande par exemple le plus grand commun diviseur des nombres 720, 612 et 126. La décomposition de ces nombres en leurs facteurs premiers donne

$$720 = 2^4 \times 3^2 \times 5 \,;\, 612 = 2^2 \times 3^2 \times 17\,;$$
$$126 = 2 \times 3^2 \times 7.$$

On aura donc pour le plus grand commun diviseur des trois nombres donnés $2 \times 3^2 = 18$.

Démonstration. — Il est bien évident que 2×3^2 ou 18 divise les trois nombres. Or, les facteurs 2×3^2 sont élevés à la puissance la plus haute qu'ils puissent avoir, pour diviser à la fois les trois nombres proposés; 18 est donc le plus grand commun diviseur cherché.

II.

Théorie des fractions périodiques.

Nous avons dit qu'*une* FRACTION PÉRIODIQUE *est une fraction décimale dans laquelle des chiffres décimaux consécutifs se reproduisent indéfiniment dans le même ordre.*

Proposons-nous de réduire en décimales les fractions ordinaires $\frac{16}{25}$ $\frac{13}{37}$ $\frac{18}{55}$.

1re *opération.*		2me *opération.*		3me *opération.*	
160	25	130	37	180	55
100	0,64	190	0,351 351...	150	0,3 27 27...
		50		400	
		130		150	

Dans le premier exemple l'opération se termine après deux divisions partielles, et donne pour quotient exact 0,64 fraction équivalente à $\frac{16}{25}$.

Dans le deuxième exemple, au contraire, on voit qu'après la troisième division partielle on obtient pour reste le nombre 13, égal au dividende primitif, lequel va reproduire, dans le même ordre, les trois premiers chiffres du quotient 351 et les mêmes restes; en sorte que ces trois chiffres se reproduiront ainsi indéfiniment. Dans ce cas, la fraction est *périodique*, et les chiffres 351 forment la *période*.

Enfin, dans le troisième exemple, l'opération ne se termine pas non plus, puisqu'on obtient à la troisième division partielle un des restes précédents; mais comme ce n'est pas le dividende primitif, la période ne commencera pas au premier chiffre, et on aura pour la fraction décimale demandée 0,32727... Ici la période est 27 et ne commence qu'après le chiffre des dixièmes.

Il existe donc deux espèces de fractions décimales périodiques :

1° Les *fractions périodiques simples*, dans lesquelles la période commence au chiffre des dixièmes ;

2° Les *fractions périodiques mixtes*, qui sont composées d'une partie non périodique et d'une période.

Cela posé, examinons comment la réduction d'une fraction ordinaire en fraction décimale nous conduit tantôt à une fraction décimale finie, tantôt à une fraction décimale indéfinie et périodique.

THÉORÈME Ier. — *Lorsque le dénominateur d'une fraction irréductible (*) ne contient que les facteurs premiers 2 et 5, ou les diverses puissances de 2 et de 5, la fraction convertie en décimales donne nécessairement lieu à une fraction décimale exacte et finie.*

Ainsi on trouve $\dfrac{1}{2} = 0,5$; $\dfrac{12}{25}$ ou $\dfrac{12}{5^2} = 0,48$;

$\dfrac{1}{8}$ ou $\dfrac{1}{2^3} = 0,125$; $\dfrac{31}{80}$ ou $\dfrac{31}{2^4.5} = 0,3875$; etc.

En effet, le procédé du n° 255 (*Nouvelle Arith.*, p. 206.) pour convertir une fraction ordinaire en fraction décimale, consiste à multiplier successivement le numérateur de la fraction proposée par 10, par 100 par 1000, etc , c'est-à-dire par 2×5, par $2^2 \times 5^2$, par $2^3 \times 5^3$, etc.; par conséquent, si le dénominateur de la fraction ne contient que les facteurs 2 et 5 ou leurs puissances, il faudra que le numérateur, après un nombre déterminé de divisions partielles, devienne nécessairement un multiple du dénominateur; donc la division se fera exactement et la fraction décimale sera finie. C'est ainsi que l'on a :

$$\frac{31}{80} = \frac{31}{2^4.5} \text{ et } \frac{31.2^4.5^4}{2^4.5} = 3875;$$

donc $\qquad \dfrac{31}{80} = 0,3875.$

(*) Une fraction ordinaire est dite *irréductible* lorsque ses deux termes sont premiers entre eux. On sait que dans ce cas la fraction est réduite à sa plus simple expression.

Remarque. — Il résulte, dela démonstration et des exemples qui précèdent, que le nombre de chiffres composant la fraction décimale équivalente est marqué par le plus grand exposant des facteurs 2 ou 5 du dénominateur de la fraction ; on peut donc, avant d'effectuer l'opération, savoir combien on aura de divisions partielles pour trouver la fraction décimale équivalente.

Théorème II. — *Quand le dénominateur d'une fraction irréductible contient d'autres facteurs premiers que 2 et 5, la fraction ne peut être convertie exactement en décimales, et le quotient qui se prolonge indéfiniment est périodique.*

Soit, par exemple, la fraction irréductible $\dfrac{8}{15}$ ou $\dfrac{8}{3 \times 5}$, fraction dont le dénominateur contient le facteur premier 3 ; nous disons d'abord que si on convertit cette fraction en décimales, la division ne se fera jamais exactement. En effet, puisque le facteur 3 est premier avec le numérateur 8, si on multiplie ce numérateur par 10, par 100, par 1000, etc., on n'introduit dans le numérateur que les diverses puissances de 2 et de 5 ; par conséquent, en vertu du corollaire I, page 354, le facteur premier 3 ne divisant aucun des facteurs premiers du numérateur, ce numérateur ne sera jamais divisible par 3 : la division ne conduisant jamais à un reste nul, le quotient se prolongera indéfiniment. Dans ce cas, la fraction ordinaire ne peut être convertie en décimales que d'une manière approchée, et l'approximation est d'autant plus grande que l'on calcule un plus grand nombre de chiffres décimaux.

En second lieu, nous disons que la fraction décimale sera périodique, c'est-à-dire que l'on verra reparaître au quotient les mêmes chiffres se reproduisant indéfiniment dans le même ordre. En effet, en divisant 8 par 15, le reste de chaque division partielle doit être plus petit que 15 ; par conséquent, les restes successifs pourront être 1, 2,..... 13, 14 ; donc, après *quatorze* divisions partielles au plus (*le diviseur moins un*), on doit nécessairement retrouver un des restes qui précèdent, et alors, comme le diviseur est invariable, on verra reparaître la même série de dividendes partiels donnant lieu à une série de chiffres qui se reproduiront ainsi indéfiniment dans le même ordre.

REMARQUE I. — Si le dénominateur de la fraction irréductible ne contient que des facteurs premiers autres que 2 et 5, on obtiendra une fraction décimale périodique pure ou simple, c'est-à-dire que la période commencera après la virgule décimale.

Mais si le dénominateur de la fraction irréductible contient les facteurs 2 et 5, combinés à d'autres facteurs premiers, la fraction décimale équivalente sera périodique mixte, et, dans ce cas, le nombre de chiffres décimaux étrangers à la période sera marqué par le plus haut exposant du facteur 2 ou 5, qui entre au dénominateur de la fraction proposée.

REMARQUE II. — La fraction ordinaire qui conduit à une fraction décimale périodique est appelée la *fraction génératrice* de cette dernière.

Conversion d'une fraction décimale périodique en fraction ordinaire.

Nous venons de voir dans quelles circonstances la réduction d'une fraction ordinaire en décimales donne naissance à une fraction décimale périodique ; nous devons nous poser maintenant la question inverse, conçue en ces termes :

Étant donnée une fraction décimale périodique simple ou mixte, trouver la fraction ordinaire génératrice.

Nous avons deux cas à examiner :

1° Proposons-nous d'abord la fraction périodique simple 0,351 351.......; voici comment on déterminera la fraction ordinaire génératrice :

RÈGLE. — *Une fraction périodique simple est équivalente à une fraction ordinaire qui a pour numérateur la période et pour dénominateur un nombre composé d'autant de 9 qu'il y a de chiffres à la période.*

D'après cette règle, on trouvera que la fraction périodique proposée 0,351 351....... a pour génératrice la fraction ordinaire $\dfrac{351}{999}$.

DÉMONSTRATION. En effet, si dans cette fraction périodique 0,351 351 351....., on transporte la virgule après la première période, on aura 351, 351 351....., nombre mille fois plus grand que la fraction proposée. Or, si on retranche ensuite de ce nombre fractionnaire la fraction périodique elle-même 0,351 351, comme on le voit ci-après,

$$
\begin{array}{r}
351{,}351\ 351..... \\
0{,}351\ 351..... \\
\hline
\end{array}
$$

il reste 351

Le nombre entier 351 qu'on obtient pour reste aura une valeur égale à mille fois moins une fois, c'est-à-dire à 999 fois la fraction donnée; donc la valeur absolue de la fraction périodique 0,351 351 351....... est la fraction ordinaire $\dfrac{351}{999}$ laquelle, réduite à sa plus simple expression, devient $\dfrac{13}{37}$ fraction primitive.

Par une démonstration analogue, on prouverait que la fraction périodique 0,238095 238095... est équivalente à la fraction vulgaire $\dfrac{238095}{999999}, = \dfrac{5}{21}$.

De même, on trouverait que la fraction périodique 0,9999... est équivalente à $\dfrac{9}{9} = 1$; on devait s'attendre à ce résultat remarquable, puisque l'expression 0,999.... ne diffère de l'unité que lorsqu'on assigne une limite à cette suite indéfinie de 9.

2° Quelle est la fraction génératrice d'une fraction décimale périodique mixte?

RÈGLE. — *Une fraction périodique mixte est équiva-*

lente à une fraction vulgaire dont les deux termes se forment de la manière suivante :

Pour le numérateur, on prend la différence qui existe entre les deux nombres entiers qu'on obtient en transportant la virgule successivement après et avant la première période ;

Pour le dénominateur, on prend autant de 9 qu'il y a de chiffres dans la période, et on les fait suivre d'autant de zéros qu'il y a de chiffres dans la partie non périodique.

Ainsi la fraction périodique mixte 0,4166..... sera égale à $\dfrac{416-41}{900} = \dfrac{375}{900}$; en effet, cette dernière fraction réduite à sa plus simple expression, devient $\frac{5}{12}$, fraction génératrice.

Démonstration. En transportant la virgule après la période, on a 416,666......, nombre mille fois plus grand que la fraction périodique 0,41666....., tandis que la virgule, placée avant la période, donne 41,666..., valeur cent fois plus grande que la même fraction proposée ; or, si on retranche ce dernier résultat du premier, comme on le voit ci-après,

$$416,666.....$$
$$41,666.....$$
il reste 375

Le nombre entier 375, obtenu pour reste, vaudra nécessairement mille fois, moins cent fois, ou 900 fois, la fraction périodique donnée ; donc la fraction 0,41666... est équivalente à $\dfrac{375}{900}$, ou bien à $\dfrac{5}{12}$.

On trouverait de même que la fraction 0,34752752 est égale à $\dfrac{34752-34}{99900} = \dfrac{34718}{99900}$.

FIN.

TABLE DES MATIÈRES

INTRODUCTION

GUIDE DU MAITRE

SOLUTIONS RAISONNÉES

FIN DE LA TABLE DES MATIÈRES.